碳酸盐岩缝洞型油藏开发实验物理模拟技术

杨　敏　李小波　唐　海　李科星　等著

中国石油大学出版社
CHINA UNIVERSITY OF PETROLEUM PRESS
山东·青岛

图书在版编目(CIP)数据

碳酸盐岩缝洞型油藏开发实验物理模拟技术/杨敏等著. --青岛：中国石油大学出版社，2021.10
(碳酸盐岩缝洞型油藏描述及开发技术丛书；卷六)
ISBN 978-7-5636-6952-3

Ⅰ.①碳… Ⅱ.①杨… Ⅲ.①碳酸盐岩油气藏—油田开发—实验—物理模拟 Ⅳ.①TE344

中国版本图书馆CIP数据核字(2020)第228650号

书　　名：碳酸盐岩缝洞型油藏开发实验物理模拟技术
TANSUANYANYAN FENGDONGXING YOUCANG KAIFA SHIYAN WULI MONI JISHU
著　　者：杨　敏　李小波　唐　海　李科星　等

责任编辑：曹秀丽(电话　0532-86981532)
封面设计：悟本设计　张　洋

出 版 者：中国石油大学出版社
(地址：山东省青岛市黄岛区长江西路66号　邮编：266580)
网　　址：http://cbs.upc.edu.cn
电子邮箱：shiyoujiaoyu@126.com
排 版 者：我世界(北京)文化有限责任公司
印 刷 者：青岛北琪精密制造有限公司
发 行 者：中国石油大学出版社(电话　0532-86981531，86983437)
开　　本：787 mm×1 092 mm　1/16
印　　张：13.25
字　　数：323千字
版 印 次：2021年10月第1版　2021年10月第1次印刷
书　　号：ISBN 978-7-5636-6952-3
定　　价：130.00元

丛书前言

塔河油田位于我国新疆塔里木盆地，于1997年被发现，经过20多年的开发，已建成年产原油737×10^4 t（包括碳酸盐岩缝洞型油藏、碎屑岩油藏等）的特大型油田。塔河油田已成为我国油气增储上产的主阵地之一，是我国"稳定东部、发展西部"的重要能源战略支撑。

塔河油田碳酸盐岩缝洞型油藏是一类超深、以缝洞为储集体的特殊类型油藏，与常规碎屑岩油藏和裂缝型油藏有本质区别。这类油藏开发的主要特征：一是油藏埋藏深（5 000～7 000 m），具有高温高盐的特点；二是储集空间特征尺度大，且非均质性极强，储集空间既有大型溶洞，又有溶蚀孔隙和不同尺度的裂缝，其中大型洞穴是最主要的储集空间，裂缝是主要的连通通道；三是油藏流体流动符合管流-渗流耦合流动特征，常规油藏工程理论和方法适用性差；四是油藏产量递减快，与国内外类似油藏相比采收率偏低；五是以缝洞单元为开发单元，其类型多样，不同类型缝洞单元的开发模式也不同。此类油藏的描述和开发没有现成技术和管理经验可以借鉴，属于世界级开发难题。

中国石油化工股份有限公司西北油田分公司开发科研团队，以国家973计划项目"碳酸盐岩缝洞型油藏开采机理及提高采收率基础研究"以及"十二五""十三五"国家科技重大专项"塔里木盆地大型碳酸盐岩油气田开发示范工程""塔里木盆地碳酸盐岩油气田提高采收率关键技术示范工程"等为依托，历时十余年创建了断溶体油藏开发理论与技术，实现了缝洞型油藏描述与开发技术的重大突破，为塔河油田的科学、高效开发提供了理论依据和技术支撑。在上述科学研究、技术开发和生产实践所获得的科技成果的基础上，科研团队凝练提升并精心撰写了"碳酸盐岩缝洞型油藏描述及开发技术丛书"。

该丛书共十卷，既有理论创新，又有实用技术。其中，卷一、卷二分别介绍了塔里木盆地古生界碳酸盐岩断溶体油藏认识及开发实践、碳酸盐岩古河道岩溶型缝洞结构表征技术;卷三、卷四、卷五分别介绍了碳酸盐岩缝洞型油藏试井解释方法研究与应用、高产井预警技术与现场实践、油藏连通性分析与评价技术;卷六、卷七、卷八、卷九分别介绍了碳酸盐岩缝洞型油藏开发实验物理模拟技术、改善水驱开发技术、能量变化曲线特征与应用、单井注氮气提高采收率技术;卷十介绍了碳酸盐岩缝洞型油藏实用油藏工程新方法。

上述成果集中体现了该领域理论研究和技术开发的现状、研究前沿和发展趋势,推动了塔河油田的科学高效开发,填补了缝洞型油藏开发相关领域的空白,为保障国家能源安全、拓展海外资源领域提供了重要技术支撑。

随着国内外海相碳酸盐岩油气勘探的深入发展,越来越多的碳酸盐岩缝洞型油气藏将不断被发现并投入开发。希望该丛书的出版能够促进碳酸盐岩缝洞型油气藏勘探开发的科技进步和高效生产。

前　言

据世界石油组织估算，全世界碳酸盐岩油藏储量约占石油总储量的52%，其中以缝洞型油藏为主，该类油藏具有物性好、油田产量高的特点，是重要的石油增储上产领域。

塔河油田碳酸盐岩缝洞型油藏地理位置在塔里木盆地北部，构造位于塔里木盆地沙雅隆起阿克库勒凸起西南部，西邻哈拉哈塘凹陷，东靠草湖凹陷，南接满加尔凹陷，控油面积达1 000 km^2左右。油藏储层主要为下奥陶统鹰山组和一间房组，属于裂缝和溶洞（尤其是大型溶洞）类储层，即裂缝和溶洞是主要的储集空间和渗流通道，基质孔隙渗透性很差，不能形成有效的储集空间。塔河油田碳酸盐岩缝洞型油藏蕴含着丰富的石油资源，是我国第一个以古生界奥陶系为主产层的大油田，也是世界上为数不多的溶洞-裂缝错综复杂发育、尺度复杂多变、连通形式多样的极强非均质性大型缝洞油藏。随着勘探和开发面积的不断增大，塔河油田已逐渐成为西北地区重要的高产油田，但油藏埋深大、温度压力高、缝洞储集体随机分布与结构复杂等苛刻开发条件给油藏高效率、高收益、高水平开发带来了挑战，因此目前采收率较低。

近年来，缝洞型油藏开发技术取得了丰硕的成果，尤其是缝洞储集体地震解释识别与描述、缝洞型油藏流体流动规律与水驱特征、缝洞型油藏工程与动态分析、缝洞型油藏水驱及气驱提高采收率等各项技术的快速发展，促进了缝洞型油气藏的高效开发，也促进了渗流机理与驱替规律等物理模拟技术的快速发展。因此，需要有一本著作来反映缝洞型油藏开发实验物理模拟技术的成果，以满足读者对其渗流机理与驱替规律由浅入深、循序渐进认识的要求。

本书详细总结了塔河油田碳酸盐岩缝洞型油藏“十二五”“十三五”以来注

水开发的技术成果，涉及内容具有很强的实用性、较好的指导性和可操作性，也具有很强的理论基础，形成了一套较完善的缝洞型油藏物理模拟实验技术方法，可为研究油藏深层次问题提供帮助。

本书共分7章：第1章介绍物理模拟模型设计地质基础；第2章介绍物理模拟模型设计的力学关系和物理模拟实验相似准则；第3章介绍基于缝洞型油藏开发效果主控因素、油藏开发特点及表现出来的主要矛盾和改善缝洞型油藏开发效果主要技术需求等的物理模型设计方法与制作过程；第4章介绍缝洞型油藏注水物理模拟实验现象及规律；第5章介绍缝洞型油藏提高采收率的注气、注水物理模拟实验的关键技术及方法；第6章介绍缝洞型油藏连通性评价物理模拟实验；第7章介绍基于注水、注气和储层连通性评价物理模拟实验结果而开展的一系列现场测试和综合调控的效果。

本书第1章由杨敏、唐海撰写，第2章由赵玉龙、汪彦撰写，第3章和第6章由李科星、杨敏、惠健撰写，第4章和第5章由金发扬、刘学利、唐海撰写，第7章由李小波、杨敏撰写。另外，张艺晓、李青、刘洪光、谭涛、陈勇、陈园园、魏学刚参与了部分内容的修编。全书由唐海统稿，李小波定稿，杨敏审定。

本书在撰写过程中得到了中国石油化工股份有限公司西北油田分公司有关领导以及西南石油大学有关老师的支持与帮助，还得到了中国石油化工股份有限公司石油勘探开发研究院的许多宝贵意见。作为一本专业性强的著作，本书借鉴了国内外相关物理模拟实验技术专著的写作技巧和精华，参考了许多相关专著以及大量的科技文献，在此一并表示深切的谢意。

本书可供油气地质研究人员、油气资源开发人员、油藏工程设计与动态分析人员阅读，也可作为相关院校的教学参考用书。

由于缝洞型油藏储层的特殊性，物理模拟实验技术不断推陈出新，一些新技术和新方法难以完全反映在书中，并且限于时间和水平，书中难免存在不足和错误，敬请读者批评指正。

目　录

第1章
物理模拟模型设计地质基础

合理的物理模型是获得可信物理模拟实验结果的基础。对于一般碎屑岩而言，实现储集空间精确描述与模拟的方法很多：可直接通过钻取储层真实岩芯方式获取代表性物理模型，也可以在确保孔渗基本一致的条件下，通过填砂、烧结与胶结、露头取芯等多种方式获得与实际储渗空间相似的物理模型。塔河缝洞型油藏的储层储渗空间具有特殊性，通过钻取岩芯方式很难获得与实际储层渗流空间相似的物理模型，且缝洞体复杂多变的几何尺寸与连通方式更加大了获得可靠物理模拟模型的难度，但根据储层露头、测井、储集体溶体在地震属性中的反映、不同储层在开发中表现出来的生产动态特点等，可以建立起对缝洞型储层储渗空间特点的直观认识，为构建可信的物理模拟模型提供依据。本章从缝洞型储层的地质基础出发，通过多个缝洞体结构的综合考察分析并结合塔河缝洞型储层地震属性识别的缝洞结构特征等，论述典型缝洞单元物理模拟模型构建与组合的地质依据。

1.1 缝洞分类组合依据

塔河缝洞型油藏地质情况复杂，具有非均质性强的特点，储集体及流动通道主要为岩溶形成的裂缝和溶洞，基质岩块的孔隙度和渗透性很差，不是油藏的有效储渗空间。根据形成岩溶储集体的条件不同，塔河缝洞型油藏的储集体可分为风化壳岩溶、断控岩溶、古暗河岩溶三类。要构建这三类储集体可信的物理模拟实验模型，需要从三类储集体的形态、要素和属性三个方面给予充分的地质依据。

1.1.1 岩溶地质背景

1）岩溶作用机理

塔河缝洞型油藏的岩溶是指碳酸盐岩基体在受到水中溶解 CO_2 影响并经过一系列物理化学变化过程之后产生（或形成）的具有裂缝、孔洞、溶洞的碳酸盐岩岩石体（图 1-1）。塔河碳酸盐岩缝洞型储层发育特征与多种岩溶作用密不可分，尤其是古岩溶作用是决定储层发育情况的关键，碳酸盐岩岩石和水是形成塔河缝洞型油藏岩溶体必不可少的条件。

图 1-1　塔河缝洞型油藏碳酸盐岩岩石体

此外，岩石的可溶性、可渗透性与水的溶蚀性、流动性等基本属性也是保证岩溶作用的必要条件。当水中溶解酸根离子或酸性气体时，水的溶蚀性将很大程度上增强对岩石的溶蚀性，而水的流动性则更易携带酸根离子，以便更好地溶解岩石成分。

产生岩溶体的顺序如图 1-2 所示，在长时间应力差、温度差等作用下，先形成缝，水及水中溶解的酸根离子使缝再扩大形成孔洞，直至形成溶洞。换句话说，缝洞复合储集体是经过水流作用，一步步被溶蚀扩大并形成了由裂缝作为连通通道的一系列小型溶洞。因此，裂缝在一定程度上决定了缝洞组合体的发展演变。

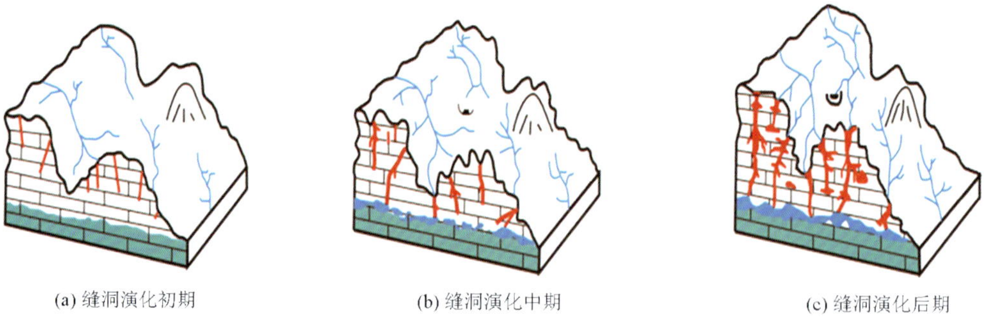

(a) 缝洞演化初期　(b) 缝洞演化中期　(c) 缝洞演化后期

图 1-2　岩溶体产生的顺序

2）岩溶作用类型

按岩溶水性质差异，可将岩溶划分为大气淡水岩溶、混合水岩溶、热水岩溶和硫黄酸岩溶 4 类，其中最主要的是地表暴露条件下由大气淡水溶解作用形成的岩溶。依据岩溶发育特点、作用期次，也可将岩溶作用类型划分为同生岩溶作用、表生岩溶作用、埋藏岩溶作用及热水岩溶作用 4 大类。

(1) 同生岩溶作用。

在沉积同生期或准同生期形成的岩溶储层称为同生岩溶储层。同生岩溶储层的岩溶作用主要受大气淡水影响。随着海平面下降，碳酸盐颗粒滩、点礁等暴露于大气淡水之下，在被含有 CO_2 等酸性大气淡水淋滤时，会形成选择性溶蚀孔，如粒内孔、铸模孔等。若暴露时间较长，则会非选择性地形成小规模的溶蚀孔洞。

（2）表生岩溶作用。

表生岩溶作用的发生与海平面相对升降及构造运动密切相关。海平面的相对下降及区域构造运动的抬升造成下伏碳酸盐岩地层隆升暴露，遭受风化剥蚀和淋滤岩溶作用，发育大量溶蚀孔洞缝，形成古风化壳岩溶储层。依据地层暴露时间长短，可将表生岩溶储层进一步细分为潜山岩溶储层、层间岩溶储层和顺层岩溶储层。

（3）埋藏岩溶作用。

埋藏岩溶作用是指岩石在埋藏阶段与有机成岩作用相联系的一种溶蚀作用，也称为深部溶蚀作用。其形成主要是前期暴露于地表的碳酸盐岩地层再次沉积后被埋藏，又被埋藏和压实过程中有机质热演化形成的酸性流体、地层水以及断裂沟通的深部热液等多种流体溶蚀，形成缝洞型储层。埋藏环境中碳酸盐岩深部溶蚀孔隙的发现打破了深部储层差、不宜油气勘探的传统观念，同时在理论上把生油岩与储集岩的演化联系起来，即有机质的演化不仅形成了烃类，还造就了储集空间。

（4）热水岩溶作用。

目前国内对于该类岩溶作用的研究相对较少。此类岩溶多为在深埋藏条件下由断裂带的活动引起深部热液上升而产生的，其形态与热水溶蚀能力和运动特征有关。塔里木盆地二叠纪火山活动频繁，塔中 12 井 4 654 m 处矿物特征分析表明：高含量的 Zn、Ni 和碳、氧同位素偏负等问题，指示了其形成于高温条件且有深部流体的加入。

整体而言，表生岩溶作用是影响塔里木盆地奥陶系碳酸盐岩油藏发育的主要因素。与其他三种岩溶作用不同的是，表生岩溶作用是对岩石已经固结成岩、完成矿物稳定化转变后的碳酸盐岩产生的溶蚀作用，经历的时间可以很长。

3）岩溶发育特征

塔河油田具有发育大规模表生岩溶作用的地质条件，多期构造运动对非均质性极强的孔洞缝系统的形成起着控制作用，具体表现为古岩溶垂向分带明显（图 1-3）。

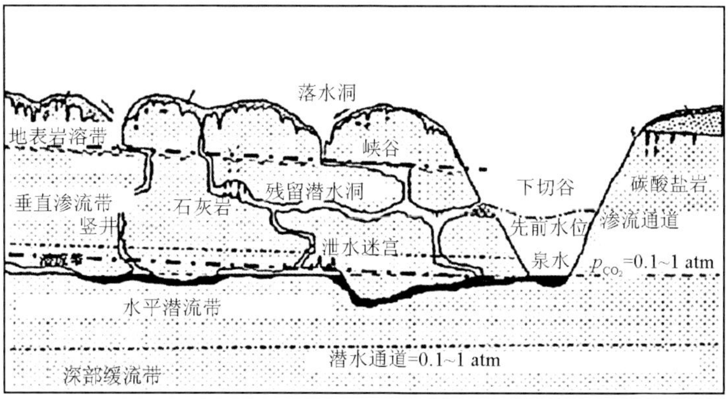

图 1-3　岩溶垂向分布示意图(1 atm= 1.01×10^5 Pa)

（1）地表岩溶带。

该带通常位于从奥陶系顶面起往下 60 m 附近，该段与溶蚀流体接触时间长，岩溶作用强烈，岩溶带上部多演化成风化壳。

（2）垂直渗流带。

该带通常位于奥陶系顶面以下 60～150 m 内，地表水流通常会沿着纵向延伸的构造缝向下溶蚀，随着溶蚀进行，交叉的构造缝会彼此连通，从而形成一个流体接触面更大的流道，该岩溶系统横向连通性较弱，垂向多发育溶蚀孔洞及溶蚀缝，局部发育成落水洞。

（3）水平潜流带。

该带通常位于垂向渗流带以下，两者没有明显界限，地表大气水沿着垂向溶蚀缝或者落水洞直接流入古暗河中，形成枝杈状潜流洞穴系统。这种洞穴系统上游部分形成于渗流带，下游部分形成于潜水带，因此只有沿着暗河延展方向时连通性比较好。

（4）深部缓流带。

该带通常位于奥陶系风化面顶面 150 m 左右以下，由于距地表太深，岩溶流体作用不明显，因此岩溶作用异常缓慢，缝洞系统基本不发育，只发育有零星孤立小孔洞。

4）岩溶主控因素

岩溶发育规律与控制因素研究表明，塔河油田岩溶发育主要受古构造（断裂及其伴生裂缝）、古地貌和古水系等因素的控制。

（1）古构造。

三维地震资料解释结果显示，塔河油田所在的阿克库勒凸起所经历的多期构造运动中对岩溶储层影响最大的是加里东期和海西早期。加里东期构造运动在塔河地区引起 NW 向、近 EW 向和近 SN 向 3 个方向的断裂，且同时发育形成了风化破裂带。而海西早期构造运动使得加里东期构造断裂进一步延伸、扩大并发育众多分布无规律的伴生裂缝，这种纵横向分布的极度不均衡性为后期形成复杂的碳酸盐岩储层结构奠定了地质基础。

断裂及其伴生裂缝对岩溶洞穴的控制作用主要表现为：① 断裂及其伴生裂缝是岩溶作用的先期通道，增加了地表水及地下水与碳酸盐岩的接触面积和溶蚀范围，改善了碳酸盐岩的渗流作用；② 断裂带是裂缝与岩溶发育的密集带，实钻表明当钻遇断层或井附近存在断裂时多数会出现放空漏失现象；③ 多条断裂控制的背斜残丘高点也是裂缝发育区。

（2）古地貌。

海西早期岩溶古地貌对塔河油田缝洞型储层的形成至关重要。研究表明：海西早期岩溶古地貌地形起伏高差可达 400 m 以上，总体上呈明显的北高南低特征，北侧为岩溶高地，南侧及东西两侧为岩溶谷地，中间为岩溶斜坡。① 岩溶高地由于地势较高，受地表径流的冲刷，最终保存下来的岩溶缝洞型储层较少；② 岩溶谷地是整个岩溶地貌中海拔最低的部位，常围绕某个岩溶高地呈环带状分布，同时也是地表径流汇聚的部位，常形成深水湖泊，水流缓慢，较弱的溶蚀作用多产生小型孔洞和溶缝型储层；③ 岩溶斜坡是岩溶高地和岩溶谷地之间的过渡带，来自岩溶高地的大气淡水流经岩溶斜坡时汇聚成辫状的分支河道，而由于岩溶斜坡上地表水系接近区域河流基准面，且潜流通道发育方向常与地表水系一致，附近岩溶高地汇集的大气降水会沿着某些溶蚀通道进入该潜流通道，汇入流经岩溶谷地的地表水系，因此岩溶作用最为发育，形成的岩溶洞穴保存概率较高。

（3）古水系。

现代岩溶研究表明，洞穴的发育与古水系有着密切的关系。岩溶高地是岩溶大气水的补给区，溶蚀裂隙、孤立孔洞较发育，潜水面洞穴层或洞穴型储层欠发育；岩溶谷地地下水的动力和化学溶蚀能力明显减弱，缺乏溶蚀作用和洞穴型储层；而岩溶斜坡地下水动力可以垂向渗入和水平运动，径流岩溶带发育，洞穴型储层非常发育。

（4）其他因素。

除以上 3 种主要因素外，不整合面和古气候对岩溶的发育也起着重要的控制作用。其中不整合面间断时间控制着岩溶发育的强度和范围，而较温暖潮湿的气候使大气淡水中二氧化碳的含量永远处于饱和状态，有利于保持长久持续的溶蚀。

5）塔河油田岩溶特点

塔河油田奥陶系缝洞发育是以岩溶作用为主，不同时期的缝洞演化成具有不同类型的溶洞系统。不同类型的溶洞在岩溶高地、岩溶斜坡以及岩溶谷地中的发育和分布具有如下特征：孤立型溶洞、竖井型溶洞主要集中在表层岩溶带和渗流岩溶带，对应于岩溶高地和岩溶谷地；而地下河型溶洞则主要集中于径流岩溶带（图 1-4），对应于岩溶斜坡。不同类型的溶洞具有不同的分布特征，其与溶洞的地质背景紧密相关。从地质背景和溶洞类型角度，可将塔河油田奥陶系缝洞组合模式分为风化壳岩溶、古暗河岩溶和断控岩溶三种。断裂是影响溶洞形成以及连通的重要因素，它与裂缝一起在不同的地质背景内与溶洞连通组合。

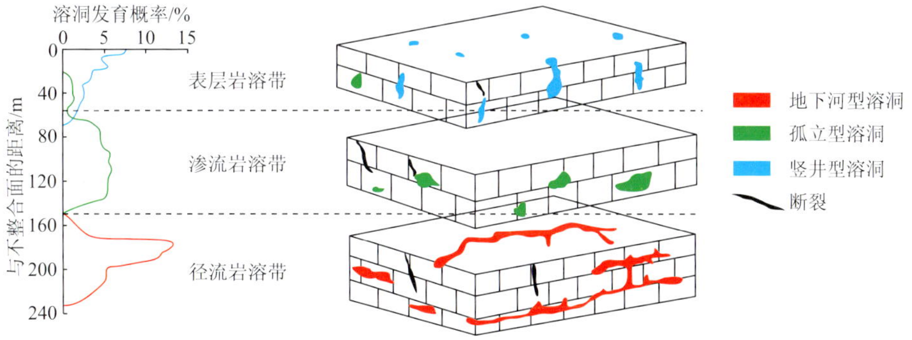

图 1-4　塔河油田 S80 区块不同岩溶带溶洞分布模式

（1）风化壳岩溶。

塔河油田绝大多数岩溶体都为风化壳岩溶。典型的风化壳岩溶形态如图 1-5 所示，具有岩溶强度大的特点。风化壳岩溶主要以裂缝、孔洞以及溶洞作为储集空间，连通介质以裂缝和通道为主，储集体连通情况复杂多样，差异性极大。

（2）古暗河岩溶。

古暗河岩溶也是塔河油田主要储集类型之一，典型的古暗河岩溶形态如图 1-6所示。在地表水与地下水的影响下，形成的古暗河岩溶具有两种空间：一是存在于平面空间内的主暗河和分支暗河；二是存在于纵向空间内的浅层和深部暗河。二者构成了塔河缝洞型油藏的岩溶古暗河系统。

(3) 断控岩溶。

断控岩溶也是塔河油田主要储集体类型之一，典型的断控岩溶形态如图 1-7 所示，裂缝和孔洞发育良好，方向性的裂缝为流体有效流通提供了良好的前提条件。

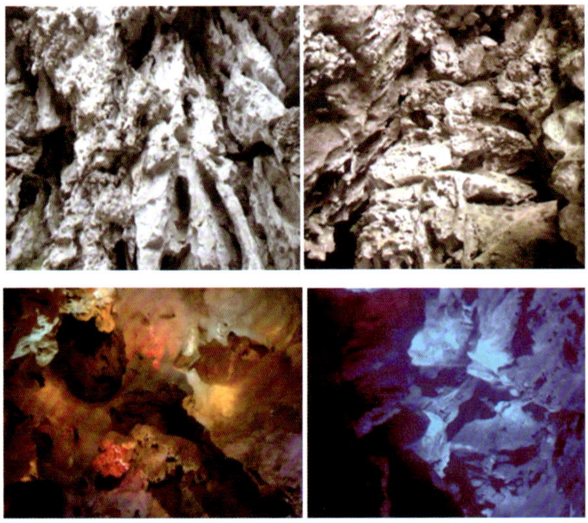

图 1-5　典型风化壳岩溶形态

图 1-6　典型古暗河岩溶形态

图 1-7　典型断控岩溶形态

1.1.2　三类岩溶储集体的形态、要素及属性

描述不同岩溶储集体几何形态、要素及属性最直接的方式是观察储层地面露头。可在塔里木盆地柯坪地区进行实地考察，观察多种类型与不同特征缝洞体的发育情况。当然，也可以参考我国典型碳酸盐岩岩溶体的基本形态、要素及属性。

塔河油田先后经历了多期岩溶作用，在古构造（断裂及其伴生裂缝）、古地貌和古水系等多种因素的控制作用下，发育有风化壳、古暗河、断控三类复杂岩溶，导致储层非均质性极强。下面从储集空间的组成要素、形态规模及配置关系三方面入手，对塔河缝洞型油藏的储集特征进行描述，同时也为模型设计提供可参考的地质依据。

1）储集空间的组成要素

缝洞型油藏储集空间主要由溶洞、孔洞和各种尺度裂缝组成(图 1-8)。溶洞是最主要的储集空间，裂缝既是有效储集空间又是流动通道，而基质则不具备储渗性能。实际地层中不同组成要素的发育和分布模式差别较大：溶洞类型多样，一般呈离散分布；孔洞普遍发育，呈随机分布；而各种尺度裂缝普遍发育，呈离散分布。

(a) 溶洞　(b) 孔洞　(c) 各种尺度裂缝

图 1-8　储集空间主要组成要素

(1）溶洞类储集空间。

图 1-9 是在塔里木盆地柯坪地区实地考察观测到的塔河油田岩溶储集体的溶洞类储集空间露头图片，图 1-10 是我国碳酸盐岩岩溶体典型溶洞类储集空间露头图片，可见溶洞类型及其形态、尺寸、组合方式和充填模式具有多样性。在风化壳、断控、古暗河 3 类岩溶储集体中都含有溶洞类储集空间，但钻取的地层岩芯几何尺寸太小而难以在岩芯上观察到大的缝洞体，仅在钻井过程中会观察到程度不同的漏空现象。

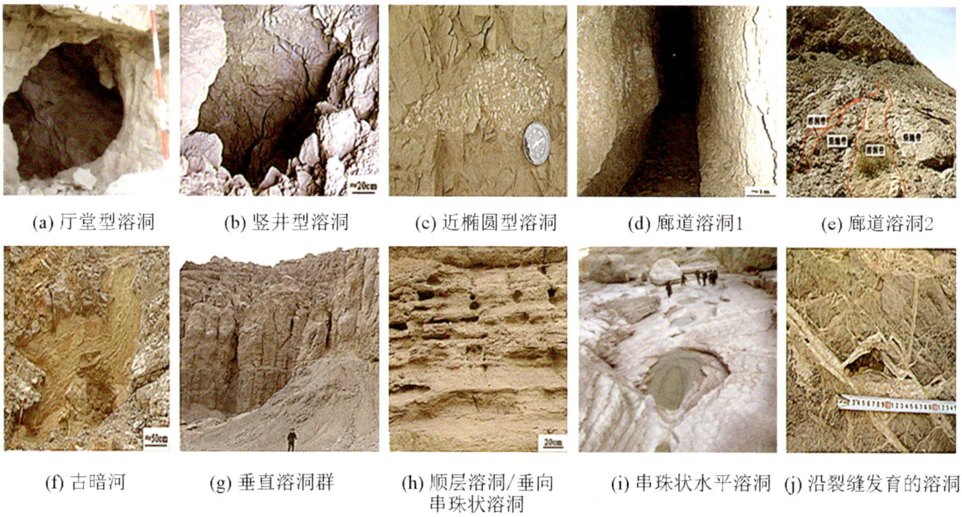

(a) 厅堂型溶洞　(b) 竖井型溶洞　(c) 近椭圆型溶洞　(d) 廊道溶洞1　(e) 廊道溶洞2

(f) 古暗河　(g) 垂直溶洞群　(h) 顺层溶洞/垂向串珠状溶洞　(i) 串珠状水平溶洞　(j) 沿裂缝发育的溶洞

图 1-9　溶洞类储集空间露头图片

(a) 厅堂型溶洞1　(b) 厅堂型溶洞2　(c) 厅堂型溶洞3　(d) 廊道溶洞1　(e) 廊道溶洞2

(f) 廊道溶洞3　(g) 串珠状溶洞1　(h) 串珠状溶洞2　(i) 串珠状溶洞3　(j) 裂缝边溶洞

图 1-10　碳酸盐岩岩溶体典型溶洞类储集空间露头图片

（2）孔洞类储集空间。

图 1-11 是在塔里木盆地柯坪地区实地考察观测到的塔河油田岩溶储集体的孔洞类储集空间露头及岩芯图片，图 1-12 是我国碳酸盐岩岩溶体典型孔洞类储集空间露头图片。三类岩溶储集体都含有孔洞类储集空间，孔洞储集空间也包括了多种形态、尺寸、组合方式，可在地层岩芯上观察到。

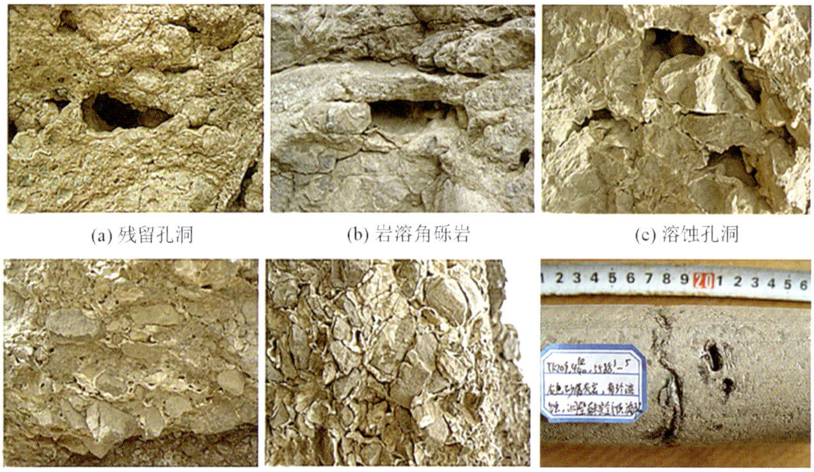

(a) 残留孔洞　(b) 岩溶角砾岩　(c) 溶蚀孔洞

(d) 残孔　(e) 残留孔洞　(f) 溶蚀孔洞

图 1-11　孔洞类储集空间露头及岩芯图片

(a) 溶孔1　(b) 溶孔2　(c) 溶孔3　(d) 溶孔群1　(e) 溶孔群2　(f) 溶孔群3

图 1-12　碳酸盐岩岩溶体典型孔洞类储集空间露头图片

（3）裂缝类储集空间。

在三类岩溶储集体中，裂缝不是主要的储集空间，但其与部分溶洞一起组成了不同溶洞群之间的连通通道。图 1-13 是在塔里木盆地柯坪地区实地考察观测到的塔河油田岩溶储集体的裂缝类储集空间露头及岩芯图片，图 1-14 是我国碳酸盐岩岩溶体典型裂缝类储集空间露头图片。裂缝储集空间具有多种形态和尺寸，在裂缝附近或裂缝延伸方向总存在系列溶孔和溶洞，溶孔和溶洞与裂缝间的连通方式复杂多样。

(a) 塔北垂直裂缝　(b) 塔北X裂缝　(c) 塔北网状缝

(d) 缝合线　(e) 溶蚀裂缝　(f) 塔河七区溶蚀裂缝　(g) 溶蚀作用裂缝扩大

图 1-13　裂缝类储集空间露头及岩芯图片

(a) 串珠状溶洞间的裂缝　(b) 碳酸盐岩露头典型裂缝1

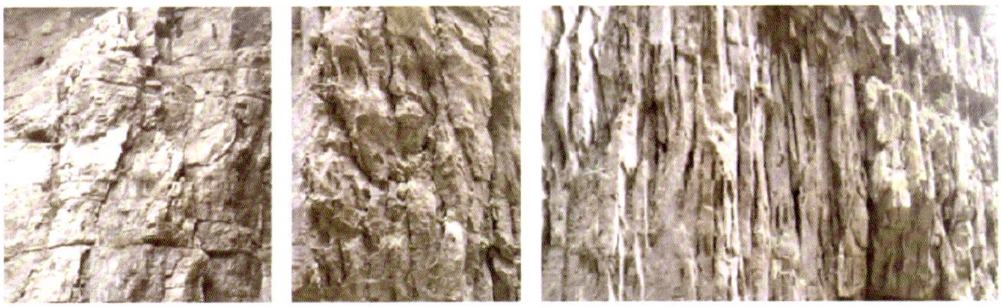

(c) 碳酸盐岩露头典型裂缝2

图 1-14　碳酸盐岩岩溶体典型裂缝类储集空间露头图片

基于物理模型结构建模的需要，大型溶洞可细分为地下河型、孤立型、廊道型和竖井型（图 1-15）。其中，地下河型溶洞包括单支管道及管道网络，平面上连续性好，有明显的方向性，成层发育；孤立型溶洞包括厅堂形溶洞及离散溶洞，横向连续性差，纵向似圆状；从平面上考察，廊道型溶洞沿断裂带发育，而两侧发育次级构造缝；竖井型溶洞的洞主体呈椭圆或近圆形，沿地下河走向呈散点状分布。此外，各种尺度裂缝指的是大尺度裂缝和小尺度裂缝。

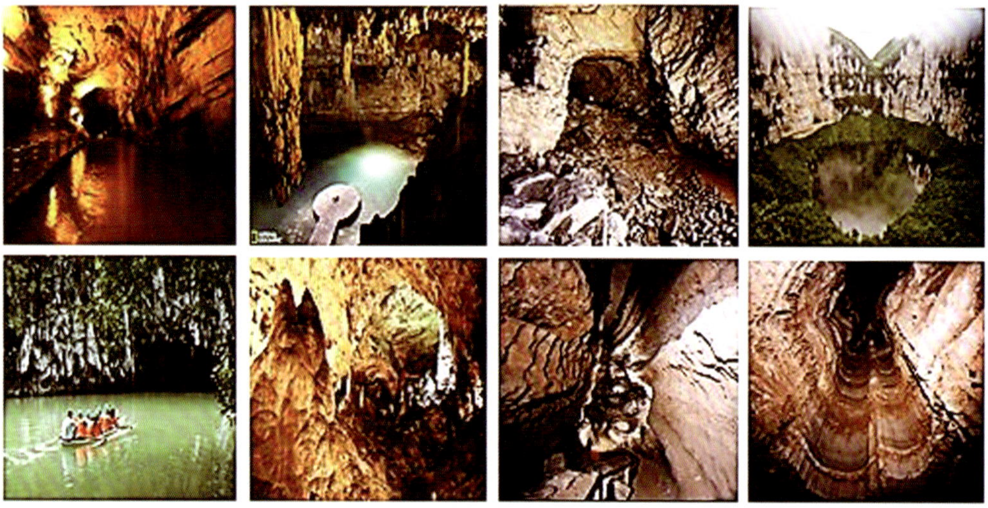

(a) 地下河型　(b) 孤立型　(c) 廊道型　(d) 竖井型

图 1-15　四种简化的大型溶洞

因此，大型溶洞和大尺度裂缝是室内物理模型设计中的关键，物理模拟应考虑的储集空间组成要素包括地下河型溶洞、竖井型溶洞、孤立型溶洞、廊道型溶洞和大尺度裂缝 5 种(图 1-16)，这对后续物理模型的设计制作具有较强的指导作用。

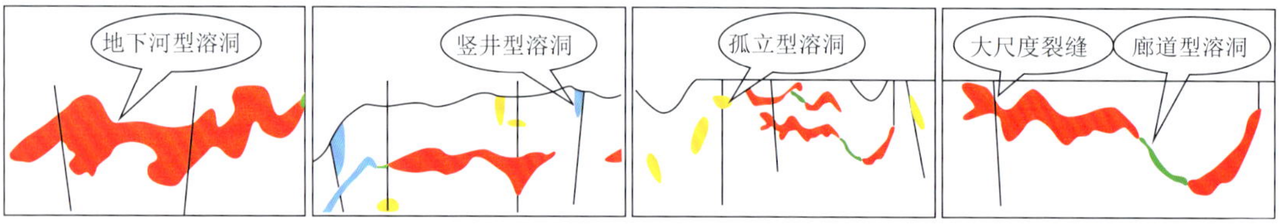

图 1-16　构建物理模型的 5 种储集空间组成要素

2）储集空间的形态及规模

储集空间的形态及规模决定着流体的渗流或流动空间。以塔河 S48 单元为例(图 1-17)，该单元识别出 8 条地下河，平均长度 1 623 m，平均宽度 79 m，主要发育于 T_7^4 下 128～202 m(径流溶蚀带)；识别出竖井 23 个，平面上呈近圆状，剖面纵向呈直立的近椭圆状，平均直径 48 m，平均厚度 51 m，95%以上发育于 T_7^4 下 0～60 m(表层岩溶带)；识别出孤立型溶洞 49 个，与竖井型不同，无明显的纵向发育特征，平面上呈不规则的椭圆状，剖面上呈近扁平的椭圆状，90%以上发育于 T_7^4 下 0～106 m(表层岩溶带及垂向渗滤溶蚀带)；识别出的廊道型溶洞直径小于 10 m，长度 80～160 m，上下或左右沟通 2 条地下河；识别出大尺度裂缝 69 条，其中 32 条沿北东—南西方向，裂缝长度主要集中在 300～500 m。

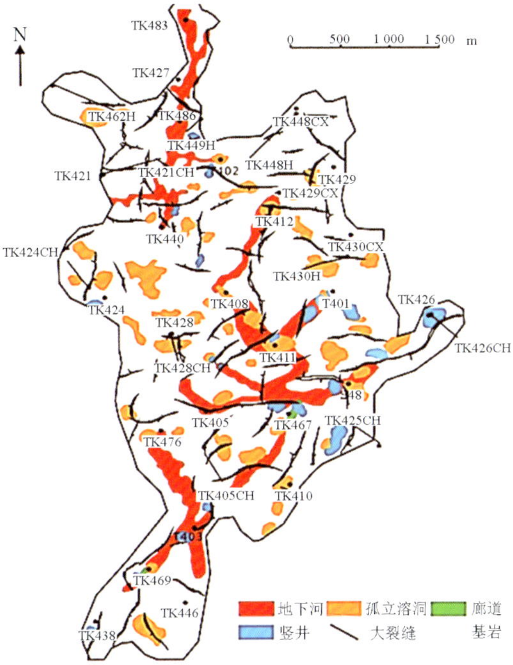

图 1-17　S48 单元岩溶要素分布图

3）储集空间的配置关系

塔河油田发育多种形态与规模的储集空间，储集空间之间的配置关系也复杂多样，这也是该类油藏非均质性极强的根本原因。从塔河 S48 单元识别出的不同形态与规模缝洞之间的配置关系可总结为 5 种（图 1-18）：① 裂缝沟通地下河，每条地下河都有与之连接的大裂缝，10.6 km 地下河与 26 条大裂缝连接，平均 2.5 条/km；② 裂缝沟通竖井，所有竖井均与大裂缝连接；③ 裂缝沟通孤立溶洞，孤立溶洞与大裂缝的距离为 0 的有 28 个，距离为 200 m 以内的有 21 个，即大部分孤立溶洞与大裂缝有关；④ 竖井沟通地下河，竖井与地下河的距离为 0 的有 12 个，距离为 0～200 m 的有 7 个，即大部分竖井与地下河相连；⑤ 廊道沟通地下河。这些储集空间之间复杂的配置关系为后续物理模型设计提供了地质依据。

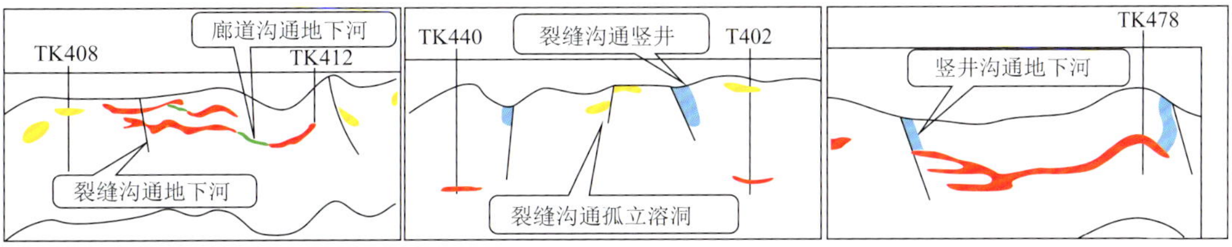

图 1-18　储集空间组成要素配置关系

1.2 缝洞体特点与刻画

不同岩溶储集体的几何结构形态或规模等均可在地震属性中较清晰地反映出来，其生产动态特点有一定规律可循，但不一定能完全匹配上。因此，要刻画出不同岩溶储集体特点，构建可信的三类储集体物理模拟实验模型，就需要根据地震属性识别的岩溶储集体特点，并结合井间连通模式与储流关系、优势流动通道与剩余油分布等进行分析。本节论述风化壳、断控、古暗河三类岩溶储集体地震属性特征与储集体物理模拟实验模型的刻画。

1.2.1 储层结构与发育模式

1）风化壳岩溶

根据地震属性特征解释获得的塔河油田风化壳岩溶储集体结构或发育模式如图 1-19 所示，由风化壳储层岩溶发育形成的溶洞型储集体较集中分布在塔河油田的主体区，且发育于风化面附近。塔河主体区风化壳岩溶缝洞体发育情况复杂且呈面状分布。其中，大型洞穴的发育是其显著特征，储集体规模大，井间剩余油分布丰富，同时整体底水发育程度也较好。此类溶洞型储集单元井间的裂缝和岩溶管道是主要连通通道，井间的连通性具有多向性且没有明显的方向性特征。

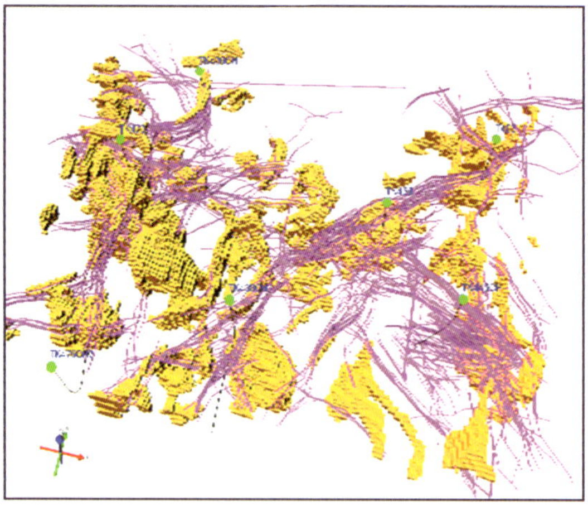

图 1-19 风化壳岩溶储集体结构或发育模式

2）古暗河岩溶

古暗河岩溶储集体结构或发育模式如图 1-20 所示，主要分布在风化面以下的中深部地区，以较大规模溶洞体为主，流通通道呈线状分布，伴随一系列大小规模不一的溶洞。此外，古地表河及古暗河相互转换，交错盘绕、层层递进，呈地下迷宫状。而不同构造位置与覆盖条件下岩溶作用差别较大，导致古暗河的形成也具有差异性。在塔河油田大型岩溶残丘群的缓坡段，常发育有浅层河道和深层河道两套古暗河。① 浅层河道多发育在风化壳以下 60～100 m，由主暗河与分支暗河组成，受强烈构造运动及严重风化剥蚀作用影响，浅层河道可溶蚀范围增大，分布较复杂，且整体上主暗河与分支暗河呈树枝状、网状分布。另外，由于后期充填破坏影响，原生洞穴空间被严重分隔，井间连通差。② 深层河道发育在风化壳以下 150～240 m，受构造运动及可溶蚀碳酸盐岩分布影响，分布相对简单，且整体上主暗河和分支暗河呈线状、树枝状分布，原生洞穴空间保存程度高，井间干扰现象普遍。

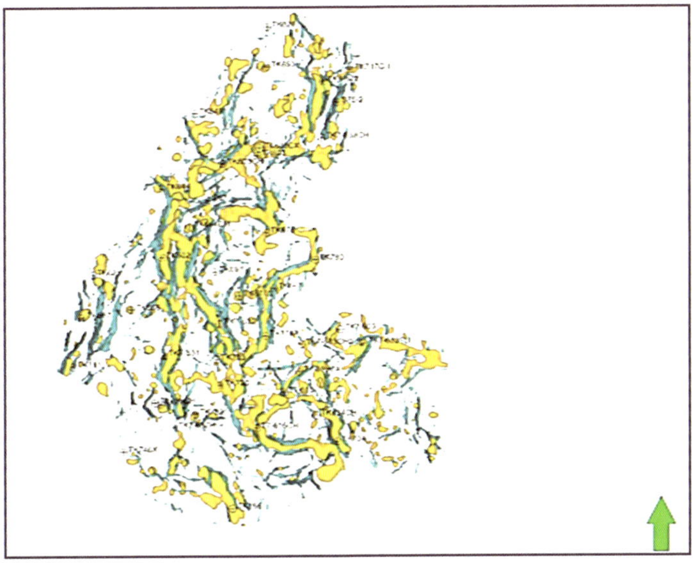

图 1-20　古暗河岩溶储集体结构或发育模式

3）断控岩溶

断控岩溶储集体结构或发育模式如图 1-21 所示。断控岩溶储集体具有复杂多样性特点，在地层中呈现条带状分布，分为主干断裂带和次级断裂带缝洞，岩溶通道主要为主干断裂带，储集体沿此延伸且并行发育次级断裂带，主干断裂带和次级断裂带之间存在连通通道和连通性不一的微裂缝和溶孔（图 1-22）。

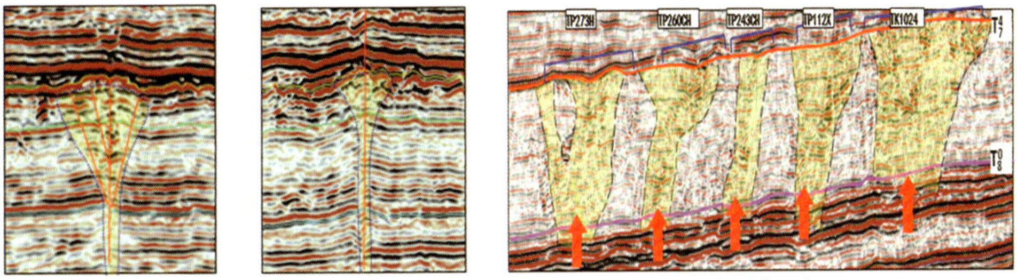

(a) 垂直断裂带方向　　(b) 沿断裂带方向

图 1-21　断控岩溶储集体结构或发育模式

断裂规模对岩溶储集体的发育起着重要作用，较小级别断裂带上发育的岩溶储集体不完整，垂向延伸长度较短，对流体运移较为不利；而较大规模断裂带上破碎带越发育，岩溶储集体就越发育，也越有利于流体运移，整体上表现为“大断裂大油藏、小断裂小油藏、无断裂不成藏”的特点。但即使同一条断裂带，在构造演化过程中多次变换扭动方向，变形强度亦是有强有弱，导致主干断裂带与伴生断裂呈现平行、不连续的斜交特点。受岩溶作用后，在垂直断裂带方向与沿断裂带方向上发育不同的岩溶规模和构造样式。① 垂直断裂带方向（断溶体两翼）岩溶体发育具有条带状、夹心饼状、平板状等多样性特征（图 1-22），不同形态的断控类岩溶体内部连通性各不相同，取决于断溶带内的裂缝发育程度；② 沿断裂带方向上，断控类岩溶体发育具有 Y 字型、V 字型、T 字型、条带型等多样性特征，沿主干断裂带延伸方向的连通性取决于主干断裂带内部连通通道发育情况。

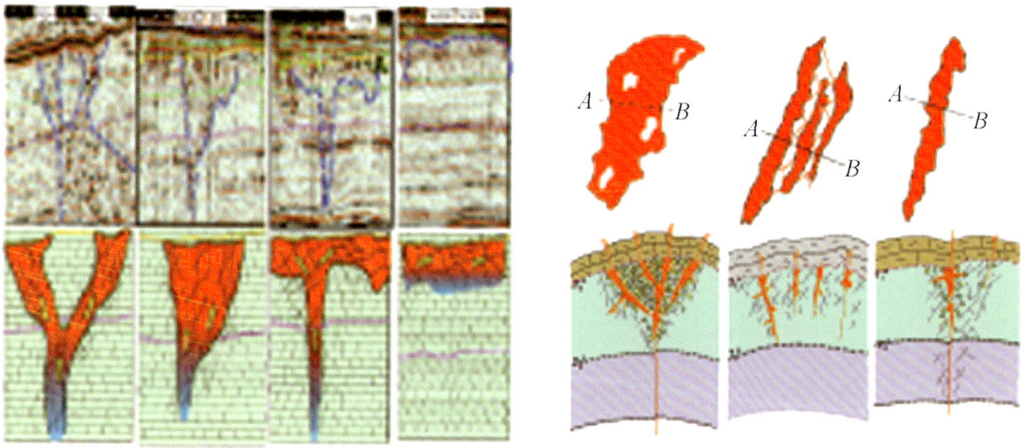

(a) Y字型　(b) V字型　(c) T字型　(d) 条带型　(e) 条带状　(f) 夹心饼状　(g) 平板状

图 1-22　断控类岩溶储集体发育模式

1.2.2　缝洞体的储流关系

由于致密碳酸盐岩基质以及封闭断层中的充填沉积物形成了渗流屏障，导致塔河复杂岩溶储集体可能不具有统一的油水系统（无连片统一的油水界面），不同规模油藏单元的油水接触关系可能存在较大差异（不同单元有自己独立的油水界面，水体分布有局限性且能量不大），这在一定程度上制约了人们准确认识地下油、水的赋存状态和分布规律。

塔河岩溶储集体发育程度完全受缝洞体系控制，油藏类型及油水关系与缝洞体之间的连通性有密切关系。无论是溶洞储集体、孔洞储集体还是裂缝储集体，如果彼此之间不连通，孤立存在，构成规模不尽相同的定容油藏，各油藏之间被不同类型渗流屏障分隔，每个溶洞单元具有相对独立的油水系统，那么水体（一般属于封存水）也有限（取决于缝洞体之间的连通性）。即使地震属性解释的是大型储集体，若溶洞储集体、孔洞储集体和裂缝储集体本身规模较小且流通通道规模有限，则无论是哪种连通类型，构成的多重介质油藏规模都不会很大，油藏也仍具有定容性质且底水能量不大。油藏连通关系的复杂性导致了不同溶洞单元内流体关系的复杂性。

溶洞单元是塔河岩溶性油藏的开发基本单元，具有独立油藏的基本概念与特点。塔河岩溶性油藏从北部岩溶高地到南部岩溶斜坡，储层分隔性加剧，连通性具有逐渐变差的趋势，北部岩溶高地储集体最发育，连片性和连通性最好，但直接确定为水层的井在油田全区分布，且水层深度各不相同（最大高差达 991 m），产水量差异也很大。水体高度也因储层而异（不存在统一的油水系统），水体界面与潜山面高地有一定关系，具有潜山面高，水体界面高的趋势。

根据塔河油田生产井动态特征，可将塔河岩溶储集体的井间连通性与储流关系归纳为一般模式、隔油式、隔水式、复合式和纯油（或水）式 5 种模式。

1）一般模式

塔河大部分油藏属于油水共存的组合模式（一般模式），流体分布形式为上油下水（图 1-23），具有一个统一的油水界面。该储流模式总体受重力分异的影响，但同时由于缝洞储集体中分布的孔、洞、缝、喉大小相差悬殊，形态各异，排驱压力差异很大，加之多期成藏，分异不充分等因素，因而大尺寸的缝洞和大孔隙的驱替效率高，油气充注程度高，含水饱和度低，形成纯油藏；而小尺寸的微孔隙驱替效率低，原生地层水的驱替效率低，形成了含水饱和度极高的水藏或封闭型水藏。此类井在塔河油田分布较多，具有一定的无水采油期（其长短和含水上升规律取决于储集体与水体规模），在压力恢复测试曲线上表现为定压边界，而酸压沟通了底水，可能出现开井即见水特征。

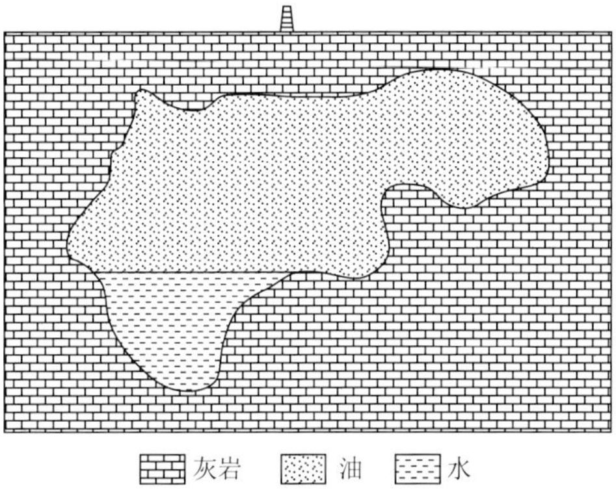

图 1-23　油水分布形式

2）隔油式

油水分布形式与一般模式相同，但油水共存模式表现出两个和两个以上被水体分隔的储油空间，在各含油和含水储集空间之间具有压力连通关系，致密岩体上凹下凸是造成同一缝洞体单元存在多个油水分布形式的主要原因。产油井初期产油，中期含水增加，但随着分隔水体不断减小，邻近储油单元的油气突破水体进入开发的储油单元，油井产量逐渐增大而水产量逐渐减小，甚至产纯油（图 1-24）。

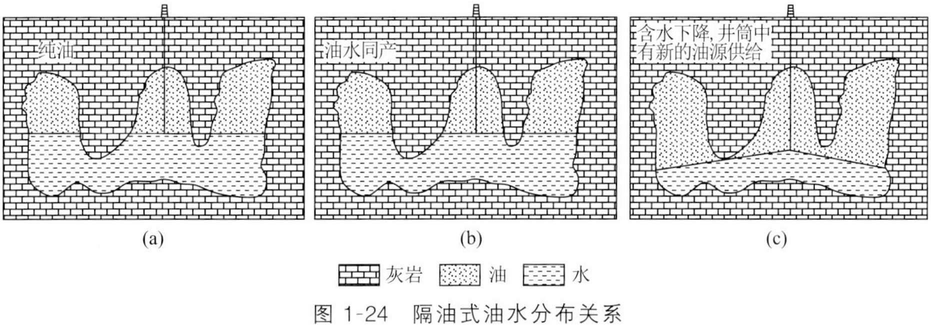

图 1-24　隔油式油水分布关系

3）隔水式

油水分布形式也受缝洞体内致密岩块的形态和大小控制（图 1-25），此类单元的油井投产后产量高，稳产期长，储集体内的连通性较好，供油半径大，采出流体能得到及时补充，有限水体能量与油藏的连通性较好。但不同井的生产动态、含水特征和累产量等可能不同，反映出不同井控制区的底水大小及位置存在差异。

4）复合式

复合式缝洞单元（或油井控制区）之间的连通关系和连通程度（相邻而不相连，相连而非完全连通）呈现出动态变化特征（图 1-26），多个缝洞单元（或油井控制区）可能存在边底水，也可能没有边底水。当某个缝洞单元（或油井控制区）的压力下降程度达不到某个程度（门槛值）时，其他缝洞单元（或油井控制区）的流体不会流向压降缝洞单元（或油井控制区），但当投产缝洞单元（或油井控制区）压力下降程度达到或超过门槛值后，其他缝洞单元（或油井控制区）的流体就开始启动并对投产缝洞单元（或油井控制区）补充流体。其中，流体启动的门槛值大小与缝洞单元（或油井控制区）间连通介质的性质有关；而缝洞单元生产动态特征与复合式缝洞单元（或油井控制区）大小、储层流体性质有直接关系。以图 1-26 二元复合体为例，设复合缝洞单元 B 大于缝洞单元 A，且 B 的原油密度小于 A，则缝洞单元 A 生产动态具有以下特征：① 油压和油产量会突然上升；② 产出原油密度会下降甚至接近缝洞单元 B 的原油密度。

5）纯油（或水）式

纯油（或水）式的油水是孤立的（图 1-27），生产过程中油压和产量不断下降，后期增产效果也不明显，压力恢复测试曲线反映出全封闭不渗透边界性质。

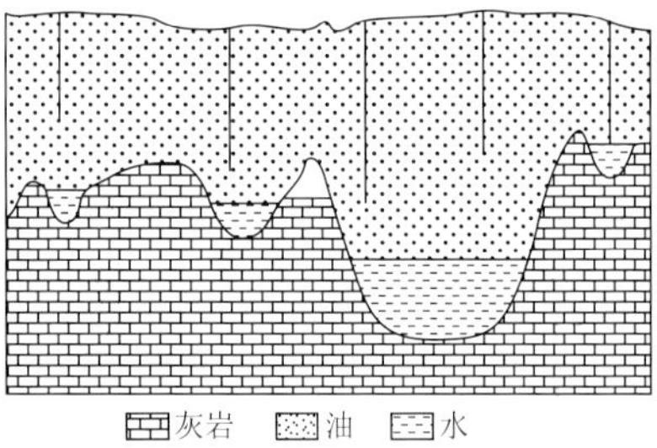

图 1-25 隔水式油水分布关系

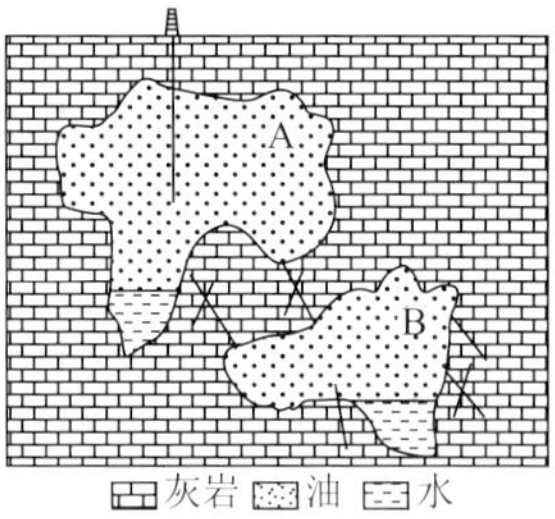

图1-26 复合式油水分布关系

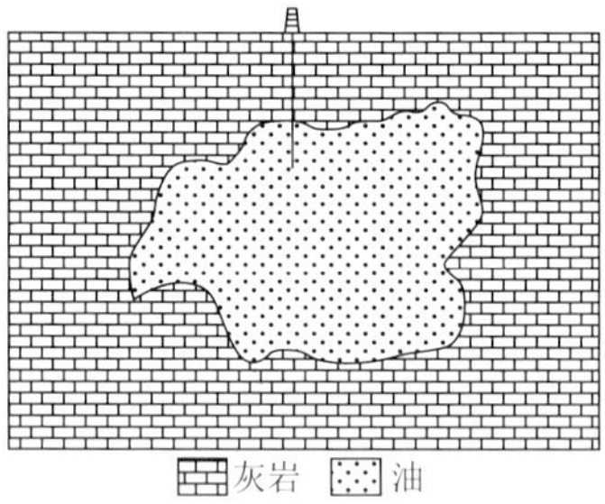

图 1-27 纯油(或水)式油水分布关系

1.2.3 储集体井间连通模式

1）井间连通模式

塔河岩溶储集体的井间连通性反映了储层流体的连续性，不同岩溶储集体井间的连通性与地质研究得到的地层对比和地震横向预测所得的储层连通性有着本质的区别，因为储层非均质性极强和网络系统复杂，会造成井间存在不渗透区，使储层中的流体分布形成断点，造成井间储层连通而流体不连通的现象。地质研究得到的地层对比和地震横向预测所得的储层连通性属于静态范畴的连通性，仅仅是储层流体可能连通的基础；而储层流体连通性属于动态范畴的连通性，是开发部署与开发特征的基础。

（1）储集体连通模式。

塔河缝洞型油藏油井的产能大小受限于流体在溶（孔）洞、裂缝（断裂）中的流动效率，其与注采井的储集流动空间连通方式以及连通开度的大小紧密相关，连通性是缝洞型油藏开发的关键。

塔河缝洞型油藏储层的连通方式主要包括裂缝沟通地下河、廊道沟通地下河、裂缝沟通竖井、裂缝沟通孤立溶洞及竖井沟通表层溶洞等几种，如图 1-28～图 1-30 所示。

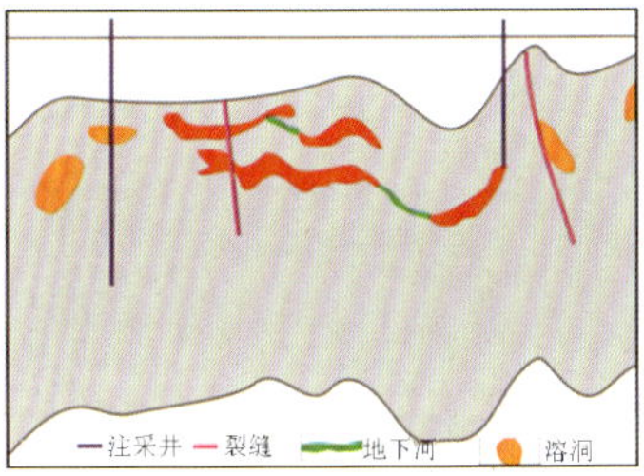

图 1-28　裂缝及廊道沟通地下河

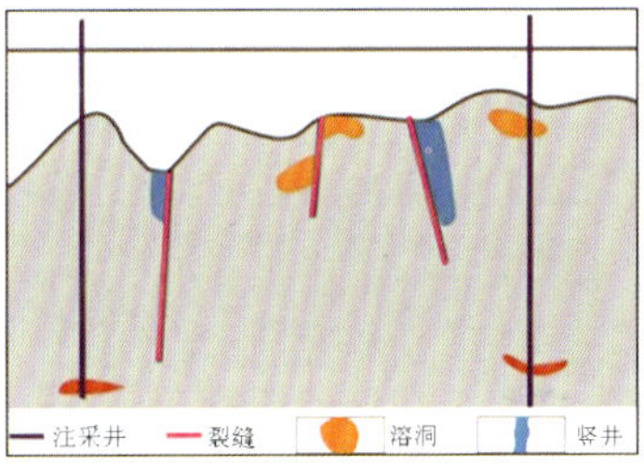

图 1-29　裂缝沟通竖井及孤立溶洞

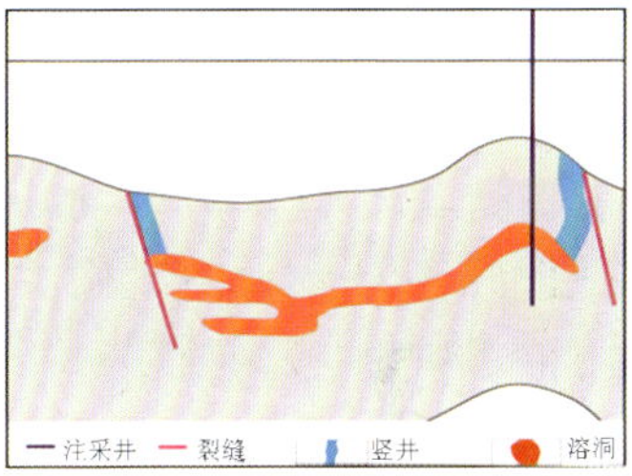

图 1-30　竖井沟通表层溶洞

（2）注采井连通模式。

实际生产中，生产动态与井间连通模式具有紧密的联系，实际的连通模式很复杂，从生产角度分析，井间的基本连通模式包括井间洞连通、井间缝连通、井间缝-洞复合连通三种（图 1-31）。不同连通模式的油井具有不同的生产动态响应特征，不同缝洞组合连通模式下的产能及生产动态的差异既反映缝洞组合体规模和储量规模，也反映洞与洞、洞与缝之间所具有的不同连通方式。

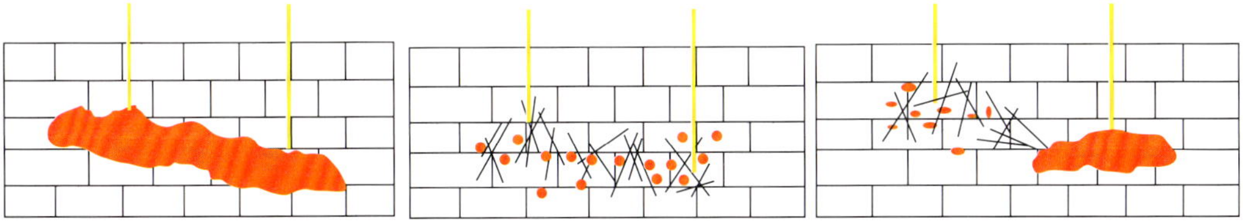

(a) 井间洞连通　　(b) 井间缝连通　　(c) 井间缝-洞复合连通

图 1-31　缝洞型油藏生产井间动态连通模式分类

2）典型案例分析

具体油藏的储层连通方式是在地层对比和地震横向预测的基础上，通过对储层段的孔洞、溶洞储集体及裂缝尺度的预测，得到研究层段缝洞情况，以此为基础并结合油水井动态特征来研究的。

以位于塔里木盆地沙雅隆起中段阿克库勒凸起北东部、构造上呈现南东—北西向倾斜的塔河六区 S74 缝洞型油藏为例。该区块以风化壳岩溶体为主，具有暗河、断裂、构造复合地质背景，共有 C1，C2，C3 三个层段。依据地震解释（图 1-32）、不同频率下的振幅变化、钻遇溶洞分布和充填情况（图 1-33）等约束条件，可以研究预测储层孔洞、溶洞储集体及缝洞的发育情况(图 1-34 和图 1-35),以此来研究缝洞体单元和注采井间连通性(图 1-36)。由此可得出:塔河 S74 区块北部连通性较好,而南部储层的缝洞发育程度相对较差,缝洞体在空间上以北东向展布为主。从各井动态响应分析,该区块不同缝洞体属于不相关联区域,与传统碎屑岩整体性连通分布不同,缝洞型油藏的连通是局部连通。

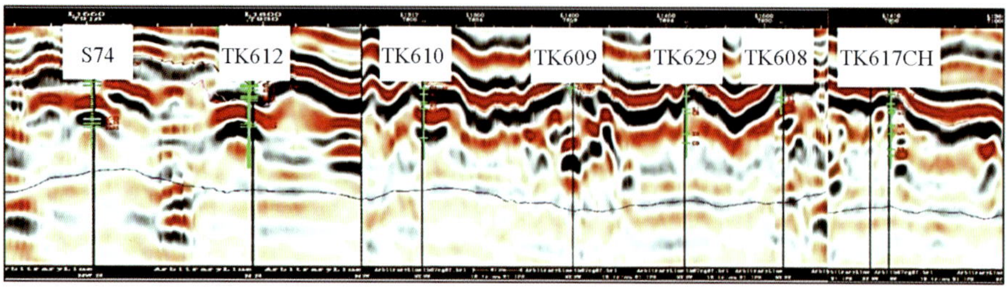

图 1-32　塔河 S74 区块部分井组地震解释

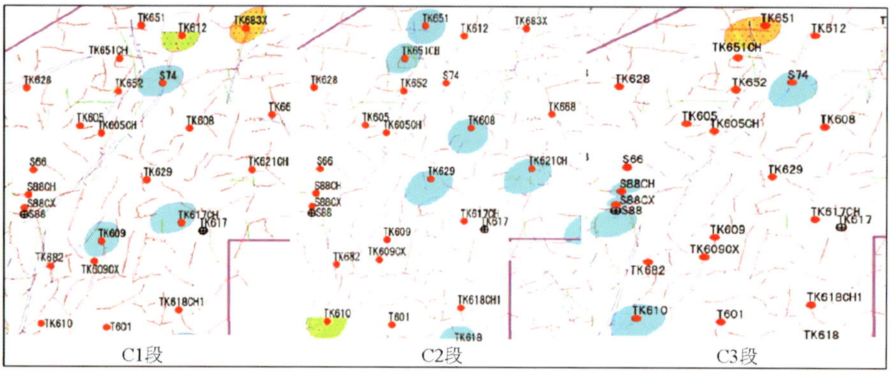

图 1-33　塔河 S74 区块钻遇溶洞分布和充填情况

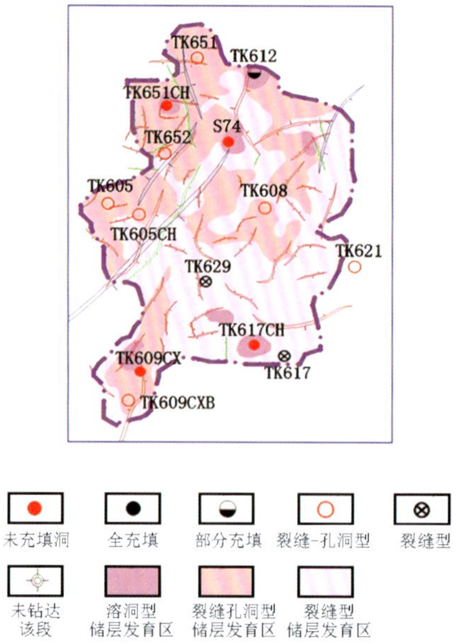

图 1-34　塔河 S74 区块 C1 段储集体及缝洞预测分布

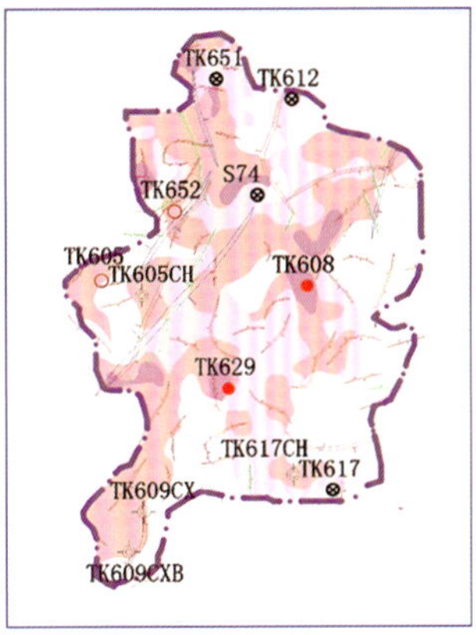

图 1-35　塔河 S74 区块 C2—C3 段储集体及缝洞预测分布

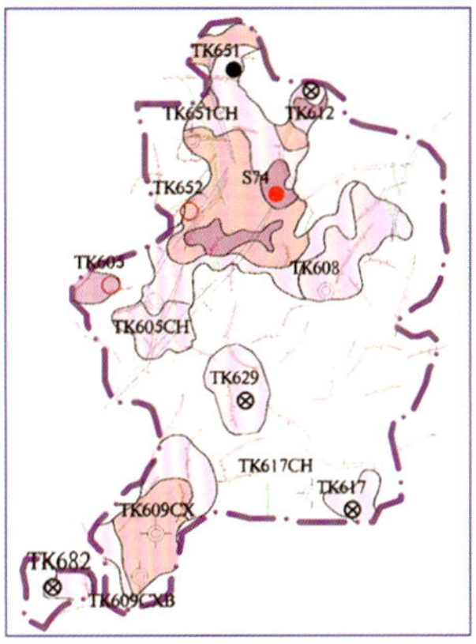

图 1-36　塔河 S74 区块缝洞体单元和注采井间连通性

1.2.4　优势流动通道

溶蚀作用的差异导致不同缝洞体之间具有不同的连通情况，如图 1-37(a)和(b)所示，主流道、次级流道及毛细流道的连通性依次变差。在驱替作用下流体将优先流经连通性好的通道，如图 1-37(c)所示。通过调整主流道方向，可提高非主流道方向的水驱波及效率，释放非主流道方向的剩余储量潜力。因此，缝洞流道与注采井网的叠合模式既能反映不同溶洞之间的连通情况，也能反映优势渗流通道。在物理模型与实验方案设计时，可以参照缝洞体和流道分布情况，判断和提炼出典型缝洞结构、缝洞组合模式及其之间的连通情况，实验现象和实验结果也能反映缝洞体和优势流道的影响。

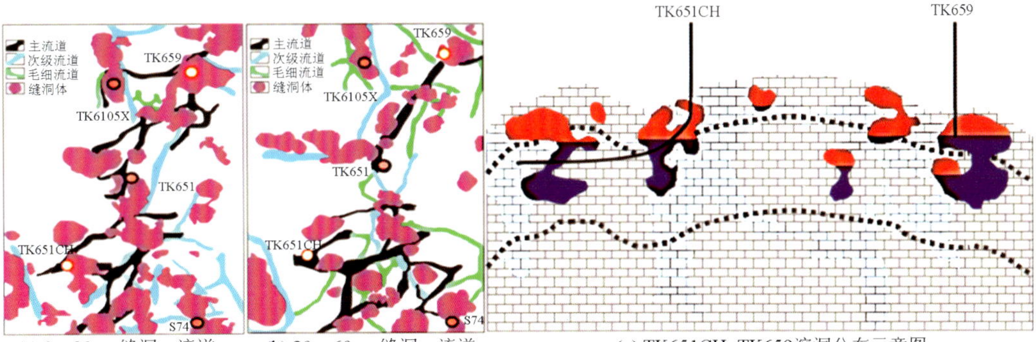

(a) 0～20 ms缝洞、流道　(b) 20～60 ms缝洞、流道　(c) TK651CH–TK659溶洞分布示意图

图 1-37　TK659 次流道调整示意图

1.2.5　剩余油分布特征

缝洞储集体内水驱剩余油的分布规律与缝洞体内渗流环境、注采井间优势流动通道密切相关。水驱油过程表现为大缝洞体内的管流，优势流动通道引发的缝洞内重力流或重力分异交换，蜂窝状溶蚀体和缝洞体沉积物中的达西渗流等与注采井间压力场非均衡性的共

同耦合作用，决定了缝洞储集体优势流动通道与剩余油分布模式，但缝洞储集体自身的地质条件是剩余油分布模式的主控因素。

1）地质控制因素

对塔河油田剩余油分布的地质控制因素进行系统研究，结果表明剩余油量及分布状态取决于注采井间的流动通道对缝洞储集体的控制程度，以及注入水和地层水对储层的波及程度。

(1）缝洞储集体不整合残丘顶面形态。

在多期构造运动产生的大量断层和裂缝与长时间高强度岩溶作用下，残丘顶面高部位不整合面易发育形成溶蚀面及层内岩溶、溶蚀孔隙及缝洞等储集体。图 1-38 是六、七区缝洞储集体剖面图，残丘顶面形态直接影响储层发育范围，而残丘顶面形态与注采井的相对关系控制着剩余油分布。

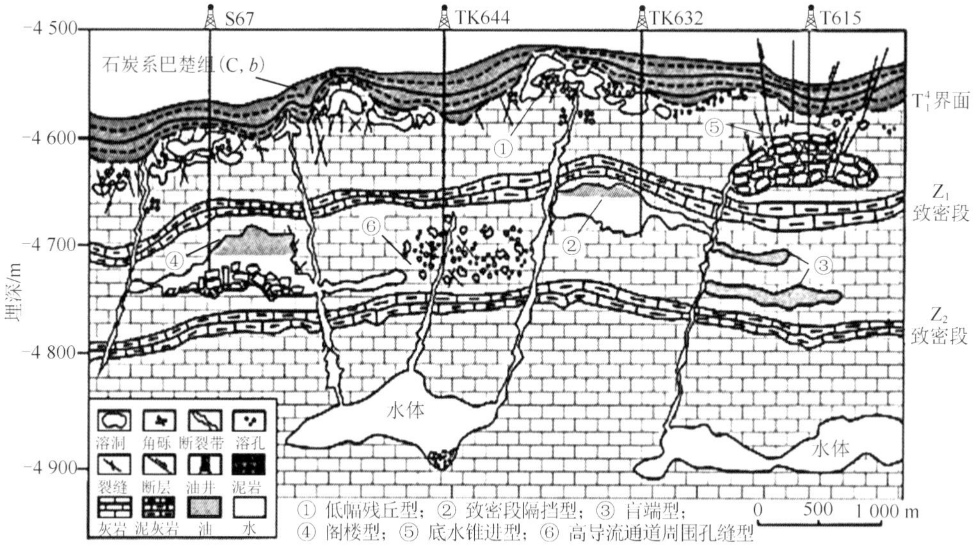

图 1-38 六、七区缝洞储集体剖面图

(2）致密层段分布。

致密层段是指纵向上具有一定厚度、横向上稳定展布的致密泥质碳酸盐岩，其溶蚀孔、缝不发育，不具备储集油气的能力，反而在开发中对流体运动起到了较强的隔挡作用。图 1-39 是六、七区致密层段垂向分布情况，这些物性较差的、在平面连续分布的致密层段是造成储层非均质性的重要控制因素，对油水的纵向运动产生明显的分隔效果，对致密层段下方的剩余油分布起着盖层的隔挡控制作用，致密层段减缓底水锥进速率，对延长无水采油期有利，但在致密层段的分隔作用下，注入水会沿着阻力较小的优势渗流通道驱替，从而导致局部水驱无效而形成“保持原始状态”的剩余油分布区。剩余油常分布于断裂和大尺度欠发育的致密层段范围内。

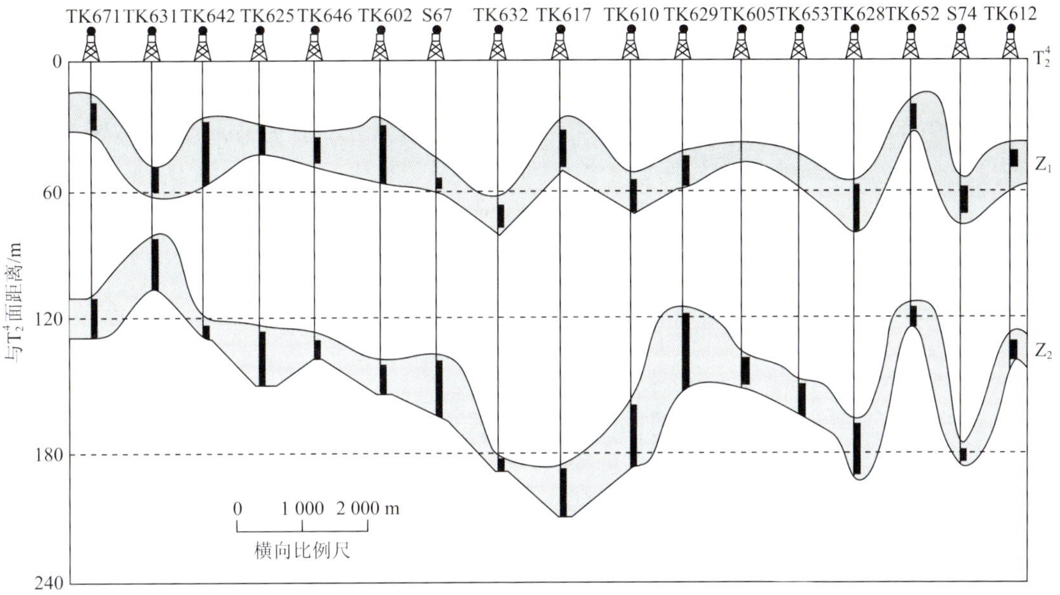

图 1-39　六、七区致密层段垂向分布情况

（3）裂缝带分布。

对于塔河缝洞储集体而言，断裂及其伴生裂缝是岩溶作用的先期通道，起着沟通储层并控制岩溶规模的作用。尽管裂缝的孔隙度很低，但它们既是流体的储集空间，也是流体的流通通道。在油田开发过程中，断裂发育方向和深度影响注入水和底水的平面推进方向，断裂与储层的相对位置会影响水进入储集体的方向及最终驱油效率。因此，裂缝带分布是影响剩余油分布的重要因素。如图 1-40 所示，断裂深部沟通了 T_2^4 下的三段储层，开发中的注入水沿着深大断裂进入储集体并驱替原油，形成注入水突进的优势方向，在断裂带两翼相对低孔低渗部位形成剩余油富集区。

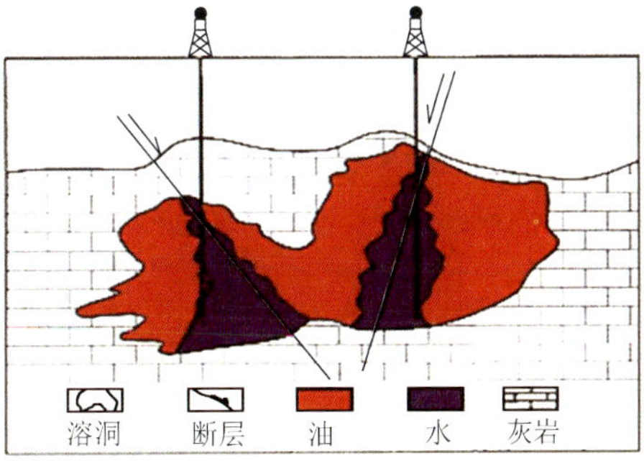

图 1-40　断裂两翼剩余油富集区

（4）缝洞储集体几何空间与组合关系。

缝洞储集体具有单体溶洞、不同溶洞直接连通、不同溶洞通过裂缝连通等多种缝洞储集体几何空间与组合模式。不同储集体几何空间与组合模式下，底水或注入水会产生不同的流动模式，从而影响剩余油分布。图 1-41 是层状复杂几何储集体在一注一采开发模式下的剩余油分布模拟结果。① 孤立溶洞原油：孤立溶洞在中上段较少、在下段较多，孤立

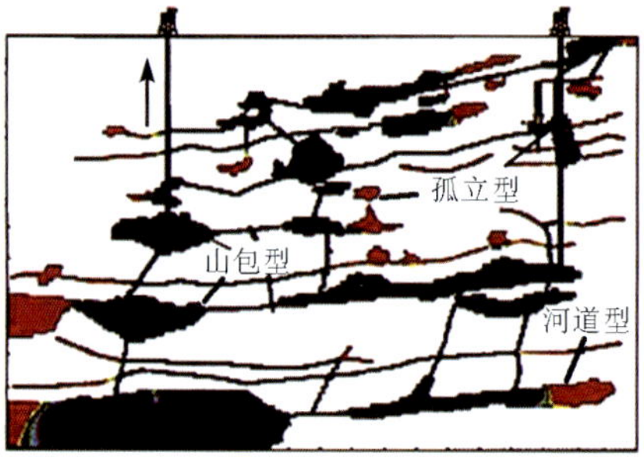

图 1-41 一注一采剩余油分布模拟结果

溶洞一般体积较小，分布分散，很难被井钻遇，因而原油无法动用，存在大量剩余油。② 阁楼油：潜山顶部凹凸不平，在单体溶洞和直接连通的多溶洞体系中，由于油水流动属于重力分异明显的自由流，在局部无井控制区的高部位存在无水驱波及的原始剩余油区（剩余油阁楼油）。③ 地下暗河盲端剩余油：地下暗河系统具有平面上连续较好、方向性明显、成层状分布的特点。水驱开发这类油藏时，剩余油常常存在于无井控制的暗河盲端区域。④ 多溶洞裂缝连通组合体系中，溶洞底部水或注入水为重力分异明显的自由流，但裂缝中的流体则属于高速达西流，流动阻力骤然增大、流动速率骤然降低，剩余油分布取决于裂缝与溶洞的连通位置。

（5）溶洞内垮塌与充填程度和类型。

受上覆压力影响，溶洞部分或全部垮塌与溶洞内碎屑物充填是常见的地质现象，并伴随泥质、灰岩角砾及石英结晶充填，其孔渗物性会大大降低，流体流动形态从管流转变为渗流。充填介质的非均质性强化了溶洞体内储层的非均质性，毛管力、重力、润湿性等都影响充填介质内的驱替特征。当注采井不完全匹配时，充填介质内的水驱效率低，剩余油多。

（6）水体。

注入水和底水的波及范围和驱油效率控制着剩余油的分布，而波及范围和驱油效率主要受开采方式（单井采油或注采）和有无底水综合作用的影响。① 对于单井开采而无底水的定容单一溶洞，驱油机理是油的弹性能量，具有弹性采收率，溶洞内存在大量剩余油。② 对于单井开采而有底水的定容单一溶洞，驱油机理仅仅是油和水的弹性能量，采收率取决于水体的大小和井底位置。③ 对于单注单采的定容单一溶洞，无论是否有底水，低注高采开发效果均好，水体大小的影响不大，但采油井位置决定了阁楼油的多少。④ 单井开采裂缝连通的多洞系统时，底水能量影响突出，无底水时残留大量剩余油，5～10 倍底水时采收率较高，剩余油分布在局部有高点，且表现为油水异洞效果好，油水同洞易水窜，每个洞都有底水时含水率呈台阶状上升；底水达到 50 倍以后，过大的底水能量会导致水窜严重而使采收率严重下降。

2）工程控制因素

与缝洞储集体自身的储集空间和流动通道发育情况相比，塔河缝洞型油藏剩余油分布的工程控制因素包括采油井部署位置与完井层位、注采模式、注采井相对位置及注水强度等。

（1）采油井部署位置与完井层位。

对于塔河这种坚硬的缝洞型油藏，一般对目的层段采用裸眼开采，如果采用套管完井，井筒套管会封堵更高部位的储层，生产层段便是油水的最高溢出点。随着底水和注入水突进，因油水重力分异作用，高于溢出点的油（残余阁楼油）无法进入井筒内，这些残余阁楼油存在于油藏局部高部位（包括宏观构造高部位和微观零星凹凸部位），且这些残余阁楼油随着生产层段的下移(生产层段以上储集体厚度增大)而增大。

从机理上分析,采油井部署位置对油藏最终采出程度和溶洞内剩余油分布的影响体现在以下几方面:① 采油井钻遇缝洞储集体的位置直接影响井控储集体范围;② 钻遇到不同储层类型会产生不同的水驱油流态,导致最终水驱波及效率和驱替效果不同。由于缝洞储集体中,注入水或底水与地层油间的重力分异作用是提高开发效果的主要驱替动力,在重力分异作用下,油水界面可表现出平稳向上抬升的运动特征。因此,在高部位部署采油井时最终水驱波及效率和驱替效果将大于在偏下部位部署,且生产井钻遇储集体位置越靠上,油水界面进入井底时间就越晚,最终采出程度就越高,剩余油也越少。剩余油主要以阁楼油形式存在于生产井开发层段上方油水界面以上的储集体内。

(2) 注采模式。

油藏注采模式是注采关系的两个要素之一(另一个要素是注采井相对位置)。注采模式对剩余油分布的影响主要体现为注采井与储集体的匹配关系:① 缝(孔)注洞采时,注入水沿裂缝发育带缓慢驱替至溶洞区,溶洞区内重力作用使得水体先沉降至溶洞区底部,而后形成稳定且缓慢抬升的油水界面,油井无水采油期长,最终采出程度较高,此时剩余油主要存在于生产层段以上的储集体局部高点(残余阁楼油),以及形成优势水流通道后没有被水波及的缝(孔)中;② 洞注缝(孔)采时,注入水在溶洞区沉降聚集至一定程度时形成较大流体压差,使得水体优先沿流动阻力最小的裂缝突进至井筒,形成高速水流通道,导致油井快速水淹,此时剩余油主要存在于高速水流通道周围的储集体以及没有被高速水流波及的缝(孔)中。

(3) 注采井相对位置。

注采井相对位置是注采关系的另一个要素,其对剩余油分布特征的影响体现在,注采井相对位置不同导致驱替压力场不同,从而引起油水界面形态及推进规律的差异。① 低注高采时,注入水在重力作用下沉降至溶洞底部,补充了油层能量,有效控制了底水突进并形成了缓慢抬升稳定的油水界面,使得无水采油期较长,最终剩余油以残余阁楼油形式主要分布于油井生产层段以上的部分储集体中;② 高注低采时,注入水补充油层能量的作用较差,沿注采井连线的主流线方向压力降低迅速并形成优势流动通道,导致采油井被快速水淹。这种情况下重力分异作用差(不能充分发挥作用),使得油水界面不稳定、水驱波及范围有限,从而导致采出程度较低,最终剩余油主要分布在水流通道中油水界面以上。

(4) 注水强度。

注水强度改变驱替压力场,注入水的流动状态和波及范围影响剩余油分布特征:注水强度小时,流体主要受重力的影响,大部分下沉至溶洞底部,起到补充底水能量的作用。随着注水强度增大,流体受横向射流压力和纵向重力共同影响,注入水波及范围更广,但存在一个与重力分异匹配的合理注水强度界限值。在此范围内可以提高采收率,超过该范围后,采收率反而会大幅降低。合理注水强度界限值大小与缝洞储集体介质特性和油水物性差异程度有关,过大的注水强度会抑制油水重力分异作用,进而扰乱上油下水稳定推进油水界面高效开发方式的实现。

3) 剩余油分布模式

对于塔河缝洞型油藏而言,水驱剩余油的分布主要有以下几种形态(图1-42):① 宏观上没有井控的低幅残丘阁楼油，生产井段上倾方向的阁楼油，微观上局部的水无法替换的高点残余油，致密遮挡层阻止水驱作用的孤立储集体和局部高点剩余油；② 古暗河中无法实现驱替的盲端剩余油；③ 注采开发模式不合理引起的水锥、优势渗流通道两翼未被水波及孔缝中的剩余油。

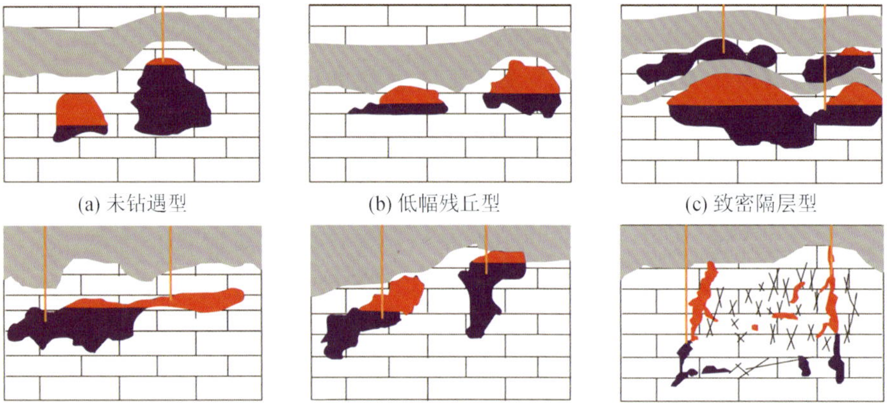

(a) 未钻遇型 (b) 低幅残丘型 (c) 致密隔层型

(d) 盲端型 (e) 阁楼型 (f) 孔缝型

图 1-42 缝洞型油藏剩余油的类型

总之，塔河缝洞型油藏的水驱剩余油是不同连通程度的缝洞体被驱替后的结果，尤其是盲端型、阁楼型以及孔缝型剩余油反映了溶洞体内部、溶洞体之间以及孔洞缝三种连通情况下剩余油的分布情况。如何挖潜开发这些水驱残余油，与流道和井位的调整优化紧密相关。

1.2.6 缝洞体内部充填属性

受上覆压力、长期冲刷沉积及高温高压环境的综合影响，埋深大于 5 000 m 的塔河缝洞体储层并不完全与地面观察到的溶洞和裂缝相似。溶洞储集体是塔河缝洞型油藏最主要的储集体类型，大多数高产井都属于溶洞型储集体，实践表明溶洞充填物的类型及充填程度直接影响储层的物性特征及油井的产能。

1） 充填物类型

依据充填物的成因，可将溶洞内充填物分为机械沉积充填物、垮塌角砾岩充填物和化学沉积充填物 3 种，如图 1-43 所示。

(a) 机械沉积充填物 (b) 垮塌角砾岩充填物 (c) 化学沉积充填物

图 1-43 充填物类型

(1) 机械沉积充填物。

机械沉积充填物主要指在流水和重力作用下沉积形成的充填物质,具有流水冲刷和重力分异作用产生的层理和分选性结构特征。依据沉积物的粒度及矿物成分,可细分为搬运型砾岩和搬运型砂泥岩,而充填物颗粒间的空隙是油气储集的有效空间。

(2) 垮塌角砾岩充填物。

垮塌角砾岩充填物是在溶洞形成演化过程中,洞顶、洞侧基岩垮塌崩落后原地堆积的产物,角砾岩成分一般与碳酸盐岩围岩一致,岩间空隙是油气储集的有效空间。根据成因及排列方式,垮塌角砾岩又细分为混杂堆积角砾岩和裂隙状角砾岩。

(3) 化学沉积充填物。

化学沉积充填物是以化学沉淀方式沿溶洞壁向溶洞中心生长而形成的各种溶洞充填物质,包括白色粗晶或巨晶方解石、流石类灰岩和钙结岩,多见于潜流岩溶带,其成分主要为方解石。化学沉积充填物的储集空间以晶间孔为主,基本不具有储渗性能,难以构成有效的储集空间。

孤立溶洞或竖井主要以垮塌角砾岩充填模式为主,如图 1-44 所示。对于地下河,主要为机械沉积物与垮塌角砾岩混合充填模式,如图 1-45 所示。这两种典型充填模式为缝洞型油藏物理模拟实验中充填物的充填方式提供了有效的指导。

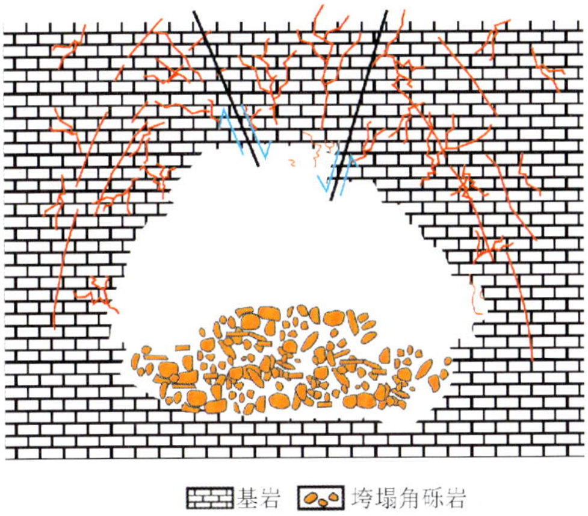

图 1-44　孤立溶洞充填模式

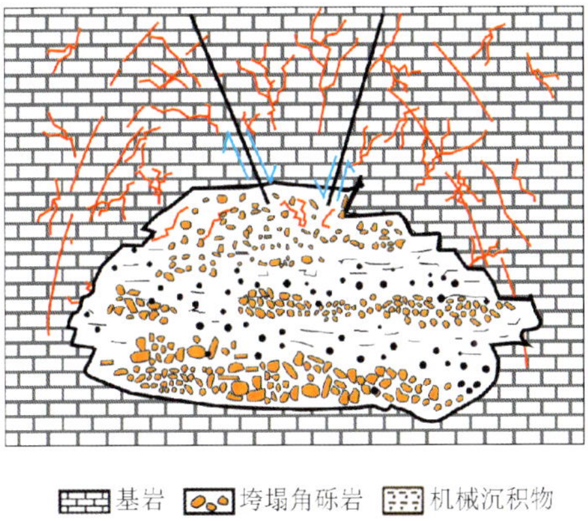

图 1-45　地下河充填模式

2) 充填程度

溶洞是缝洞型油藏的主要储集空间,溶洞内部的充填程度决定着流体在其中的流动规律。充填程度一般分为无充填、部分充填和全充填 3 种,而不同充填程度导致流体的流动特点存在差异。当溶洞内无充填时,流体流动满足管流规律或纳维-斯托克斯方程(简称 N-S 方程);当溶洞内部分充填时,流体在未充填部分满足管流规律,而在充填部分满足线性渗流规律或达西方程;当溶洞内全充填时,流体满足低速线性渗流特征。整体而言,充填部分的孔渗物性降低,使得流体流动形态从管流转变为渗流,而充填介质的毛管力、重力、润湿性等都将影响缝洞型油藏水驱效率和开发效果。

塔河缝洞型油藏不同储集空间的组成要素、充填物类型与充填程度差异较大(图 1-46)。

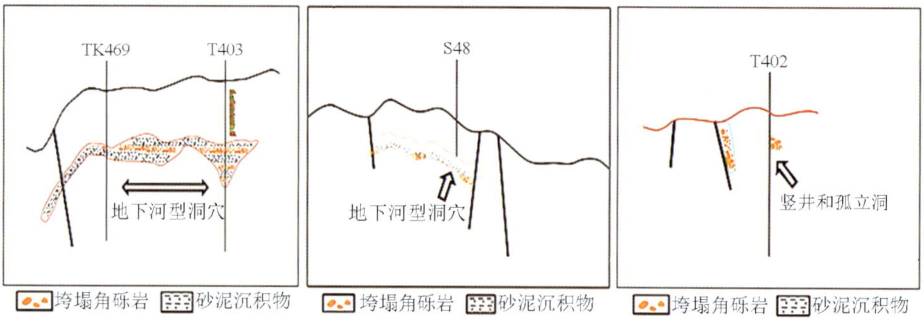

图 1-46 不同储集空间组成要素(充填物类型与充填程度)

1.2.7 缝洞体的简化与刻画

1）风化壳类

风化壳类储集体受风化溶蚀作用强度大、范围广，发育大溶洞和溶洞群的概率大，伴随有少量裂缝-孔洞。其形态与要素可简化为竖井厅堂溶洞、孤立溶洞、溶洞群和裂缝-孔洞 4 种形态，如图 1-47 所示。但受岩石垮塌的影响，竖井厅堂溶洞中往往伴随有角砾岩充填沉积。此外，若缺少强水流作用，也可能伴随生长大量钟乳石，其内部发育大量方向性强的剩余孔洞(图 1-48)。由于钟乳石柱渗透性极差，剩余孔洞相互连通性以及与外部溶洞连通性一般较差。但相比竖井厅堂溶洞的几何尺寸，角砾岩充填沉积体和钟乳石规模较小，对竖井厅堂溶洞储集体整体储集条件影响相对较弱。

(a) 竖井厅堂溶洞 (b) 孤立溶洞 (c) 溶洞群 (d) 裂缝-孔洞

图 1-47 风化壳类储集体的形态与要素简化示意图

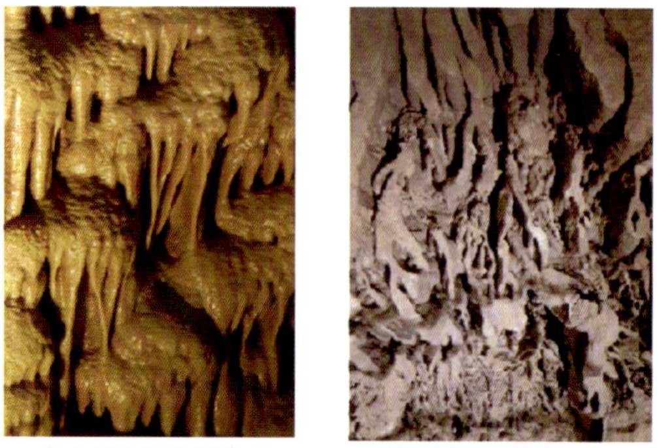

(a) 钟乳石外部形态 (b) 钟乳石内部结构

图 1-48 钟乳石内部发育大量剩余孔洞

2）古暗河类

古暗河类储集体是具有河流特征的长条形储集体，与强水流作用有关。其形态与要素可简化为干流洞、支流洞、干流洞-支流洞-干流洞、干流洞-裂缝-干流洞、枝干流洞-裂缝-孔洞 5 种形态，如图 1-49 所示。干流古暗河类储集体可能以廊道形态出现，受水流减弱以及岩石垮塌的影响，后期干流洞有可能受充填沉积与钟乳石生长的影响，且受影响程度要高于风化壳类储集体的竖井厅堂溶洞。

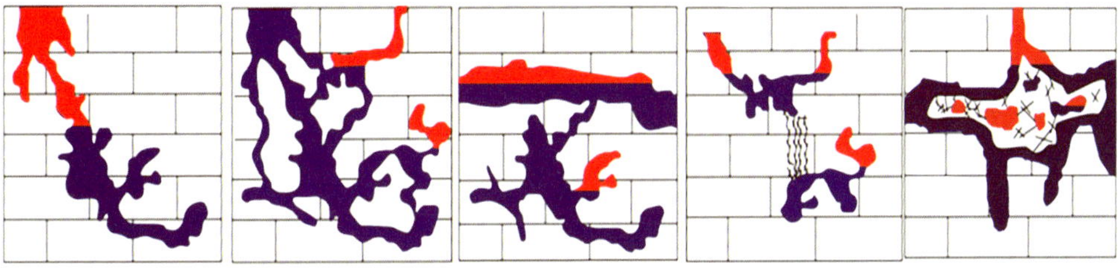

(a) 干流洞　(b) 支流洞　(c) 干流洞-支流洞-干流洞　(d) 干流洞-裂缝-干流洞　(e) 枝干流洞-裂缝-孔洞

图 1-49　古暗河类储集体的形态与要素简化示意图

3）断控类

断控类储集体具有沿断层方向平行发育系列缝洞的形态，缝洞储集体发育情况与断层引流下的水流作用强度有关。其形态与要素可简化为干流洞-断裂、支流洞-断裂、断裂-裂缝-孔洞、相交断裂溶蚀洞、孤立溶洞内断裂、溶洞-断裂-溶洞 6 种形态，如图 1-50 所示。

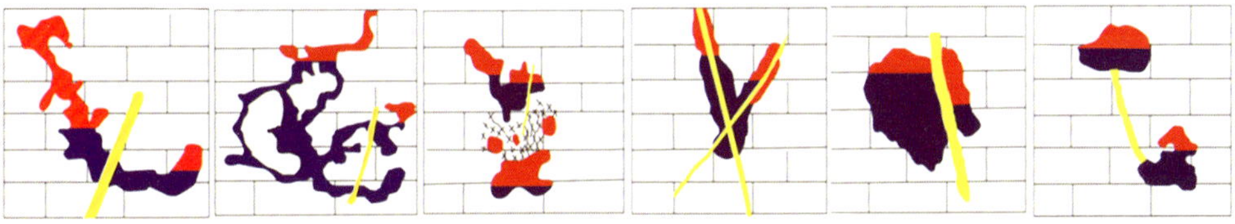

(a) 干流洞-断裂　(b) 支流洞-断裂　(c) 断裂-裂缝-孔洞　(d) 相交断裂溶蚀洞　(e) 孤立溶洞内断裂　(f) 溶洞-断裂-溶洞

图 1-50　断控类储集体的形态与要素简化示意图

1.2.8　典型缝洞单元模型的抽提简化与数值刻画

要设计出可用的物理实验模型，需要先从缝洞单元的形态和要素出发，设计出与实际缝洞体相吻合的实验模型，这就涉及缝洞单元模型的抽提简化与数值刻画。

1）风化壳类和古河道类缝洞单元模型的抽提简化

以风化壳岩溶 S74 区块为例，利用地震、钻遇情况等资料，通过对不同频率的叠加可获得塔河 S74 区块的缝洞体分布情况，如图 1-51 所示。基于室内实际建模需要，采用“抓住关键因素、忽略次要因素”的思想对缝洞和断裂进行简化，将大型洞穴和溶蚀孔洞简化为不同尺度的溶洞与孔洞，将断裂简化为裂缝，最终实现对该单元 12 个典型缝洞结构形状的等效抽提。抽提简化出的典型风化壳类和古河道类缝洞单元模型如图 1-52 所示。其中，①～③是单体大溶洞型；④～⑨是裂缝-溶洞型；⑩～⑫是裂缝-孔洞型。

考虑到缝洞单元在空间上存在起伏以及相互之间存在叠置关系等多种可能性，在物理模拟实验中，可以根据实际缝洞储集体的空间关系，采用多个缝洞单元模型组合、叠置等方式，形成复杂的物理模型综合体。

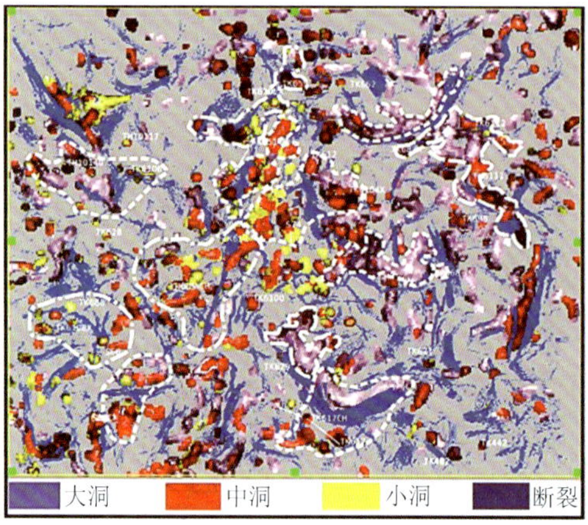

图 1-51 S74 区块缝洞体分布图

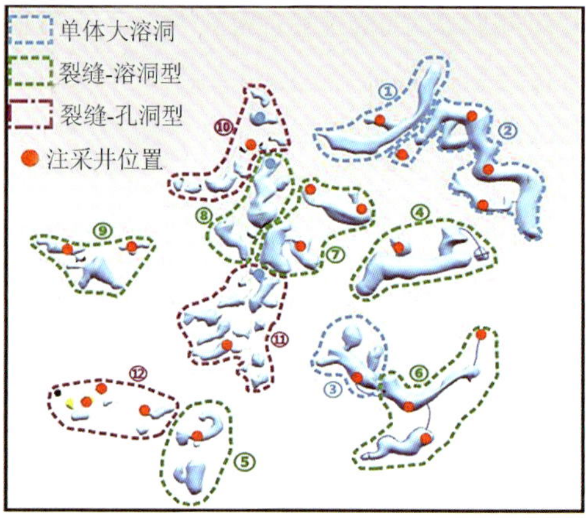

图 1-52 S74 区块缝洞体等效抽提图

2）断控类缝洞单元模型的抽提简化

由于断溶体油藏在垂直断裂带方向走滑断裂带具有分段性，规模储集体发育程度也受控于走滑断裂带的强度，因此断控类缝洞单元模型相对比较复杂，需要从垂直断裂带剖面和沿断裂带剖面两个角度认清楚断控类缝洞单元的形态和要素。

以 TP12CX 断裂带为例，其断裂带 T_7^6 精细相干图如图 1-53 所示，T_7^4 振幅变化率如图 1-54所示，垂直 TP12CX 断裂带不同段的构造样式及溶蚀特征如图 1-55 所示，沿 TP12CX 断裂剖面圈闭典型空间形态分布特征如图 1-56 所示。

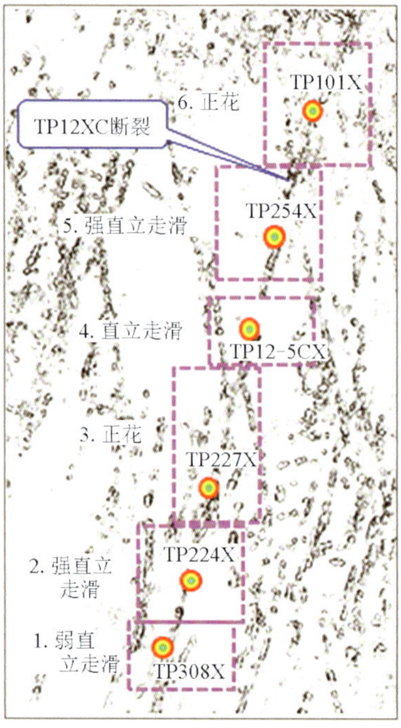

图 1-53 T_7^6 精细相干图

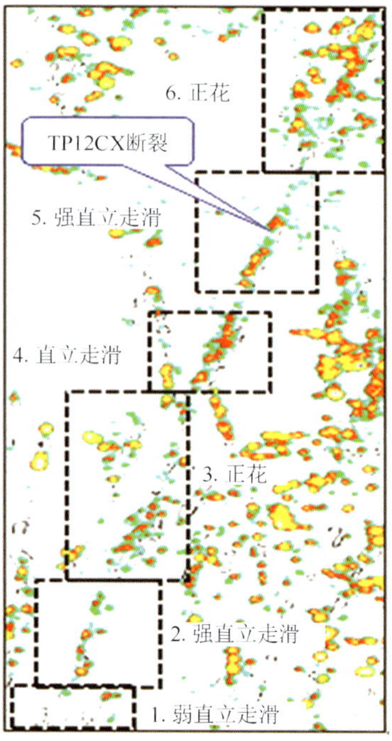

图 1-54 T_7^4 振幅变化率图

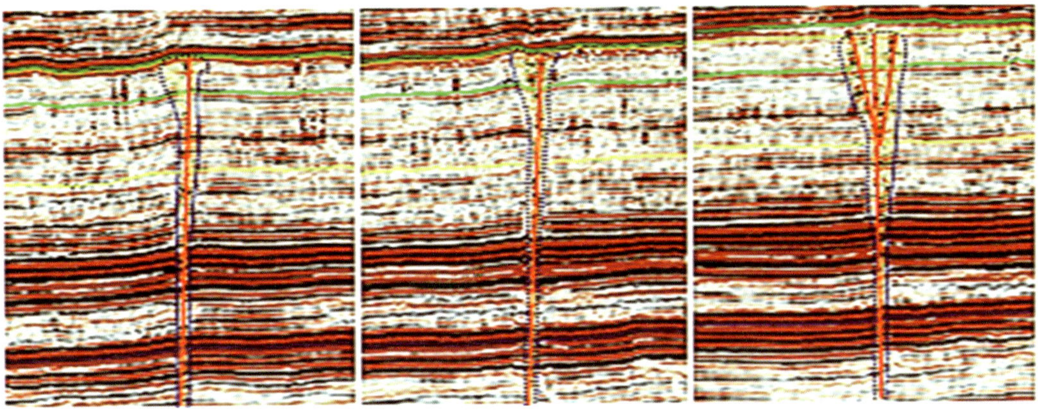

(a) 弱直立走滑 (b) 强直立走滑 (c) 正花状

图 1-55 垂直 TP12CX 断裂带不同段的构造样式及溶蚀特征

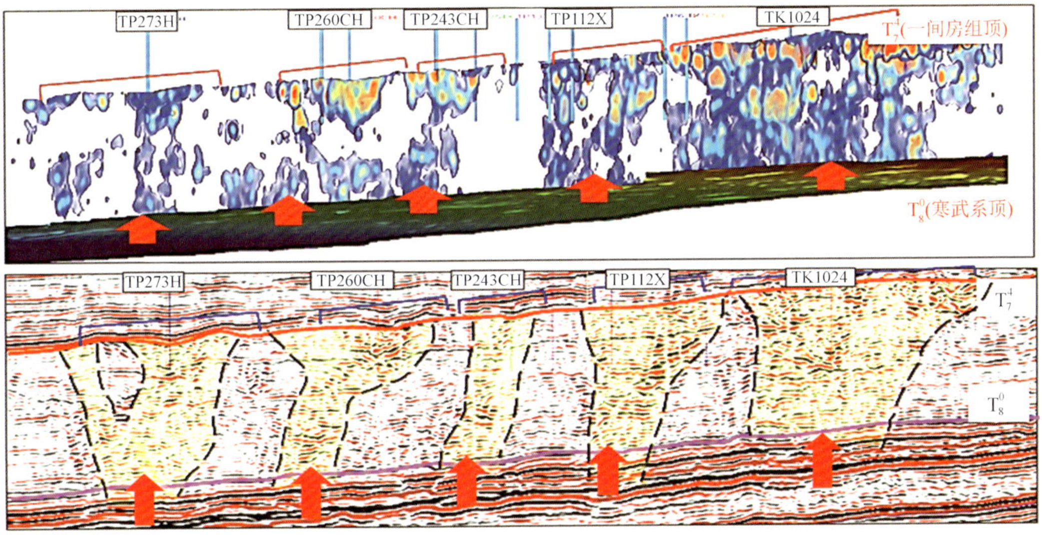

图 1-56 沿 TP12CX 断裂剖面圈闭典型空间形态分布特征

垂直于 TP12CX 断裂带方向的 6 段地层具有不同的构造样式，但溶蚀特征可总结为正花状和走滑段两种。① 正花状。断溶体油藏发育规模受深大断裂影响，平面上断裂破碎带较宽，是储集体最容易发育部位，剖面为典型的正花状构造样式。主干断裂旁常伴生有次级断裂(图 1-57)，剖面上表现为条带状(图 1-58)和夹心饼状(图 1-59)。条带状与夹心饼状的差别在于：随着深度的增加，条带状断裂带逐渐与底部大裂缝和溶洞相连通，而夹心饼状断裂带未与底部大裂缝和溶洞相连通，即为一种特殊的条带状。② 走滑段。根据断裂强度，走滑段可划分为弱直立走滑(图 1-60)、直立走滑(图 1-61)和强直立走滑(图 1-62)3 种，整体均以直立断裂为主，且储集体发育范围较窄，是夹心饼状单个分支，可将其看成特殊的夹心饼状，与平板状(图 1-63)断溶体油藏储集体剖面的构造样式相对应。

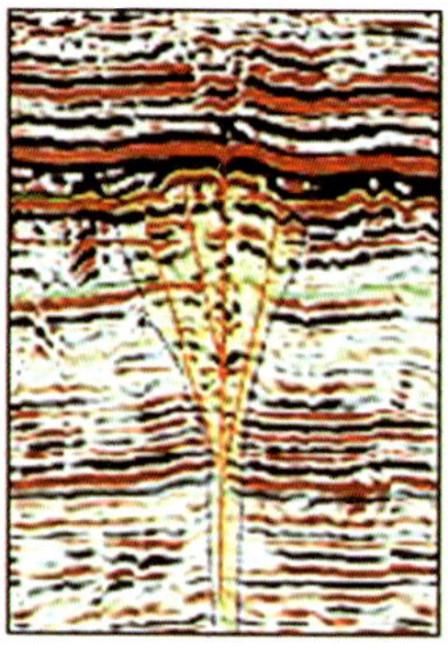

图 1-57　正花状

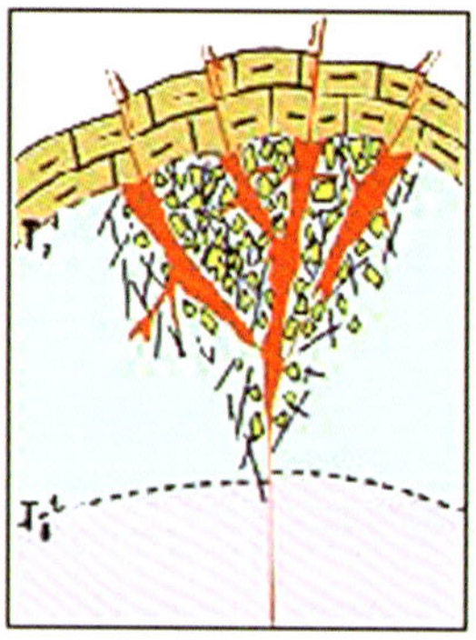

图 1-58　条带状

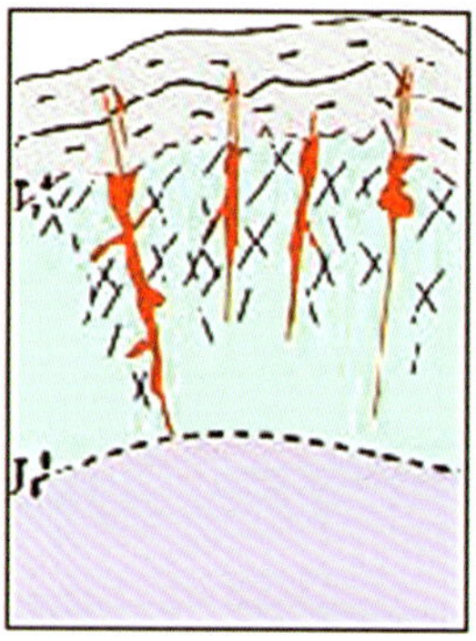

图 1-59　夹心饼状

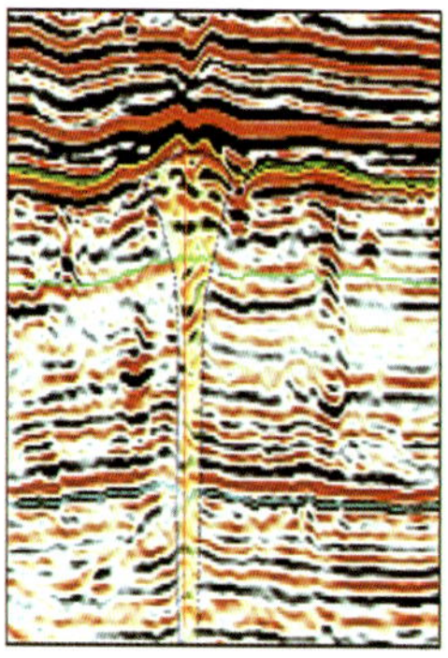

图 1-60　弱直立走滑

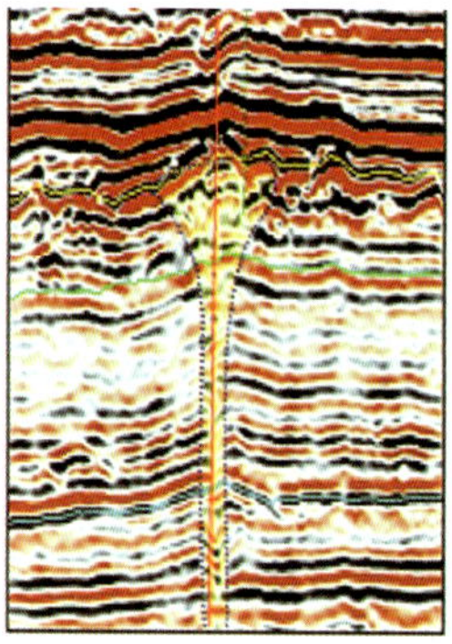

图 1-61　直立走滑

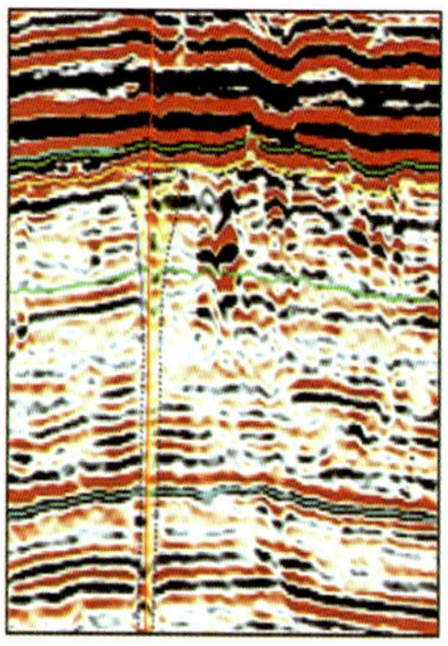

图 1-62　强直立走滑

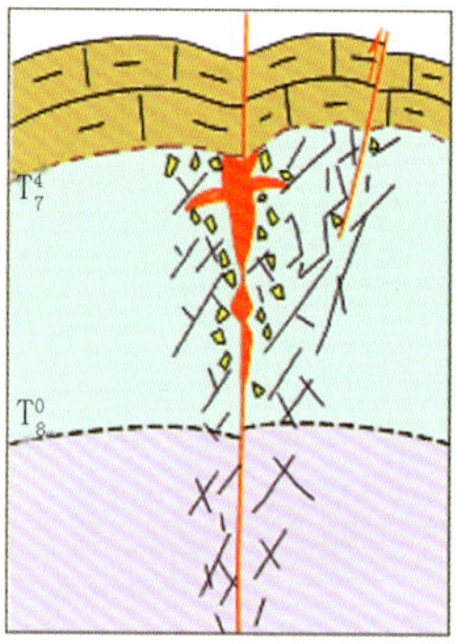

图 1-63　平板状

受控于溶蚀断裂带，断控储集体沿断裂带方向的三维空间展布具有“穿层性、不规则性、不连续性”等特点。油气富集成藏程度受控于断裂分段性，也具有分段、点状充注的特点；油气沿深大断裂向上运移，被相对致密段遮挡成藏，侧向运移距离很短或无侧向运移；油气以垂向运移为主，具有“藏下有源”的特征；断溶体是油气的储存空间，其规模、油柱高度只受断溶体形态控制，与构造位置高低无关，宏观上属于岩性油气藏范畴。断溶体油藏在沿断裂带方向的发育具有非连续性，需要分段描述。溶蚀模式可分为 Y 字型、V 字型、T 字型和条带型 4 种（图 1-64），其中，前 3 种以垂向运移充注为主，条带型以水平运移充注为主。

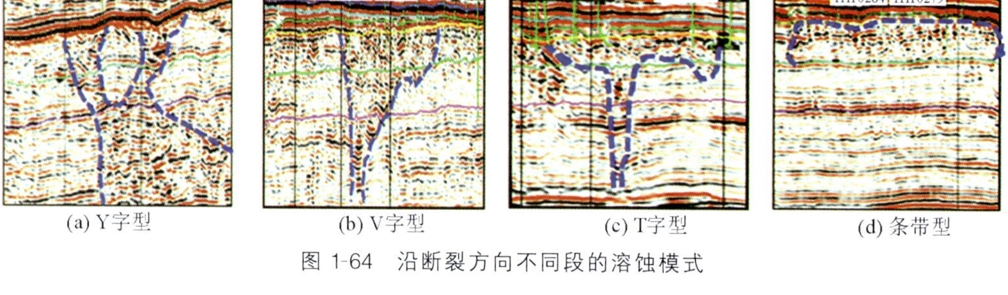

(a) Y字型　(b) V字型　(c) T字型　(d) 条带型

图 1-64　沿断裂方向不同段的溶蚀模式

3）典型缝洞单元模型的数值刻画

基于典型缝洞单元模型的抽提简化，最终确定数值化模型。① 风化壳类和古暗河类缝洞单元模型为 12 个，开展实际物理模拟实验时，可根据实际缝洞储集体的空间关系，采用多个缝洞单元模型组合、叠置等方式，组合成复杂的物理模型综合体；② 基于断溶体油藏在垂直断裂带和沿断裂带两个剖面上的圈闭特点及其构造关系，最终确定模型设计为垂直断裂剖面的正花状和夹心饼状 2 类，以及沿断裂带剖面的 Y（隐含 V）字型、T 字型和条带型 3 类。具体数值化模型见表 1-1。

表 1-1　缝洞型油藏典型储集单元数值化模型刻画表

储集体	数值化模型						备　注
单体大溶洞型				/	/	/	风化壳与古暗河
裂缝-溶洞型							风化壳与古暗河
裂缝-孔洞型				/	/	/	
垂直断裂带剖面			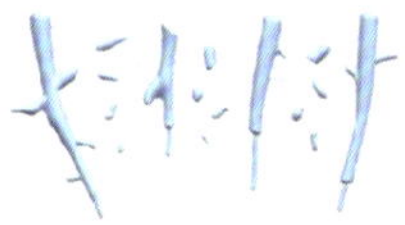		/		断控
沿断裂带剖面	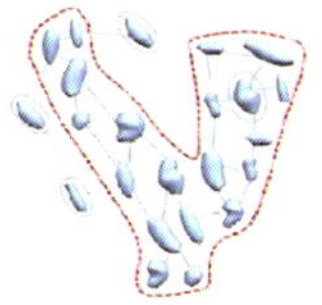		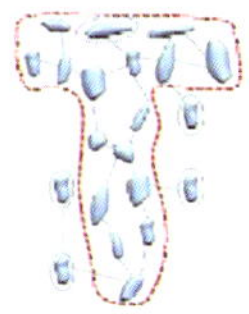				

第 2 章 物理模拟模型设计力学基础

缝洞型油藏缝洞组合和内部充填结构复杂，流体在缝洞型油藏中的流动特征和流动机理也很复杂，不仅存在渗流，还存在一维管流、裂缝面上的二维流动、未充填（或半充填）溶洞中的三维流动，以及各介质之间的流体流动。不同尺度下的流体流动力学条件及流动规律差异明显，认清流体在缝洞介质中的各种流动力学条件及流动规律不仅是科学开发缝洞型油藏和提高采收率的理论基础，也是指导物理模拟模型设计的依据。

2.1 缝洞型油藏流动机理的特殊性/复杂性

塔河油田基质岩块孔渗物性极差，几乎没有储渗能力，因此有效储渗空间是缝洞体。而缝洞形态与要素决定着流体的渗流或流动空间，缝洞体内的属性（内部结构）决定着流体在其中的渗流或流动规律。缝洞型油藏与碎屑岩油藏流动介质和机理对比见表 2-1。缝洞体内无充填部分，流体的渗流或流动满足管流规律或 N-S 方程，而对于缝洞体内充填部分，流体则满足渗流特征达西规律或达西方程。如果缝洞体内充填部分属于低孔渗致密储层（物性很差），则流体满足低速非线性渗流特征。因此，要设计出符合塔河油田实际储渗空间的物理模型，就必须明确塔河油田缝洞流体渗流或流体流动特点及其在开发中的作用，即设计出的物理模型需要满足流体渗流或流体流动过程中的力学条件和缝洞体内的属性特征。

表 2-1　缝洞型油藏与碎屑岩油藏流动介质和流动机理对比

油藏类型	碎屑岩（砂岩）	缝洞型
流动介质	储集空间尺度相对均匀，单重、双重介质分布连续	储集空间几何形态差异大、尺度变化大，多重介质分布离散
地质模型简化	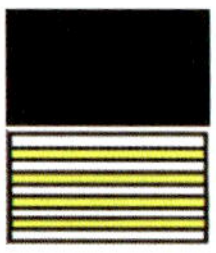	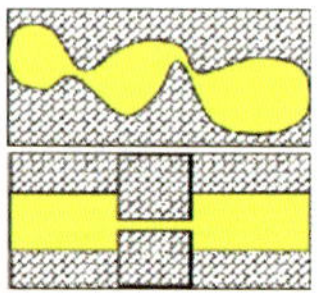

续表 2-1

油藏类型		碎屑岩（砂岩）	缝洞型
油水流动机理	力学特征	渗流（达西流）	渗流（达西流、达西方程）＋管流（自由流、N-S 方程描述）的耦合
	相渗曲线	受孔隙结构和油水关系影响，相渗曲线由两条曲线组成	大尺度溶洞、裂缝，由于毛管力近似为 0，相渗曲线近似由两条直线相交组成；微小裂缝、溶孔相渗曲线仍由两条曲线组成
	水驱曲线	油水相渗关系很容易达到稳定，一般在含水 25%～40%后出现代表性的直线段	油水流动不容易达到稳定，油水关系变化复杂，极易受各种因素的影响，没有稳定直线段

管流为液体全部充满管道横断面时的有压流动，显然管流中毛细管力很小，不能作为有效的驱替动力或阻力。渗流为在压力作用下流体通过孔隙介质的线性运动，符合达西渗流理论，油水按各自相进行渗流，不存在自然界面。根据现场生产情况和渗流实验结果分析，可以得出塔河缝洞型油藏流动情况为管流与渗流并存，不同孔径范围下的流动特点见表 2-2。大型缝洞体内未充填区域主要为管流，可应用 N-S 方程来描述流体流动规律。大型缝洞体内的充填区域或微小孔洞中主要为渗流，可应用达西定律来描述流体渗流规律，属于多孔介质中无数孔隙内流体流动在宏观上的表现。由于室内物理模拟中无法将物理模型尺寸加大到与实际油藏规模一致的程度（溶洞或裂缝-溶洞储集体的特征尺寸可达数米甚至数十米），需要对模型进行尺寸上的放缩，但因溶洞和裂缝的尺度差异巨大，若按等比例缩放，则室内物理模型中小尺寸溶洞和裂缝不仅将缩小到无法展现出来的程度，而且其流体流动规律也会由管流演变为线性渗流，甚至出现低速非线性渗流情况。因此，在设计物理模型时如何协调缝洞尺寸与流动规律之间的关系，使得各部分能够合理地表征缝洞体内的复杂流动，就显得尤为重要。

表 2-2　不同孔径范围下的流动特点

孔径范围	流动特点
cm 级	管流
mm～cm 级	管流至渗流
mm 级以下	达西流

2.2　管流与达西流的力学界限

在缝洞系统缩放时，需要对小尺寸溶洞和裂缝进行特殊处理，使缝洞系统能够满足各自的水动力学特征。

2.2.1 溶洞和裂缝缩放标准

考虑到塔河缝洞型储层的基岩系统几乎无储渗能力，大型缝洞体内未充填区域主要为管流，充填区域或微小孔洞中主要为渗流，由此提出溶洞和裂缝缩放标准，即裂缝以及缝洞体内充填区域或微小孔洞中满足渗流流动规律，溶洞缩放后满足重力分异即可。根据溶洞和裂缝缩放标准，可得到满足各自水力学特征的临界缩放尺寸。本节依据实验和流体力学，对满足渗流规律的等效裂缝参数和满足重力分异的最小溶洞尺寸参数进行讨论。

2.2.2 裂缝流动等效的力学判定

注水开发分为定流量注水和定压力注水两种方式。裂缝满足渗流流动时，雷诺数 Re 通常不大于 10。依据这一判定条件，分别对定流量注水和定压力注水两种情况的等效裂缝尺寸进行讨论。

(1) 定流量注水等效裂缝尺寸。

雷诺数的表达式为：

$$Re = \frac{\rho v \bar{d}}{\mu} \tag{2-1}$$

当雷诺数 $Re \leqslant 10$ 时，裂缝中的流动为线性流动，满足下式：

$$v = \frac{Q}{\frac{\pi \bar{d}^2}{4}} \tag{2-2}$$

结合式(2-1)与式(2-2)，并取 $Re=10$，可得下式：

$$\bar{d} \geqslant \frac{4\rho}{10\pi\mu} Q \tag{2-3}$$

式中 Re——雷诺数；

ρ——流体的密度，g/cm^3；

v——流体运动速度，cm/s；

μ——流体黏度，mPa·s；

$\bar{d}$——等效裂缝管径，cm；

Q——流体通过等效裂缝的流量，mL/s。

由式(2-3)可以看出，等效裂缝管径 $\bar{d}$ 与流量 Q 成正比，即 Q 越大，等效管径越大。而通过岩芯观察可以发现，缝洞型油藏的裂缝一般小于 2 mm，而当流量达到一定程度时，等效裂缝管径会大于 2 mm。所以在溶洞模块之间，需要将多个裂缝并联，起到均分流量的作用，使总的管径达到等效管径的取值范围，这样才能使裂缝网络中的流体满足渗流流动特征。由式(2-3)可算出不同注水流量下并联通道的临界总管径。由于水的黏度均小于模拟油，所以当水在裂缝中满足渗流流动时，比水的黏度大得多的油也会满足在裂缝中的渗流流动。当流体为水时，临界总管径 d 与注水流量 Q 的关系如图 2-1 所示。

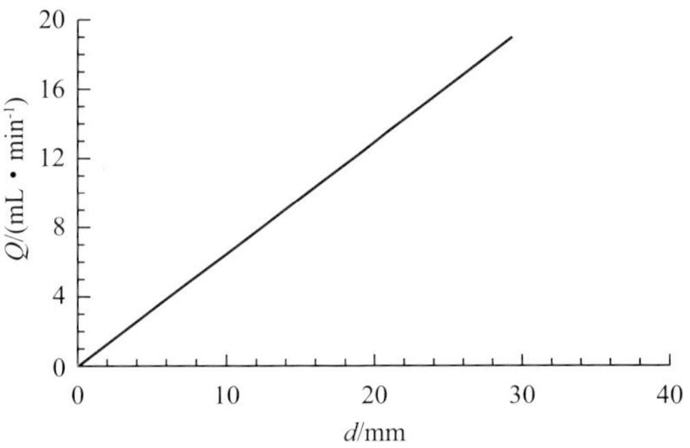

图 2-1　临界总管径与注水流量的关系

(2) 定压力注水等效裂缝尺寸。

由达西公式 $v=\dfrac{k}{\mu}\dfrac{\Delta p}{\Delta L}$ 可知，流速与压力梯度呈线性关系。当渗流速度较高或较低时，渗流速度与压力梯度之间的线性关系就会遭到破坏。同样可用雷诺数 $Re\leqslant 10$ 这一条件对渗流速度进行界定。要想满足 $Re\leqslant 10$ 的条件，在定压差生产时，管内流体流速和管径应满足如下关系：

$$vd\leqslant\frac{10\mu}{\rho}\tag{2-4}$$

由式(2-4)可知，当流体密度和黏度一定时，流体流速和管径呈反比。选取 $Re=10$ 为临界雷诺数，研究等效管径对临界流速的影响。研究结果表明，临界流速随等效管径的增大而较小(表 2-3)。

表 2-3　不同等效管径对应的临界流速

等效管径/mm	临界流速/($m\cdot s^{-1}$)	等效管径/mm	临界流速/($m\cdot s^{-1}$)
0.5	0.020 0	2.5	0.004 0
1.0	0.010 0	3.0	0.003 3
1.5	0.006 7	3.5	0.002 9
2.0	0.005 0	4.0	0.002 5

对于单根裂缝中的流动，可以用 N-S 方程来描述，流速是关于压力梯度的方程：

$$\frac{\partial(\rho v)}{\partial t}+\nabla\cdot(\rho v^2)=-\nabla p+\mu\nabla^2 v+\rho g\tag{2-5}$$

式中　ρ——流体的密度，g/cm^3；
v——流体运动速度，cm/s；
μ——流体黏度，mPa • s；
p——压力，Pa；
g——重力加速度，m/s^2。

对于某一个管径的裂缝，若给定裂缝两端的压差和长度，就可以计算出某一等效管径裂缝在这个压差和裂缝长度下的流动速度。只有当流动速度小于或等于表 2-3 所示的临界流速时，裂缝中的流动才满足渗流方程。在裂缝等效管径和压差固定时，可通过改变裂缝长度计算对应的流速，并与临界流速进行对比。当计算得到的流速小于或等于临界流速时，所对应的裂缝长度才是使裂缝内流动满足渗流所需要的等效裂缝长度。因此，临界裂缝管长定义为：在给定的裂缝等效管径和压力下的流速刚好等于临界流速时其所对应的裂缝长度称为临界裂缝管长。当实际裂缝长度小于临界裂缝管长时，缝内流体流动不满足渗流条件；当实际裂缝长度大于或等于临界裂缝管长时，流体流动满足渗流条件。

基于 N-S 方程，对不同等效管径裂缝在不同压力条件下分别进行三维数值计算，得到表 2-4 所示的临界裂缝管长。

表 2-4　不同等效管径裂缝下的临界裂缝管长　　单位：m

管径/mm	压力/Pa						
	10	50	100	500	1 000	5 000	10 000
0.5	0.003 5	0.018	0.03	0.16	0.32	0.95	1.85
1.0	0.028 0	0.120	0.25	1.00	1.50	7.50	15.00
1.5	0.090 0	0.450	0.87	2.55	5.00	24.60	50.00
2.0	0.205 0	1.050	2.00	6.00	10.00	60.00	100.00

在物理模拟中，如果为定压力注水条件，就需要通过计算该注水压力下对应的等效管径裂缝的临界裂缝管长，来选取裂缝满足渗流时对应的临界裂缝长度。由图 2-2 可知，满足渗流时的等效临界管长随压力的增大而增大，因此当注水压力较大时，可通过串联裂缝（增加裂缝的长度）来使裂缝内的流动满足渗流条件。

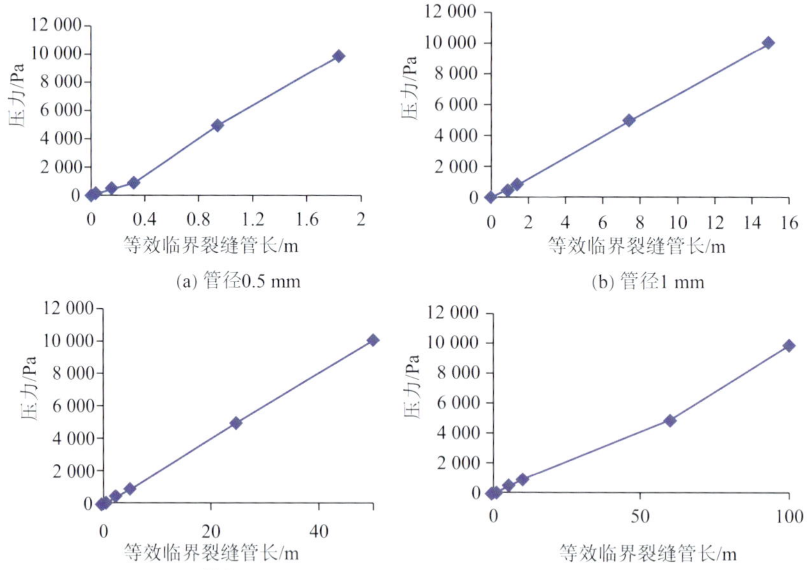

图 2-2　不同管径下等效临界裂缝管长与压力的关系

2.2.3　溶洞重力分异的临界尺寸

当溶洞内部未充填时，流体进入溶洞空腔后毛管阻力不起作用，重力对流体的驱动就会至关重要，因此保证溶洞内部两相流体重力分异是溶洞尺寸设计时的优先条件。基于溶洞体内重力分异现象的判定标准，可应用岩石刻蚀模型和玻璃圆洞模型进行实验，观察并分析油水分异现象，从而得出发生充分重力分异的溶洞尺寸。实验中的岩石模型由弱亲油的大理石材料加工而成。溶洞中的原油用黏度不同的实验油（红色）代替，将水（蓝色）从上方滴入，观察不同洞径下的重力分异现象。

（1）岩石刻蚀圆洞（短洞）模型重力分异实验。

实验现象如图 2-3 所示。当洞径为 2～4 mm 时，油水重力分异不明显；当洞径为 5 mm 以上时，油水分层，重力分异明显。

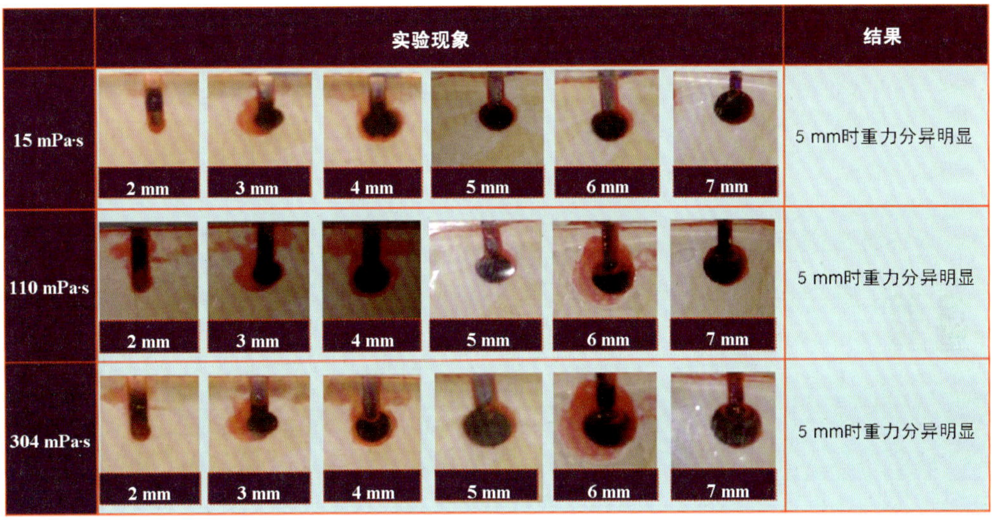

图 2-3　不同尺寸圆洞中的重力分异现象

（2）岩石刻蚀长洞模型重力分异实验。

实验现象如图 2-4 所示。由实验结果可知，在长洞模型中，洞径在 5 mm 以上时，油水分层，重力分异明显，而长洞的形态对重力分异现象影响不明显。

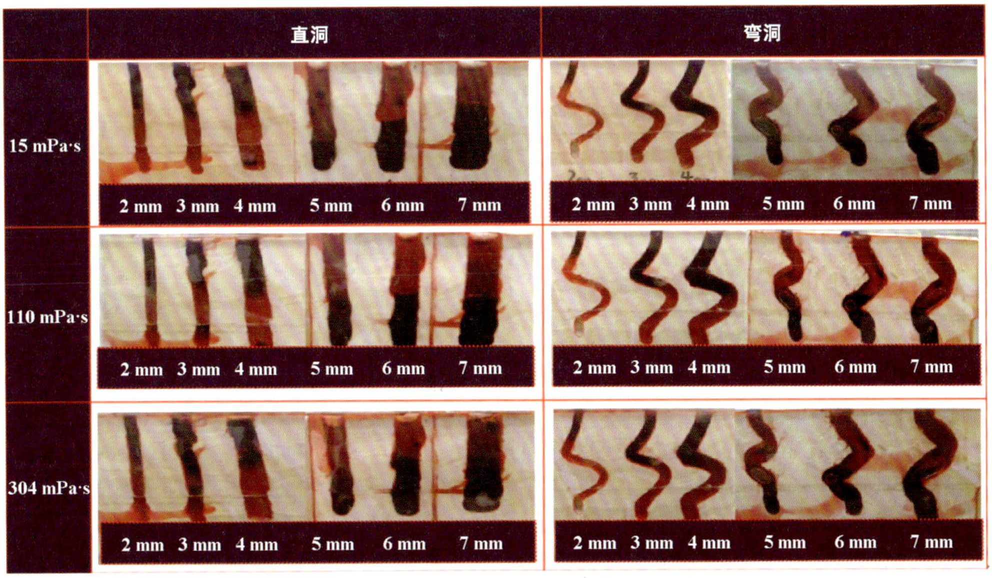

图 2-4　不同尺寸长洞中的重力分异现象

(3) 玻璃缝洞模型连续注入驱替实验。

模型材料为玻璃，润湿角为 68°，中间为溶洞，两端为裂缝，裂缝直径为 2 mm，溶洞直径分别为 3～6 mm，如图 2-5 所示。

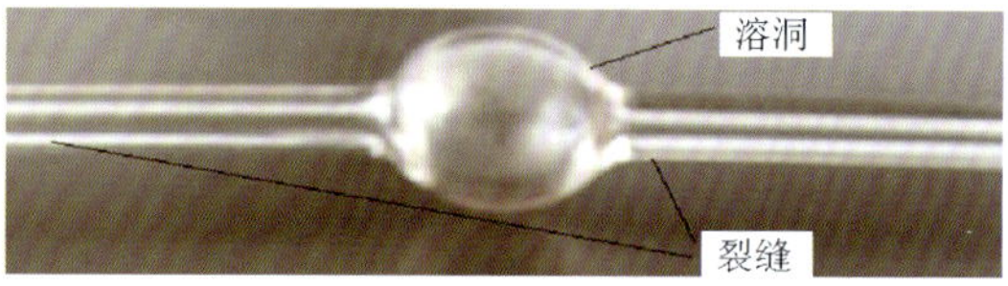

图 2-5　玻璃缝洞模型

在空气中，模型初始是充满空气的，图 2-6 是在模型右端以 1 mL/min 的流速连续注入实验油驱替缝洞模型中的空气，根据流动中及流动平衡后的液面形态，可分析重力对实验油流动的影响。

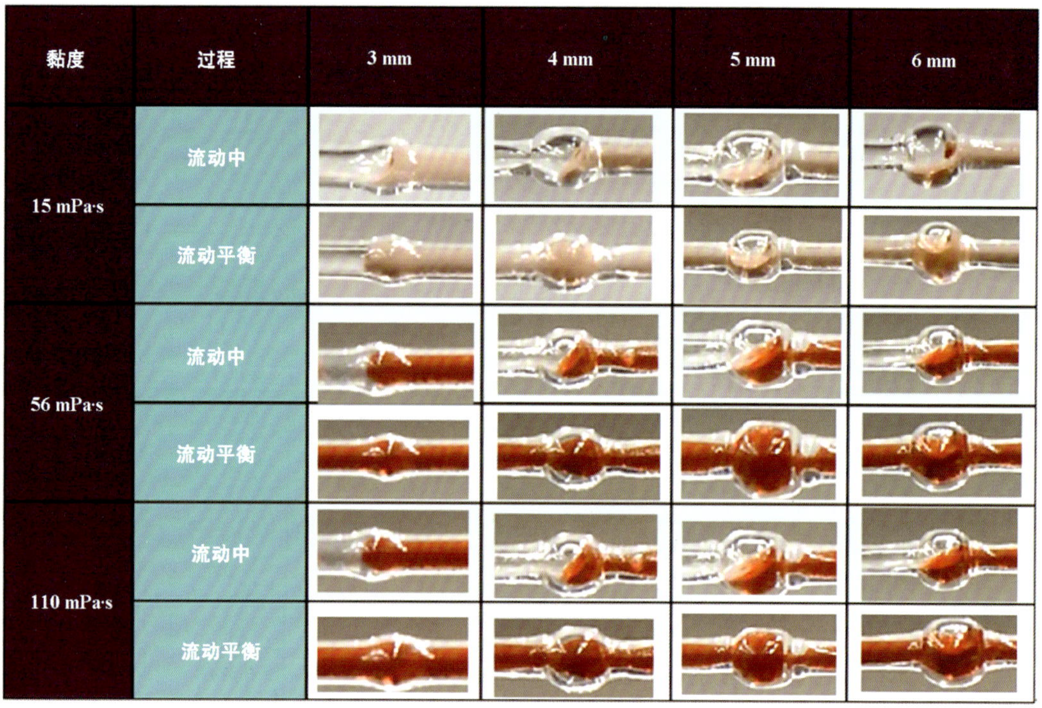

图 2-6　不同黏度实验油在不同洞径中的单相注入实验

由图 2-6 可知，洞径较大的缝洞模型重力分异作用明显，油进入洞后优先充填了溶洞的底部，液面向上抬升；而洞径较小的缝洞模型，油流入洞后立即填满整个溶洞，未体现出重力的作用。图 2-7(a)是油在不同洞径内流动过程中的液面形态及重力作用机理示意图，可以看出，随着洞径的增大，液面“角度”减小，说明重力的作用是随着洞径的增加而增强的。图 2-7(b)是不同黏度实验油在相同洞径缝洞中流动的液面形态及重力作用机理示意图，可以看出，随着油的黏度增大，液面“角度”略有增大，反映出重力的作用是随着油黏度的增大而略有减弱的，但影响不大。

图 2-8 是从右端以不同的流速注入黏度为 15 mPa · s 油的实验结果，根据油在不同流速时进入洞后的液面形态可分析油流动速度对重力作用的影响。实验结果表明：在油流动

速度较小的情况下，重力作用影响显著，油进入洞后优先充填溶洞的底部，液面向上抬升，逐渐向溶洞另一端的裂缝流动；而随着注入速度增大，液面“角度”逐渐增大，重力影响逐渐减小。实验油在不同速度下进入洞后的液面形态与重力作用机理如图 2-9 所示。

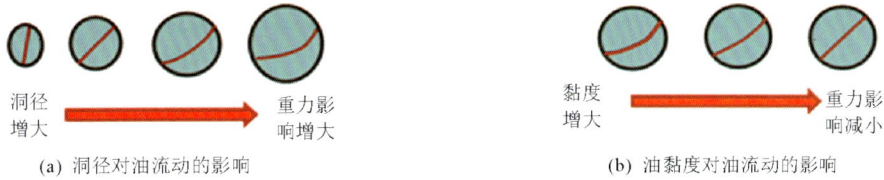

(a) 洞径对油流动的影响　　(b) 油黏度对油流动的影响

图 2-7　实验油进入洞后的液面形态与重力作用机理

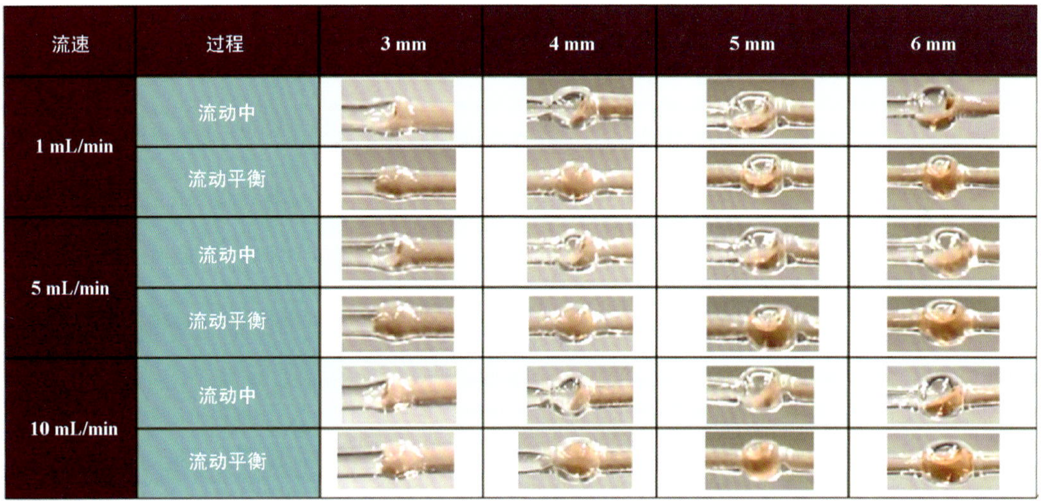

图 2-8　实验油在不同流速、不同洞径下的单相注入实验

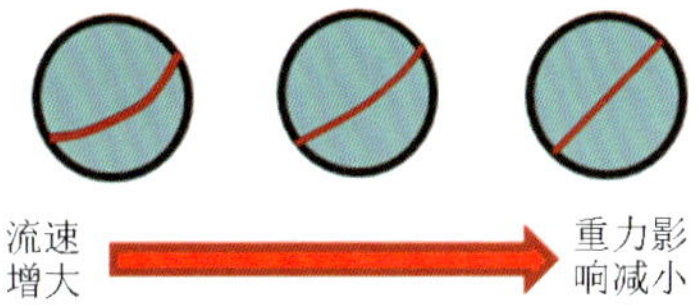

图 2-9　实验油在不同速度下进入洞后的液面形态与重力作用机理

（4）玻璃缝洞模型连续水驱油实验。

玻璃缝洞模型连续水驱油实验与连续注入实验油驱替空气实验类似，但前者反映了流体密度差异对液面形态与重力作用机理的影响。实验过程中，首先在缝洞模型中注满实验油，然后在右端以 1 mL/min 的流速注水以驱替实验油，通过观测不同洞径下的油水界面形态，可分析不同尺寸溶洞中重力对两相流动的影响。

图 2-10 是不同黏度油在不同洞径中的注水驱油实验观测结果。实验结果表明：① 裂缝内水驱油为活塞式驱替，油水界面呈弧形，均匀向出口端推进；② 随洞径增大，溶洞内油水界面近似为水平面，水进入洞后，由于重力作用，沉降到溶洞的底部，随着水不断增多，油水界面向上抬升，直至注入水没过缝洞交界处；③ 在洞径为 3～4 mm 的溶洞中，油可以全部被水驱出，但在 5 mm 以上缝洞中，在交界面以上仍存在剩余油；④ 实验油黏度越大，模型壁面越容易形成“孤岛”形的剩余油滴。

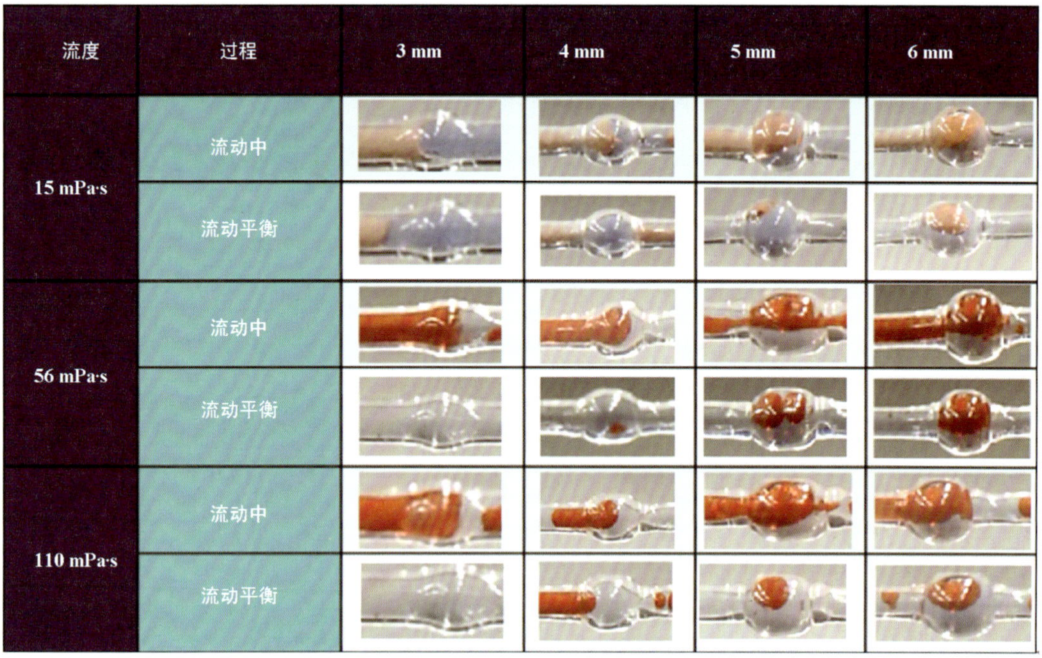
流度
过程
3 mm
4 mm
5 mm
6 mm
15 mPa·s
流动中
流动平衡
56 mPa·s
流动中
流动平衡
110 mPa·s
流动中
流动平衡

图 2-10　不同黏度油在不同洞径中的注水驱油实验

图 2-11 是实验油黏度为 15 mPa·s 时不同注水速度、不同洞径时的水驱油实验观测结果，可分析不同尺寸溶洞中流动速度对重力的影响。实验结果表明：① 随洞径增大，溶洞内油水界面近似为平面；② 水进入洞后，由于重力作用而沉降到溶洞的底部，随着注入水不断增多，油水界面向上抬升，直至注入水没过缝洞交界处；③ 随注水速度增大，重力分异作用逐渐减小，液面“角度”逐渐增大；④ 在洞径 3～4 mm 的溶洞中，油全部被水驱出，但 5 mm 以上的溶洞在缝洞交界面以上仍存在剩余油。

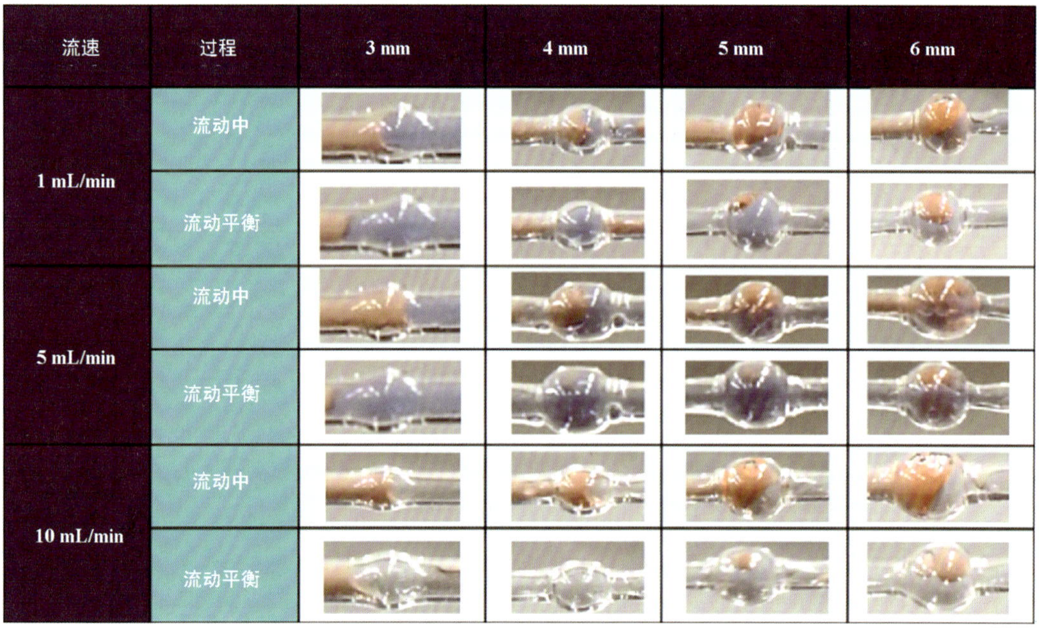
流速
过程
3 mm
4 mm
5 mm
6 mm
1 mL/min
流动中
流动平衡
5 mL/min
流动中
流动平衡
10 mL/min
流动中
流动平衡

图 2-11　不同注水速度、不同洞径时的水驱油实验

综合岩石刻蚀模型和玻璃缝洞模型实验的结果可知：洞径 5 mm 以下的溶洞，重力分异现象可以忽略，而 5 mm 及以上洞径的重力分异现象逐渐显著，5 mm 为克服黏度、流速等因素对重力分异影响的最小洞径。也就是说，在进行大尺度缝洞型油藏的物理模拟时，满足重力分异现象的最小溶洞尺寸为 5 mm。因此，在对溶洞进行缩放而制作物理模型时，溶洞的缩放极限是 5 mm。

2.3　物理模拟相似准则

油藏物理模拟可以分为基本机理模拟和按比例相似模拟两种。基本机理模拟是用实际（模拟）油藏岩石和流体进行实验，模拟油藏的一个单元或一个过程，可以不按比例或部分按比例进行机理实验。基本机理模拟研究结果不能直接用于油田，但是可以通过数值模拟扩展到油田开发方案设计和开采前景预测中。

由于缝洞型油藏具有大尺度和局部结构唯一性的特征，在物理模拟时无法按照油藏原有尺度和性质进行试验，需要采用按比例相似模拟的方法。按比例相似模拟的物理模型是根据相似原理设计出来的，在模型设计、实验操作、数据处理以及用实验结果来解释油藏原型等各个研究阶段都离不开相似理论的指导。按比例相似模拟的物理模型在油藏大小、流体性质和岩石物性方面都根据油藏原型按比例给定。按比例相似模拟的结果可以推广用于油田，但要达到全部按比例模拟是不可能的，只要所要研究的重要现象能按比例模拟就行了。

自然界或工程实际中的流动系统称为原型，为进行实验研究所设计的流动系统称为模型。原型和模型两套流动系统的相似性包括几何相似、运动相似和动力相似三个方面。几何相似指模型流动的边界形状与原型相似，即在流场中，模型与原型流动边界的对应边要成一定比例。通常，模型尺度的选择依实验条件而定，越接近原型越能反映实际流动情况。运动相似是指几何相似的两个流动系统中的对应流线形状也相似，由于流动边界将影响流线形状，故运动相似还意味着几何相似，反之则不然。若两个流动系统运动相似，则选定了速度、长度和时间三个比例尺中的任意两个，另一个比例尺也就确定了，即不能再选择了。动力相似是指在两个几何相似、运动相似的流动系统中，对应点处作用相同性质的力，即力的方向相同、大小成一定比例。显然，要使模型中的流动和原型相似，除了满足几何相似、运动相似和动力相似外，还必须使两个流动系统的边界条件和初始条件相似。

尽管相似原理说明了两个系统流动相似必须在几何、运动和动力三个方面都要相似，但是在采用模型模拟原型流动时，还需要建立相似准则才能解决问题。相似准则是流动相似的充分必要条件。建立相似准则一般有两种途径：对于已有流动微分方程描述的问题，可直接根据微分方程和相似条件导出相似准则，称为方程分析法；对于还没有建立流动微分方程的问题，只要知道影响流动过程的物理参数，就可以通过量纲分析法导出相似准则。

虽然方程分析法与量纲分析法的基本原理是一致的，但是两者之间仍存在差别。方程分析法是从描述过程的方程组中推导出无量纲准则，一般都具有明确的物理意义。与此相反，量纲分析法给出了相似准数的值，但是往往看不出明显的物理意义，因此在可以列出有关过程的数学方程组时，应当尽量使用方程分析法。在有些情况下，对研究过程中变量之间的关系不是很清楚，不能列出描述物理现象的数学方程组，量纲分析法就成了唯一可用的方法。

根据上述分析，相似准则选取的方法主要是方程分析法，将得到的集合相似群去掉经验变量，借助量纲分析法使相似准数完整。

2.3.1 基于流体方程的相似准则群

(1) 数学模型基本假设。

① 忽略液相中因压力降低而分离出的气体，故整个缝洞模型中只考虑存在油、水两相。

② 缝洞模型不可压缩而且在整个注水过程中注采平衡。

③ 不考虑裂缝和溶洞中的充填情况，即认为裂缝和溶洞尚未充填。

(2) 缝洞内连续性方程。

缝洞内连续性方程如下：

$$-\frac{\partial}{\partial x}(\rho_i u_{ix})-\frac{\partial}{\partial y}(\rho_i u_{iy})-\frac{\partial}{\partial z}(\rho_i u_{iz})+\frac{q_i}{\mathrm{d}x\mathrm{d}y\mathrm{d}z}=\frac{\partial(\varphi\rho_i S_i)}{\partial t}\quad (i\text{ 为 o 或 w})\tag{2-6}$$

式中 ρ_i ——油或水的密度，g/cm³；

u_{ix} ——油或水在 x 方向上的速度，cm/s；

u_{iy} ——油或水在 y 方向上的速度，cm/s；

u_{iz} ——油或水在 z 方向上的速度，cm/s；

q_i ——油或水的质量流量，g/s；

S_i ——油相或水相的饱和度；

t ——时间，s。

(3) 运动方程。

当所处区域位于裂缝时，流体流动可以用达西定律表示：

$$u_{ix}=-\frac{kk_{ri}}{\mu_i}\frac{\partial p_i}{\partial x}\quad (i\text{ 为 o 或 w})\tag{2-7}$$

$$u_{iy}=-\frac{kk_{ri}}{\mu_i}\frac{\partial p_i}{\partial y}\quad (i\text{ 为 o 或 w})\tag{2-8}$$

$$u_{iz}=-\frac{kk_{ri}}{\mu_i}\left(\frac{\partial p_i}{\partial z}-\rho_i g\right)\quad (i\text{ 为 o 或 w})\tag{2-9}$$

其中绝对渗透率 k 根据修正立方定律计算：

$$k=\frac{nb^3}{12H}\delta=n_{\mathrm{f}}\frac{b^3}{12}\delta\tag{2-10}$$

$$\frac{1}{\delta}=1+\alpha\left(\frac{e}{b}\right)^{\beta}\quad (\alpha,\beta\text{ 为常数})\tag{2-11}$$

式中 k ——绝对渗透率，μm²；

k_{ri} ——油相或水相的相对渗透率；

μ_i ——油或水的黏度，mPa·s；

p_i ——油相或水相的压力，10^{-1} MPa；

g ——重力加速度，m/s²；

n——端面裂缝数量；

n_f——裂缝密度，1/m；

H——端面高度，m；

b——裂缝展开度，μm；

δ——立方定律修正系数；

e——壁面粗糙度，μm。

当所处区域位于溶洞时，流体流动可以用 N-S 方程表示：

$$\begin{cases} -\dfrac{1}{\rho}\dfrac{\partial p}{\partial x}+\dfrac{\mu}{\rho}\nabla^2 u_x=\dfrac{\mathrm{d}u_x}{\mathrm{d}t} \\ -\dfrac{1}{\rho}\dfrac{\partial p}{\partial y}+\dfrac{\mu}{\rho}\nabla^2 u_y=\dfrac{\mathrm{d}u_y}{\mathrm{d}t} \\ -\dfrac{1}{\rho}\dfrac{\partial p}{\partial z}+\dfrac{\mu}{\rho}\nabla^2 u_z=\dfrac{\mathrm{d}u_z}{\mathrm{d}t} \end{cases} \tag{2-12}$$

式中　$\nabla^2 u_x$，$\nabla^2 u_y$，$\nabla^2 u_z$——拉普拉斯算子。

将 N-S 方程中各项乘以 $\mathrm{d}x$，$\mathrm{d}y$，$\mathrm{d}z$，再相加后得到：

$$g\mathrm{d}z-\frac{\mathrm{d}p_i}{\rho}+\frac{\mu}{\rho}(\nabla^2 u_{ix}\mathrm{d}x+\nabla^2 u_{iy}\mathrm{d}y+\nabla^2 u_{iz}\mathrm{d}z)=\frac{1}{2}\mathrm{d}(u_i^2)\quad(i\ 为\ \mathrm{o}\ 或\ \mathrm{w}) \tag{2-13}$$

饱和度方程为：

$$S_w+S_o=1 \tag{2-14}$$

式中　S_w——水相的饱和度；

S_o——油相的饱和度。

由于油水两相均在同一系统，有 $p_o=p_w$，可得：

$$L'\times W\times H\times(\varphi_v+\varphi_f)=n_v\times V_v\times L'\times W\times H+lw\times b\times n_f\times(L'+W+H) \tag{2-15}$$

$$\varphi=\varphi_v+\varphi_f \tag{2-16}$$

采出量：

$$q_i=\pi D^2 u_i,\quad u_i=(u_{ix}^2+u_{iy}^2+u_{iz}^2)^{\frac{1}{2}}\quad(i\ 为\ \mathrm{o}\ 或\ \mathrm{w}) \tag{2-17}$$

注入量：

$$I=\frac{q_o}{\rho_o}+\frac{q_w}{\rho_w} \tag{2-18}$$

式中　L'——油藏的长度，km；

W——油藏的宽度，km；

H——油藏的高度，km；

n_f——油藏裂缝的密度，1/m；

n_v——油藏溶洞的密度，$1/m^3$；

V_v——油藏溶洞的平均体积，m^3；

lw——油藏裂缝与流体的接触面积（裂缝长度 l×裂缝宽度 w），m^2；

D——注采井井眼半径，m；

I——油藏的注入量，m^3/d；

φ——孔隙度，%；

φ_v——油藏溶洞孔隙度，%；

φ_f——油藏裂缝孔隙度，%。

为了得到一般形式，对饱和度和相对渗透率进行无量纲化处理如下：

$$\overline{S_o} = \frac{S_o - S_{or}}{\Delta S} \tag{2-19}$$

$$\overline{S_w} = \frac{S_w - S_{wc}}{\Delta S} \tag{2-20}$$

$$\Delta S = 1 - S_{or} - S_{wc} \tag{2-21}$$

$$\overline{k_{ro}} = \frac{k_{ro}}{k_{rowc}} \tag{2-22}$$

$$\overline{k_{rw}} = \frac{k_{rw}}{k_{rwor}} \tag{2-23}$$

式中 $\overline{S_o}$——油相的无因次饱和度；
$\overline{S_w}$——水相的无因次饱和度；
ΔS——可流动流体的饱和度；
S_{or}——剩余油饱和度；
S_{wc}——束缚水饱和度；
$\overline{k_{ro}}$——油相的无因次相对渗透率；
$\overline{k_{rw}}$——水相的无因次相对渗透率；
k_{ro}——油相的相对渗透率；
k_{rw}——水相的相对渗透率；
k_{rowc}——在束缚水饱和度下油相的相对渗透率；
k_{rwor}——在剩余油饱和度下水相的相对渗透率。

将式(2-14)和式(2-15)代入连续性方程得：

$$-\frac{\partial}{\partial x}(\rho_i u_{ix}) - \frac{\partial}{\partial y}(\rho_i u_{iy}) - \frac{\partial}{\partial z}(\rho_i u_{iz}) + \frac{q_i}{\mathrm{d}x\mathrm{d}y\mathrm{d}z} = \Delta S \frac{\partial(\varphi\rho_i \overline{S_i})}{\partial t} \quad (i\text{ 为 o 或 w}) \tag{2-24}$$

将无量纲渗透率代入运动方程得：

$$u_{ix} = -\frac{Kk^* \overline{k_{ri}}}{\mu_i}\frac{\partial p_i}{\partial x} \quad (i\text{ 为 o 或 w}) \tag{2-25}$$

$$u_{iy} = -\frac{Kk^* \overline{k_{ri}}}{\mu_i}\frac{\partial p_i}{\partial y} \quad (i\text{ 为 o 或 w}) \tag{2-26}$$

$$u_{iz} = -\frac{Kk^* \overline{k_{ri}}}{\mu_i}\left(\frac{\partial p_i}{\partial z} - \rho_i g\right) \quad (i\text{ 为 o 或 w}) \tag{2-27}$$

式中，当 i 为 o 时，$k^* = k_{rowc}$；i = w 时，$k^* = k_{rwor}$，且：

$$\overline{S_w} + \overline{S_o} = 1 \tag{2-28}$$

(4) 相似准则建立。

将连续性方程式(2-24)的第一项分别除以第四项、第五项得 $\frac{\rho\Delta u_o L^2}{q_o}$，$\frac{\Delta u_o \Delta t}{\Delta L\varphi\Delta S\Delta\overline{S_o}}$，第四项除以第五项得 $\frac{q_o\Delta t}{\varphi\Delta S\rho_o\Delta\overline{S_o}\Delta L^3}$，余下三项的量纲相同，此外 δ，$\overline{S_w}$，$\overline{S_o}$，$\overline{k_{ro}}$，$\overline{k_{rw}}$，φ，ΔS，φ_v，φ_f 本身就是无量纲量，因此在确定相似准则的时候可以去掉，通过推导可得如下的相似准则群：

$$\pi_1 = \frac{\Delta u_o \Delta t}{\Delta L},\quad \pi_2 = \frac{u_o}{u_w},\quad \pi_3 = \frac{q_o\Delta t}{\varphi\Delta S\rho_o\Delta\overline{S_o}\Delta L^3},\quad \pi_4 = \frac{\rho_o}{\rho_w},\quad \pi_5 = \frac{q_o}{q_w},\quad \pi_6 = \frac{u_o\mu_o\Delta L}{K\Delta p},$$

$$\pi_7 = \frac{\Delta p}{\rho_o g\Delta L},\quad \pi_8 = \frac{\mu_o}{\mu_w},\quad \pi_9 = \frac{\Delta p}{\rho_o\Delta u_o^2},\quad \pi_{10} = \frac{K}{n_f b^3},\quad \pi_{11} = \frac{e}{b},\quad \pi_{12} = \frac{\varphi_v}{\varphi_f},$$

$\pi_{13}=\dfrac{\varphi_v}{n_v V_v}$， $\pi_{14}=\dfrac{WH\varphi_v}{lwbn_f}$， $\pi_{15}=\dfrac{\varphi}{\varphi_v}$， $\pi_{16}=\dfrac{q_o}{\rho_o D^2 u_o}$， $\pi_{17}=\dfrac{i\rho_o}{q_o}$， $\pi_{18}=\dfrac{L'}{w}$，

$\pi_{19}=\dfrac{L'}{H}$， $\pi_{20}=\delta$，$\pi_{21}=\Delta\overline{S_w}$， $\pi_{22}=\Delta\overline{S_o}$， $\pi_{23}=\overline{k_{ro}}$， $\pi_{24}=\overline{k_{rw}}$，$\pi_{25}=\varphi$，

$\pi_{26}=\Delta S$， $\pi_{27}=n_v\Delta L^3$， $\pi_{28}=n_f\Delta L$， $\pi_{29}=\dfrac{H}{\Delta L}$， $\pi_{30}=\dfrac{b}{\Delta L}$

2.3.2　基于量纲分析的相似准则群

将相似准则群涉及的所有物理量列出(表 2-5)，选取 M，L，T 为基本量纲，并将剩余物理量的量纲用基本量纲的幂表示出来。

表 2-5　物理量汇总

分　类	序　号	物理量	符　号	量　纲
基本物理量	1	质量	m	M
	2	长度	l	L
	3	时间	t	T
有因次物理量	4	油流速	u_o	LT^{-1}
	5	水流速	u_w	LT^{-1}
	6	油密度	ρ_o	ML^{-3}
	7	水密度	ρ_w	ML^{-3}
	8	油黏度	μ_o	$ML^{-1}T^{-1}$
	9	水黏度	μ_w	$ML^{-1}T^{-1}$
	10	重力加速度	g	LT^{-2}
	11	油质量流量	q_o	MT^{-1}
	12	水相质量流量	q_w	MT^{-1}
	13	裂缝介质绝对渗透率	k	L^2
	14	裂缝密度	n_f	L^{-1}
	15	溶洞密度	n_v	L^{-3}
	16	裂缝张开度	b	L
	17	裂缝壁面粗糙度	e	L
	18	溶洞平均体积	V_v	L^3
	19	油藏长度	L'	L
	20	油藏宽度	W	L
	21	油藏高度	H	L
	22	裂缝与流体接触面积	lw	L^2
	23	井眼半径	D	L
	24	注入量	I	L^3T^{-1}

续表 2-5

分 类	序 号	物理量	符 号	量 纲
无因次物理量	25	油相无因次相对渗透率	$\overline{k_{ro}}$	$M^0L^0T^0$
	26	水相无因次相对渗透率	$\overline{k_{rw}}$	$M^0L^0T^0$
	27	立方定律修正系数	δ	$M^0L^0T^0$
	28	可流动饱和度	ΔS	$M^0L^0T^0$
	30	无因次水相饱和度	$\overline{S_w}$	$M^0L^0T^0$
	31	孔隙度	φ	$M^0L^0T^0$
	32	溶洞孔隙度	φ_v	$M^0L^0T^0$
	33	裂缝孔隙度	φ_f	$M^0L^0T^0$

选取 ρ,u,l 作为基本物理量，根据 π 定理求出 30 个相似准则，以时间 t 为例，量纲确定过程见表 2-6。

表 2-6 量纲确定过程

幂 次		f_1	f_2	f_3	t
物理量		ρ	u	l	
基本量纲	M	1	0	0	0
	L	−3	1	1	0
	T	0	−1	0	1

根据量纲齐次原理，建立幂次方程，求解方程组后得到各物理量与基本物理量之间的关系，$t=\rho^{f_1}u^{f_2}l^{f_3}$，进而得到相应的 π 项。

$$t=M^{f_1}L^{-3f_1}\cdot L^{f_2}T^{-f_2}\cdot L^{f_3}=M^{f_1}L^{-3f_1+f_2+f_3}T^{-f_2},\ t=M^0L^0T^1$$

根据量纲矩阵得到幂次方程：$\begin{cases}f_1=0\\-3f_1+f_2+f_3=0\\-f_2=1\end{cases}$，解得 $\begin{cases}f_1=0\\f_2=-1\\f_3=1\end{cases}$，即 $t=\dfrac{L}{u}$。

可得 $\pi_1'=\dfrac{u_o t}{L}$，同理根据相似 π 定理可知，应有 30 个相似准则，分别求得如下：

$$t:\pi_1'=\frac{u_o t}{L},\quad q_o:\pi_2'=\frac{q_o}{\rho_o u_o L^2},\quad \mu_o:\pi_3'=\frac{\mu_o}{\rho_o u_o L},\quad K:\pi_4'=\frac{K}{L^2},$$

$$p:\pi_5'=\frac{p}{\rho_o u_o^2},\quad g:\pi_6'=\frac{gL}{u_o^2},\quad n_v:\pi_7'=n_v L^3,\quad n_f:\pi_8'=n_f L,$$

$$V_v:\pi_9'=\frac{V_v}{L^3},\quad l_w:\pi_{10}'=\frac{lw}{L^2},\quad i:\pi_{11}'=\frac{i}{u_o L^2}$$

将量纲幂次相同的物理量组合成相似准则：

$$\pi_{12}'=\frac{u_o}{u_w},\quad \pi_{13}'=\frac{q_o}{q_w},\quad \pi_{14}'=\frac{\rho_o}{\rho_w},\quad \pi_{15}'=\frac{\mu_o}{\mu_w},\quad \pi_{16}'=\frac{b}{L},\quad \pi_{17}'=\frac{e}{b},$$

$$\pi'_{18}=\frac{D}{L},\quad \pi'_{19}=\frac{W}{L},\quad \pi'_{20}=\frac{H}{L},\quad \pi'_{21}=\frac{L'}{L}$$

其中存在其本身就是无因次量的参数：

$$\pi'_{22}=\delta,\quad \pi'_{23}=\overline{S_w},\quad \pi'_{24}=\overline{S_o},\quad \pi'_{25}=\overline{k_{ro}},\quad \pi'_{26}=\overline{k_{rw}},\quad \pi'_{27}=\varphi,$$

$$\pi'_{28}=\Delta S,\quad \pi'_{29}=\varphi_v,\quad \pi'_{30}=\varphi_f$$

2.3.3　两套相似准则群的关系

以上通过流体方程和量纲两个途径得到了用于指导缝洞型油藏注水开发的相似准则。每种方法都有其局限性，基于流体方程分析得到的相似准则群有很明确的物理意义，但在推导的过程中很容易遗漏部分物理量；相反，通过量纲分析得到的相似准则很全面，但量纲分析是基本量和各物理量的组合，最后通过量纲齐次化，得到的相似准则往往缺乏物理含义。

用上述两种方法可得到用于指导同一物理过程的相似准则，这两套准则应该存在很多的必然联系。在推导两套相似准则关系的基础上，综合选取相似准数，就可得到全面而准确的相似准则。

基于流体方程得到以下相似准则群：

$$\pi_1=\frac{\Delta u_o\Delta t}{\Delta L},\quad \pi_2=\frac{u_o}{u_w},\quad \pi_3=\frac{q_o\Delta t}{\varphi\Delta S\rho_o\Delta\overline{S_o}\Delta L^3},\quad \pi_4=\frac{\rho_o}{\rho_w},\quad \pi_5=\frac{q_o}{q_w},\quad \pi_6=\frac{u_o\mu_o\Delta L}{K\Delta p},$$

$$\pi_7=\frac{\Delta p}{\rho_o g\Delta L},\quad \pi_8=\frac{\mu_o}{\mu_w},\quad \pi_9=\frac{\Delta p}{\rho_o\Delta u_o^2},\quad \pi_{10}=\frac{K}{n_f b^3},\quad \pi_{11}=\frac{e}{b},\quad \pi_{12}=\frac{\varphi_v}{\varphi_f},\quad \pi_{13}=\frac{\varphi_v}{n_v V_v},$$

$$\pi_{14}=\frac{WH\varphi_v}{lwbn_f},\quad \pi_{15}=\frac{\varphi}{\varphi_v},\quad \pi_{16}=\frac{q_o}{\rho_o D^2 u_o},\quad \pi_{17}=\frac{i\rho_o}{q_o},\quad \pi_{18}=\frac{L'}{w},\quad \pi_{19}=\frac{L'}{H},\quad \pi_{20}=\delta,$$

$$\pi_{21}=\Delta\overline{S_w},\quad \pi_{22}=\Delta\overline{S_o},\quad \pi_{23}=\overline{k_{ro}},\quad \pi_{24}=\overline{k_{rw}},\quad \pi_{25}=\varphi,\quad \pi_{26}=\Delta S,\quad \pi_{27}=n_v\Delta L^3,$$

$$\pi_{28}=n_f\Delta L,\quad \pi_{29}=\frac{H}{\Delta L},\quad \pi_{30}=\frac{b}{\Delta L}$$

基于量纲分析得到以下相似准则群：

$$\pi'_1=\frac{u_o t}{L},\quad \pi'_2=\frac{q_o}{\rho_o u_o L^2},\quad \pi'_3=\frac{\mu_o}{\rho_o u_o L},\quad \pi'_4=\frac{K}{L^2},\quad \pi'_5=\frac{P}{\rho_o u_o^2},\quad \pi'_6=\frac{gL}{u_o^2},$$

$$\pi'_7=n_v L^3,\quad \pi'_8=n_f L,\quad \pi'_9=\frac{V_v}{L^3},\quad \pi'_{10}=\frac{lw}{L^2},\quad \pi'_{11}=\frac{i}{u_o L^2},\quad \pi'_{12}=\frac{u_o}{u_w},\quad \pi'_{13}=\frac{q_o}{q_w},$$

$$\pi'_{14}=\frac{\rho_o}{\rho_w},\quad \pi'_{15}=\frac{\mu_o}{\mu_w},\quad \pi'_{16}=\frac{b}{L},\quad \pi'_{17}=\frac{e}{b},\quad \pi'_{18}=\frac{D}{L},\quad \pi'_{19}=\frac{W}{L},\quad \pi'_{20}=\frac{H}{L},$$

$$\pi'_{21}=\frac{L'}{L},\quad \pi'_{22}=\delta,\quad \pi'_{23}=\overline{S_w},\quad \pi'_{24}=\overline{S_o},\quad \pi'_{25}=\overline{k_{ro}},\quad \pi'_{26}=\overline{k_{rw}},\quad \pi'_{27}=\varphi,$$

$$\pi'_{28}=\Delta S,\quad \pi'_{29}=\varphi_v,\quad \pi'_{30}=\varphi_f$$

通过推导可知（⇔表示等价于）：

$$\pi_1\Leftrightarrow\pi'_1,\quad \pi_2=\pi'_{12},\quad \pi_3\Leftrightarrow\frac{\pi'_1\pi'_2}{\pi'_{24}\pi'_{27}\pi'_{28}},\quad \pi_4=\pi'_{14},\quad \pi_5=\pi'_{13},\quad \pi_6\Leftrightarrow\frac{\pi'_3}{\pi'_4\pi'_5},$$

$$\pi_7\Leftrightarrow\frac{\pi'_5}{\pi'_6},\quad \pi_8=\pi'_{15},\quad \pi_9\Leftrightarrow\pi'_5,\quad \pi_{10}=\frac{\pi'_4}{\pi'_8(\pi'_{16})^3},\quad \pi_{11}=\pi'_{17},\quad \pi_{12}=\frac{\pi'_{29}}{\pi'_{30}},$$

$$\pi_{13}=\frac{\pi'_{29}}{\pi'_7\pi'_9},\quad \pi_{14}=\frac{\pi'_{19}\pi'_{20}\pi'_{29}}{\pi'_{10}\pi'_{16}\pi'_8},\quad \pi_{15}=\frac{\pi'_{27}}{\pi'_{29}},\quad \pi_{16}=\frac{\pi'_2}{(\pi'_{18})^2},\quad \pi_{17}=\frac{\pi'_{11}}{\pi'_2},$$

$$\pi_{18}=\frac{\pi'_{21}}{\pi'_{19}},\quad \pi_{19}=\frac{\pi'_{21}}{\pi'_{20}},\quad \pi_{20}=\pi'_{22},\quad \pi_{21}\Leftrightarrow\pi'_{23},\quad \pi_{22}\Leftrightarrow\pi'_{24},\quad \pi_{23}=\pi'_{25},$$

$$\pi_{24}=\pi'_{26},\quad \pi_{25}=\pi'_{27},\quad \pi_{26}=\pi'_{28},\quad \pi_{27}\Leftrightarrow\pi'_7,\quad \pi_{28}\Leftrightarrow\pi'_8,\quad \pi_{29}\Leftrightarrow\pi'_{20},\quad \pi_{30}\Leftrightarrow\pi'_{16}$$

根据以上的推导可知，基于流体方程推导所得的相似准则群等价于量纲分析得到的相似准则群，证明了这两种方法得到的相似准则群都是可靠的。

2.4 驱替物理模拟相似准则

可首先通过几何相似、运动相似和动力相似的原则选取能代表注水驱替物理模拟实验过程的相似准则，然后根据油田实际生产数据和所选相似准则确立各项参数，建立注水驱替物理模拟相似准则。

碳酸盐岩缝洞型油藏储层结构复杂，非均质性严重，物理模拟实验与矿场实际无法做到完全相似。在研究过程中，可抓住注水物理过程的本质，多选用水力相似参数来指导物理模型设计与实验参数确定。根据水力相似要求，笔者筛选、整理、分析了用上述两种方法推导的适用于缝洞型油藏的相似准则群，根据几何相似、动力相似，最终得到 6 个能够反映缝洞单元注水开发主要特征的相似准则（表 2-7），各参数的物理意义见表 2-8。模型设计应满足几何、运动、动力和特征参数相似性要求。在几何相似性方面，以塔河油藏某井组单元地质模型为储层原型，以地质模型中的洞径为基准，物理模型按同样比例缩小。从外形上看，模型与储层基本一致。在动力相似性方面，油藏溶洞规模较大，缝洞油藏流体流动与管流相似，因此实验与矿场的雷诺数应相等。另外，开发过程中压力与重力比对油水分布有影响，因此试验过程中的压力与重力比应等于实际值。此外，根据实际情况，溶洞中有不同程度的充填物，需要在物理模型中加入等比例充填物，以反映模型内部结构的充填特征。

表 2-7　相似准则

序　号	相似准则	来源及物理意义	相似性
1	L	洞径	几何相似
2	$\frac{\Delta p}{\rho g L}$	压力与重力之比	动力相似
3	$\frac{\rho u L}{\mu}$	雷诺数惯性力与黏滞力的比值	
4	$\frac{u\mu L}{n_f b^3 \Delta p}$	多条裂缝下的立方定律	
5	$\frac{I}{D^2 u}$	注入量与采出量之比	运动相似
6	η	充填程度	特征参数相似

表 2-8　参数的物理意义

序　号	参　数	物理意义	单　位
1	Δp	数模注采压差	kPa
2	ρ	模拟油密度	kg/m^3
3	L	溶洞直径	m
4	u	生产井口流速	m/s
5	n_f	裂缝密度	L/m
6	b	裂缝开度	m
7	I	注入量	m^3/d
8	D	井口直径	cm
9	μ	地层原油黏度	mPa・s
10	η	充填程度	—

利用表 2-7 中的相似准则，实验中可根据具体模型的特点和测试的主要目的来调整实验室内的可控参数，以达到相似的要求，即根据矿场原型参数确定室内物理实验参数。其中，相似系数由矿场参数值除以模型参数值得到，按照相似准则的形式计算各物理量的相似系数，最终得到相似准数。相似准数越接近 1，模型参数与实际参数越相似。在现有实验条件下，首先根据三维地震资料设计物理模型的几何参数，然后对实验参数(如压力、密度、速度等)进行调整，使其尽可能满足其他相似准则，最后得到物理实验所需参数。

此外，缝洞型油藏注气开发与注水开发过程的物理模拟相似准则推导过程类似，筛选出来的相似准则也相同，此处不再赘述。

第 3 章
缝洞型油藏物理模型设计方法与制作

塔河碳酸盐岩油藏前期的研究初步解决了注水开发初期遇到的一些技术问题。在生产中研究人员认识到缝洞结构、连通关系、井网布局和注采方式等因素对注水效果有重要影响。为了进一步研究中、高含水期的缝洞油藏特征以及开发方式和注采工艺对油藏开发的影响,研制能反映碳酸盐岩缝洞型油藏储层特征的物理模型是十分必要的。在充分借鉴碎屑岩油藏物理模型研究成果的基础上,西北油田分公司在相关科研项目实施中组织开展了系列缝洞型油藏物理模型的设计与制作。

3.1　物理模型设计原则与依据

与常规碎屑岩油藏物理模型相比,缝洞型油藏物理模型更具“个性化”。缝洞型油藏物理模型设计经历了从简单到复杂,从形态相似到符合一定的相似准数,从低温、低压、不可视到高温、高压、可视化的发展过程。

3.1.1　物理模型设计的原则

目前已研制的缝洞型油藏物理模型包括裂缝网络机理模型、单个溶洞机理模型、缝-洞网络机理模型、缝-洞不同连通模式机理模型、典型注采关系机理模型、微观注水缝洞模型、高温高压定容机理模型、二维或三维可视化物理模型等。从缝洞型油藏物理模型设计与制作相关成果来看,前期的研究工作有如下特点:

① 从简单的机理模型逐渐发展到复杂的二维和三维模型;从最初“拍脑袋”确定模型结构和形态发展到以地质原型为基础并进行适度抽象简化。

② 模型的设计与制作以研究目的为导向,确定了物理模型与真实油藏之间的相似性,但缝洞模型的设计制作缺乏统一规范。

③ 以模拟大尺度缝-洞连通为主,而对网状缝的研究较少。

④ 以结构相对简单的定容模型为主,无法模拟弹性能量对开发的影响,计算得到的水驱采出程度(驱油效率可达 80%～90%)普遍比实际油藏高。

根据塔河油田碳酸盐岩缝洞型油藏开发特征和存在的问题,提出缝洞型油藏物理模型的研制应遵循如下原则：

(1) 体现宏观的地质特征。

塔河碳酸盐岩缝洞油藏主要包括风化壳、断控和古暗河三大岩溶地质背景，在模型设计时，宏观上应体现风化壳、断控和古暗河岩溶系统的基本结构特征，而局部由裂缝、溶洞和管道构成，并考虑储集体类型及空间结构，构建不同形式的溶洞、裂缝、管道的组合。缝洞模型设计上要体现多尺度(不同尺度溶洞和裂缝)组合、多种连通通道的结构特征。

(2) 内部结构的充填性差异。

根据地震资料的解释结果并经取芯资料证实，由于溶蚀等地质作用，碳酸盐岩缝洞储层中的缝洞空间内存在不同程度的溶蚀产物和充填物，且随埋深增大，充填物的充填程度有增强的趋势。因此，在物理模型设计时，既要考虑缝洞空间内充填物充填程度的影响，也要考虑充填物性质的影响。

(3) 反映油藏内部的流动特征。

在缝洞型油藏内部，大尺度缝洞空间中存在管流，微裂缝和全充缝洞内存在渗流，未全充缝洞内管流、渗流和重力流(重力分异导致流体交换)同时存在，因此缝洞系统内液体的流动是管流、渗流和重力流共同作用的结果。物理模型的设计上需体现缝洞结构内的主要流动特征。

(4) 井网与注采关系。

碳酸盐岩缝洞型油藏的储集体展布规律受溶蚀控制，其布井方式与碎屑岩油藏布井方式有显著差异。不规则井网是缝洞型开发井网的显著特点，常常以缝洞单元为背景进行开发井网部署，不同缝洞单元的井网相对独立。因此，设计物理模型时，需要考虑注采井关系、注采井网空间形态、注采井数比等与矿场的差异性。

(5) 注采方式与注采参数。

塔河缝洞型油藏的注水(气)方式有连续注水(气)、周期注水(气)和脉冲注水等，开采方式有自喷采油、泵抽。矿场注水量 200～500 m^3/d，油井产液速度 20～500 m^3/d。因此，物理模型设计时，需要考虑物理模拟实验与矿场注采方式和注采参数的相似性和匹配性。

3.1.2　物理模型设计的依据

前期油藏工程研究和矿场水驱效果的评价表明，影响塔河缝洞型油藏开发效果的地质因素主要包括缝洞结构、连通性质和充填程度。前面讨论了物理模型设计应该考虑缝洞的结构特点(形态、要素和属性)等细节问题，本节从塔河缝洞型油藏不同岩溶背景下储集体规模、宏观展布特点及其开发特征出发，结合后期可能的挖潜技术措施，进一步明确物理模型的设计依据。

1) 油藏地质依据

物理模型首先要反映其模拟的油藏地质特征。从储层地质成因、岩溶作用强弱出发，结合缝洞单元开发动态规律的差异性，将塔河多井缝洞单元划分为六类：暴露岩溶区主残丘缝洞单元、暴露岩溶区次残丘缝洞单元、覆盖区主断裂缝洞单元、覆盖区次断裂缝洞单元、构造-断裂复合缝洞单元和内幕溶洞型单元。

(1) 暴露岩溶区主残丘缝洞单元。

断裂和褶皱构造形变强，上奥陶统剥蚀区海西早期岩溶作用强，其规模大小不等，但普遍较褶曲侵蚀单元大。由于一直处于岩溶发育的有利部位，通常受多期岩溶的叠加，导致此类单元缝洞型储集体异常发育，侵蚀面(T_7^4)上小断裂和溶蚀缝异常发育，地表形态为凹凸不平的残丘，侵蚀面以下 0～60 m 即可钻遇放空漏失，局部区域也钻遇充填溶洞；储层整体发育，单元内部连通性较好。此类缝洞单元在开发中表现为 75%的天然能量充足，25%的天然能量较充足。由于储量规模大，含水率曲线以缓慢上升型为主。

(2) 暴露岩溶区次残丘缝洞单元。

暴露岩溶区次残丘缝洞单元是地质内力(构造挤压)和地质外力(岩溶和剥蚀)共同作用的结果，并以地质外力的差异性剥蚀和溶蚀为主。侵蚀面上的局部裂缝成组发育，在岩溶作用下极易在褶曲正地形范围内形成溶蚀缝、地下暗河和溶洞。该缝洞单元的主要特征表现为：一是单元褶曲发育；二是溶洞型储层通常分布于残丘范围内。此类缝洞单元开发中的表现为天然能量充足的占 50%，其他为具有一定天然能量，个别天然能量不足。由于储集体组合方式多样，缝洞单元含水率曲线也具有多样性(凹 S、凸 S 均有)，主要包括缓慢上升型、快速上升型和波动型。

(3) 覆盖区主断裂缝洞单元。

覆盖区主断裂缝洞单元是断裂和溶蚀共同作用的产物。由于缺少区域型的构造挤压，构造变形较弱，侵蚀面为产状较稳定的斜坡，岩溶水沿断裂带对碳酸岩盐进行溶蚀。远离主断裂区域，储集体发育和连通程度变差。开发中表现为多数单元具有一定能量，而储量规模较大的单元能量较充足。此外，由于沿断裂溶蚀，初期出水为残留水，含水率上升慢；一旦断裂沟通大底水，则含水率上升很快。原油产量递减较快，第一阶段一般为指数递减或双曲线状递减。

(4) 覆盖区次断裂缝洞单元。

覆盖区次断裂缝洞单元的分布受覆盖区的次级断裂控制，是断裂和溶蚀共同作用的结果。由于缺少区域型的构造挤压(远离大断裂)，构造变形较弱，断裂规模小，侵蚀面为产状斜坡或低洼部位，岩溶作用弱，缝洞储集体发育规模小，连通性不强，因此覆盖区次断裂缝洞单元是发育规模较小的单元。生产上表现为一般具有一定天然能量或能量不足，动态上可细分为两个亚类：第一类因断裂沟通且油柱高度小，含水率上升快，一般没有无水采油期或无水采油期很短，含水率曲线上升类型为凸型或无规律；第二类由于受覆盖区次级断裂控制，岩溶作用弱，储集体规模有限，油气富集程度较差，水体不活跃，含水率上升较慢。产能递减曲线为“∧型”或波动型，产能呈指数递减或无规律递减。

(5) 构造-断裂复合缝洞单元。

构造-断裂复合缝洞单元是地质内力(构造挤压、断裂)和地质外力(岩溶、剥蚀)共同作用的结果，其特点表现为：① 构造挤压变形严重；② 断裂发育，且断裂存在一定规模，常沿一个方向成组出现，夹持褶皱顶部抬升；③ 溶洞型储层发育，沿断裂分布；④ 单元连通性较好，断裂走向为连通的优势方向；⑤ 单元分布极具方向性，呈带状出现。储集体沿断裂走向连通，呈带状分布。开发生产规律表现为：天然能量充足到较充足；含水率曲线初期呈 S

形上升，后期随着采出程度增大，油水界面向上推进，导致含水上升很快。

(6) 内幕溶洞型单元。

受地下暗河和主体区水系双重作用，岩溶作用较强，储集体主要发育在中深部。开发生产规律：天然能量开发时间较长；储集体发育程度较好，天然能量较充足；目前未见水或低含水，含水率上升很慢；产能递减较慢，递减曲线呈几字形。

2) 油藏开发依据

缝洞油藏开发过程中存在的主要矛盾以及为改善开发效果而采用的工艺技术是物理模型设计制作时不可忽略的影响因素。

(1) 缝洞油藏开发特点与主要矛盾。

设计制作的物理模型在实验中需要体现缝洞油藏的开发特征与主要矛盾。塔河油田奥陶系碳酸盐岩缝洞油藏目前主要开发方式为水驱，开发速度较高，特别是开发初期单井产量过高，主力生产井生产处于超负荷状态，加速了压力下降和含水率上升的过程，导致产能递减快，稳产期短，其开发特征主要表现为：① 油田开发早期主要依靠边、底水的天然能量进行，目前处于人工注水采油初期；② 投产初期单井产量高，导致油井提前见水且水面快速上升，产能迅速递减；③ 由于初期单井产量过高，油田开发整体提前进入产能递减阶段。

作为水驱开发油田，塔河油田奥陶系碳酸盐岩缝洞型油藏当前开发的主要矛盾仍然是保持地层压力和控制含水率上升之间的矛盾，具体表现为：① 各缝洞单元差异性大，需对各种类型的缝洞单元实施差异性的开发思路，但油水接触关系复杂，综合治理难度大。各缝洞单元缝洞发育程度、天然能量大小、水体强弱和油水赋存关系都有较大差别，在生产上呈现不同的动态特征，因此对不同的缝洞单元在后期的技术政策上应采取不同的措施。但由于油藏本身油水关系复杂，后期开采过程中各井采油强度差异大，油水界面上升不均，从而制约了后期综合治理思路的提出。② 单井含水率上升快，是造成产能递减的主要原因。塔河四区垂直裂缝发育，高强度的生产造成底水快速窜进，产能大幅度递减。③ Ⅱ类和Ⅲ类缝洞单元能量不足，采出程度低。塔河四区共有 8 个Ⅱ类和 14 个Ⅲ类缝洞单元，Ⅱ类缝洞单元平均动液面为 500～1 000 m，而Ⅲ类缝洞单元平均动液面为 1 550 m，供液相对不足，采出程度仅 5%左右。将储集体中的剩余油开采出来的难度较大。

(2) 改善缝洞型油藏开发效果的主要技术。

针对塔河碳酸盐岩缝洞油藏开发中存在的水驱控制程度低、水驱动用程度低、累积注采比低等问题，塔河油田采取了改善开发效果的综合技术措施，主要包括：① 新增注水井和采油井，构建空间立体井网；② 优化注水方式和注采参数；③ 注水调流道或堵水；④ 注气驱(替)油。

综上所述，不同地质背景下的缝洞单元规模、开发动态特征差异明显，这就要求缝洞型物理模型既能体现缝洞形态、要素和属性的结构特点，展现管流、渗流和重力流现象，又能体现储集体规模、宏观展布特点和缝洞型油藏的开发特征；既能模拟注水开发技术细节，又能着眼于后期各种油藏挖潜技术措施。缝洞油藏物理模型研制与使用要考虑各种开发技术在模型上模拟的可行性，以及模拟的可扩展性。

3.2 缝洞型油藏物理模型设计方法

缝洞型油藏物理模型的设计是为实现具体的研究目的服务的。围绕不同的研究目标，开展了机理模型、平面与剖面模型、三维缝洞体模型等的研究与设计。

3.2.1 机理模型

机理模型是在抽象化和理想化条件下，以反映研究对象的特性和规律、系统描述对象的整体结构的一种综合模型。机理模型参数具有明确的物理或现实意义，易于调整，模型具有很强的适应性，缺点是模拟效果受参数的获取程度影响很大。

1）单缝洞体注采机理模型

单缝洞体注采机理模型在结构设计上主要体现缝洞连通结构的特征，对裂缝、溶洞的形状、大小和走向进行了高度简化，模型通常由一个模拟的溶洞和若干连接裂缝构成。在不同部位分别设置注入口和采出口，用来模拟注入井和采出井，形成一注一采的基本注采关系。模型可在常温、常压下开展缝洞油藏水驱模拟实验，研究不同缝洞连接关系下水驱剩余油类型及形成机制。单缝洞体注采机理模型结构和实物如图 3-1 和图 3-2 所示。

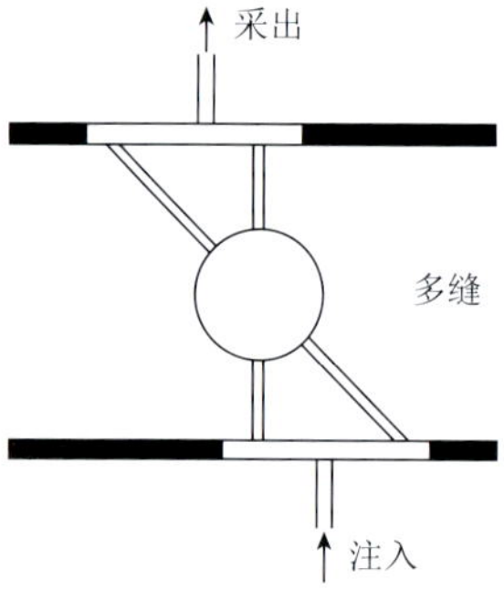

图 3-1 单缝洞体注采机理模型结构

图 3-2 单缝洞体注采机理模型实物

2）缝洞体连通模式机理模型

碳酸盐岩缝洞型油藏主要的连通模式包括缝-缝、洞-缝-洞、缝-孔等类型。为研究连通模式对缝洞油藏水驱效果的影响，设计了不同连通类型的机理模型。此类机理模型在设计上主要体现缝洞油藏内部的连通模式特征，对其余影响水驱效果的因素进行简化处理，可用于模拟不同连通模式下天然水驱（底水驱）或人工注水的水驱机理、油水流动规律以及剩余油分布特征，如图 3-3 所示。

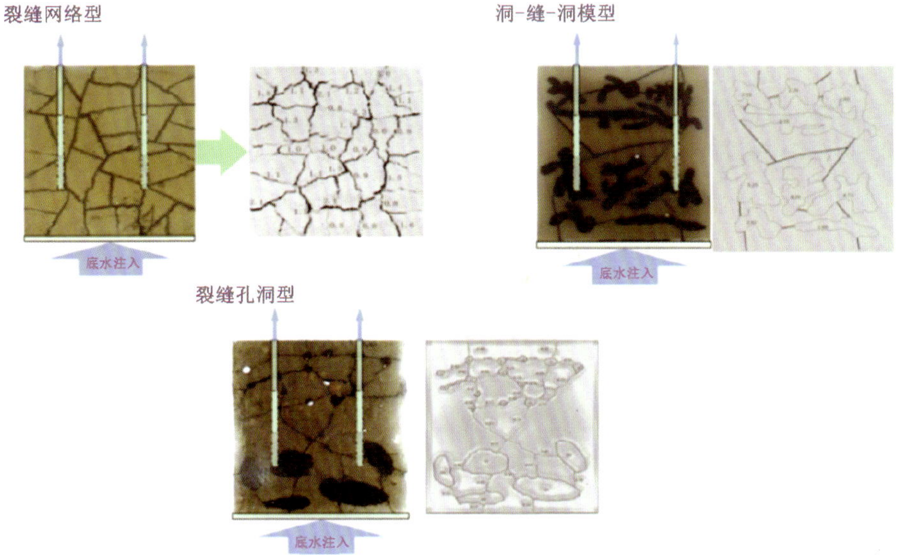

图 3-3　不同连通模式下的机理模型

3）缝洞网络机理模型

缝洞网络机理模型（图 3-4）在设计上重点体现缝洞的网络状连通特征，模型中缝、孔、洞以一定的方式连接形成规则的网络结构。由于碳酸盐岩缝洞油藏在地下除了单缝洞体结构外，更多的是以网络结构的形式存在，因此缝洞网络模型更接近真实的缝洞结构特征，可用于研究不同的缝洞连接关系下剩余油的类型及形成机制。

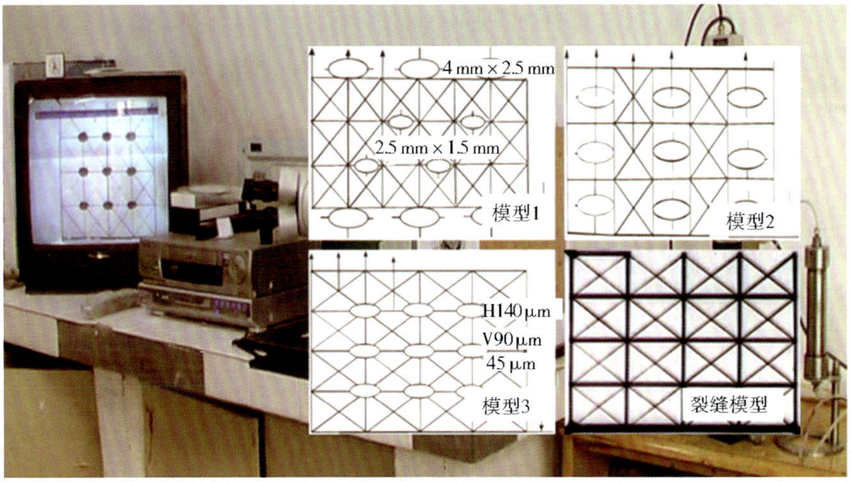

图 3-4　缝洞网络机理模型

3.2.2　平面与剖面模型

缝洞油藏平面与剖面模型是对前述机理模型的进一步发展，此类模型在设计上考虑了缝洞油藏地质背景的影响，模型结构可以很好地体现真实油藏不同地质特征以及井间连通特征。

1）二维平面模型

二维平面模型主要用于体现油藏平面上的缝洞结构与连通特征。在设计上以缝洞单元平面分布特征为基础（图 3-5），考虑缝洞单元内部注采井之间的连通性和井网分布特征，通过简化处理构建平面的缝洞结构关系和注采关系（图 3-6），可用于水驱、调流道、堵水、井间示踪等物理模拟。

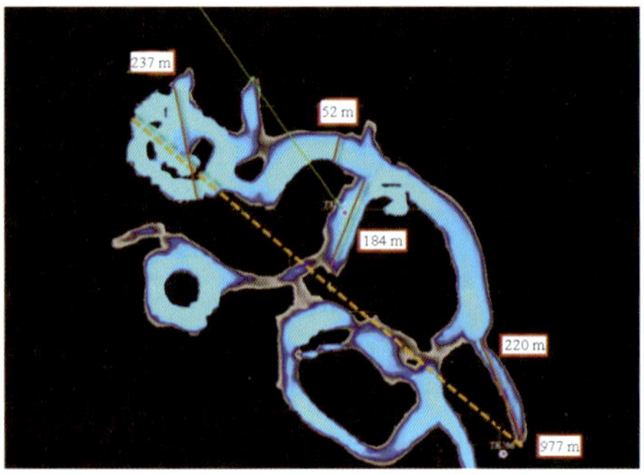

图 3-5　TK7-637H 井区曲率刻画岩溶分布

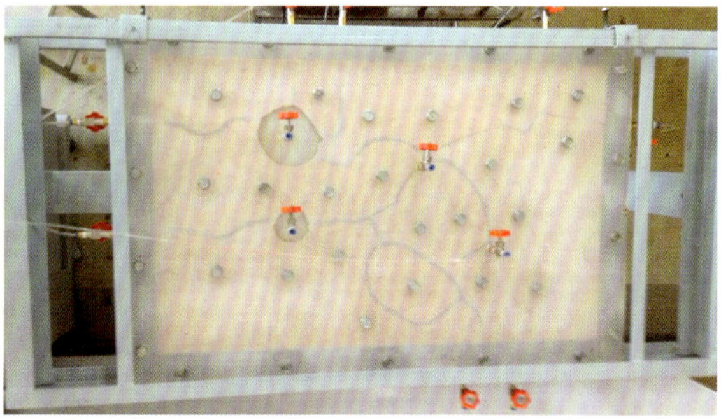

图 3-6　缝洞型油藏井间示踪物理模型

2）二维剖面模型

维剖面模型以矿场真实岩溶纵向剖面结构特征（图 3-7a）为基础，通过模型结构设计（图 3-7b）再现矿场缝洞结构的形态、连通特征以及注采关系。应用二维剖面模型可以模拟不同岩溶背景下的水驱情况以及提高采收率所用的方法（注气、流道调整），研究不同岩溶背景下的水驱特征、剩余油空间分布规律以及各种提高采收率措施的效果。

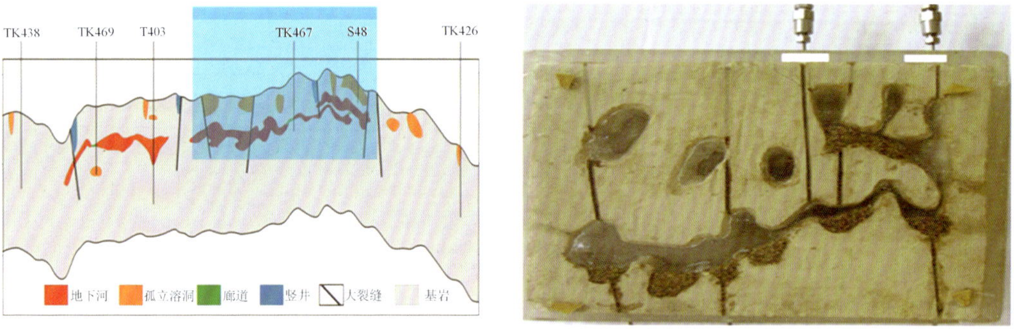

（a）S48单元缝洞剖面结构特征　　（b）模型结构设计

图 3-7　二维剖面模型

3.2.3　三维缝洞体模型

采用三维缝洞体模型模拟碳酸盐岩缝洞型油藏，使缝洞结构模型反映真实油藏内部的缝洞尺寸、空间分布、充填程度等差异。采用多个模型单元串联/并联的方式进行多模块组合。

1）风化壳岩溶三维模型

塔河油田奥陶系风化壳呈不规则网状分布，储集空间以溶洞、裂缝为主，小尺度裂缝发育且具有较好的连通作用，缝洞间以大尺度裂缝多向连通为主。地震识别刻画的 S80 单元

TK636H 井区缝洞结构如图 3-8 所示。

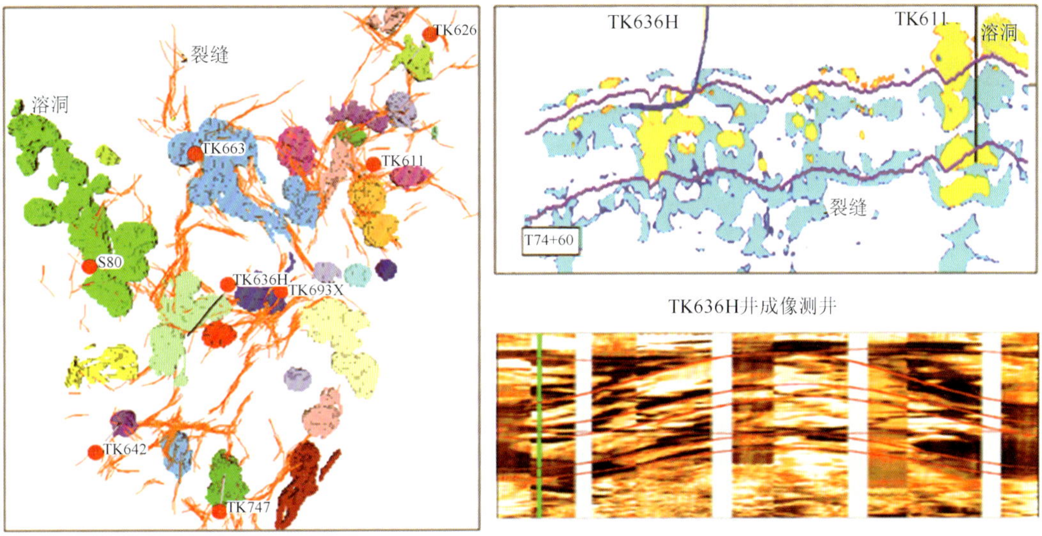

图 3-8　地震识别刻画的 S80 单元 TK636H 井区缝洞结构

风化壳缝洞结构模型应为由不同尺度裂缝和溶洞组成的三维空间结构，能够反映连通通道差异、井储位置关系、储集体规模差异等。通过对 TK636H 井区缝洞结构（图 3-9）进行简化，得到缝洞关系图（图 3-10）。

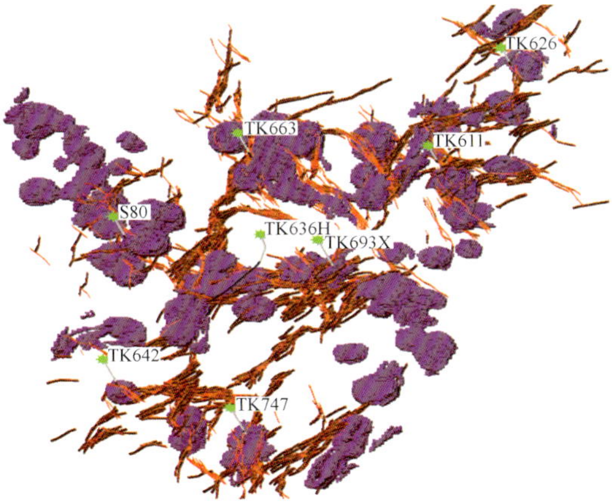

图 3-9　TK636H 井区缝洞结构（俯视图）

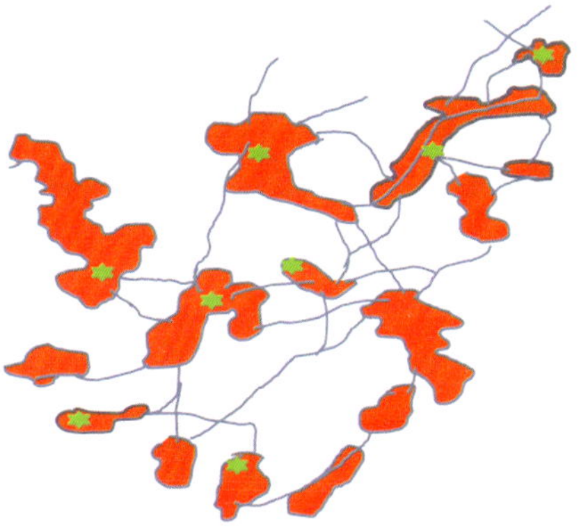

图 3-10　简化后的缝洞关系图

在三维图形设计软件上对上述风化壳理论结构模型进行数值化重构，得到风化壳岩溶三维数值模型，如图 3-11 所示。

由于图 3-11 反映的风化壳岩溶三维结构系统尺寸较大，为便于模型制作，对风化壳数值模型进行了分割处理。由若干个小的缝洞模型箱体通过组合形成风化壳岩溶系统模型，如图 3-12 所示。单个缝洞模型箱体的三维数值效果如图 3-13 所示。

模型中的连接方式包括洞-洞、缝-洞、缝-缝等，如图 3-14～图 3-17 中画圈部分所示。

对风化壳模型系统各箱体（单个模型箱体体积为长 50 cm×宽 30 cm×厚 30 cm）进行雕刻和组装，得到风化壳模型系统，如图 3-18 所示。

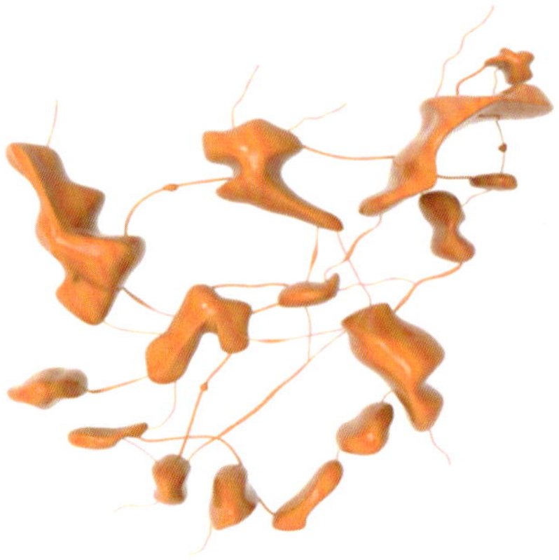

图 3-11　风化壳岩溶三维数值模型顶视图

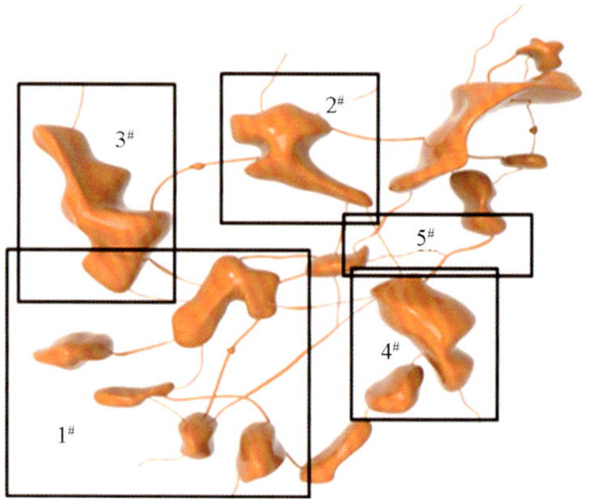

图 3-12　风化壳岩溶系统模型示意图

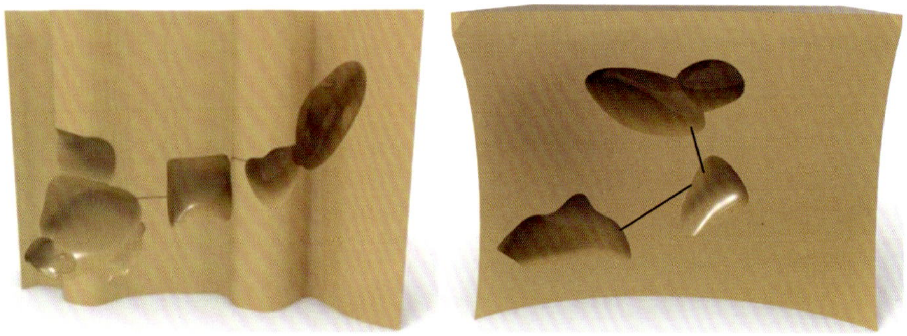

图 3-13　单个缝洞模型箱体的三维数值效果图

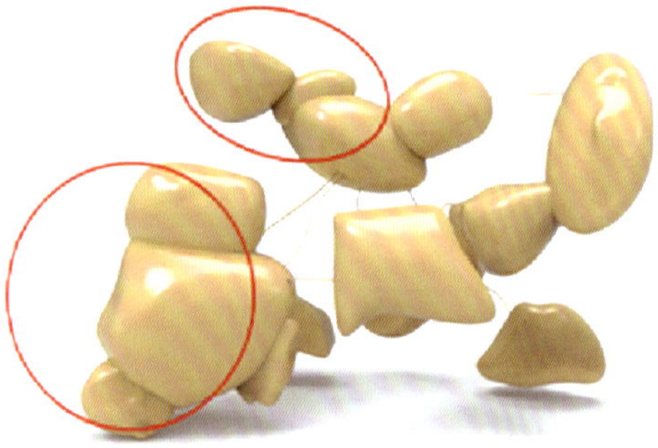

图 3-14　洞-洞连接形式

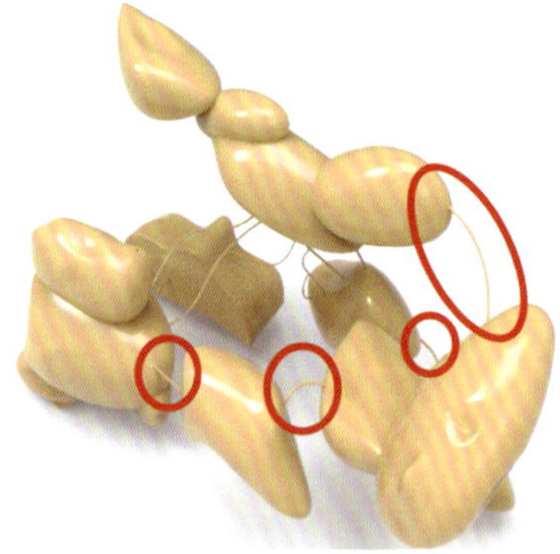

图 3-15　单个缝-洞连接形式

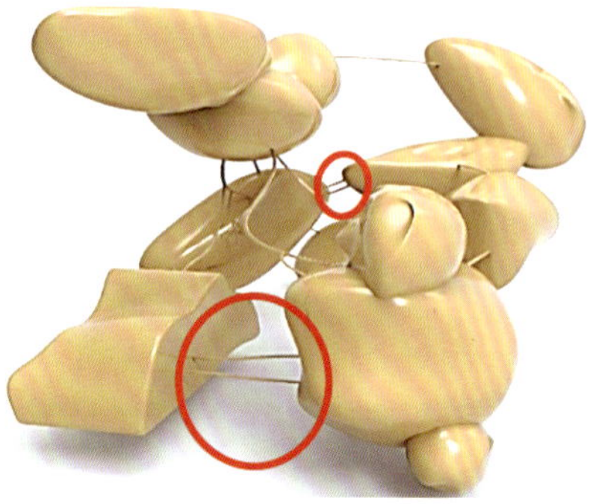

图 3-16　并联缝-洞连接形式

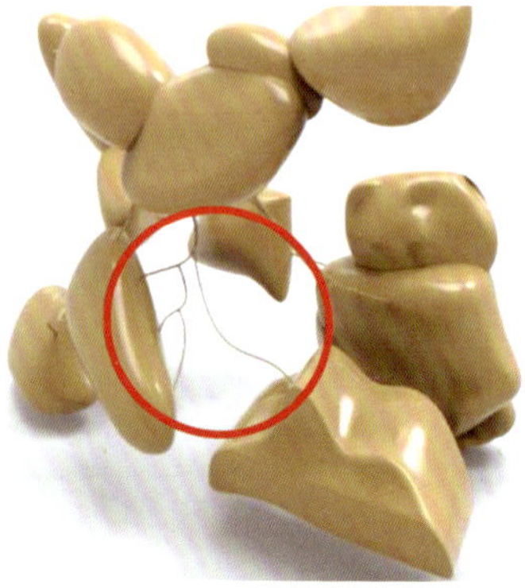

图 3-17　分支缝-洞连接形式

图 3-18　风化壳模型系统实物图

该系统由若干个缝洞箱体按照一定的连接关系组合而成，形成一个整体风化壳结构水动力系统。

2）古暗河岩溶三维模型

塔河油田主体区目前识别出了 5 个古暗河系统(如 S67)，主要分布在塔河六、七区。研究表明，深部暗河和浅层暗河是不同时期的岩溶产物，暗河岩溶空间继承性差，表现为浅层暗河网状发育，分支暗河充填概率大，而深部暗河呈线状发育。基于塔河地震资料所得古暗河分布形态(图 3-19)，对古暗河的主河道和分支河道的尺寸和展布进行三维重构，得到古暗河河道三维模型。按照真实岩溶古暗河的深度分布差异等比例缩小后形成具有一定长度、宽度和厚度的河道三维模型。该模型能够模拟古暗河岩溶的空间分布特征以及井网分布。

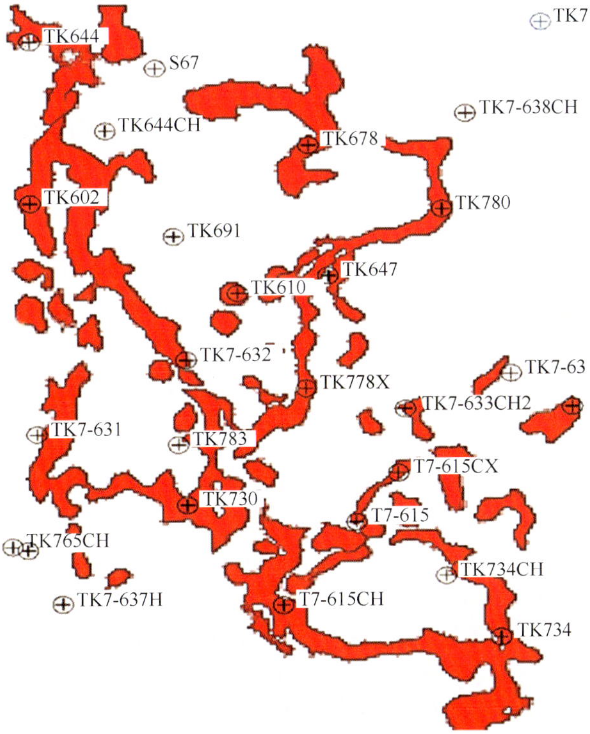

图 3-19　T7-615 井区古暗河岩溶分布形态

模型整体结构的构建以塔河油田 T7-615 井区古暗河岩溶为背景，如图 3-20 所示。

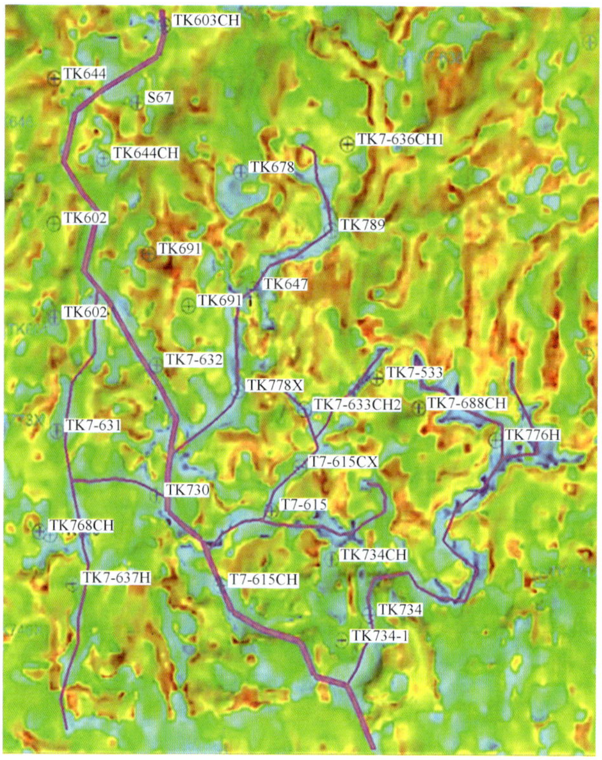

图 3-20　T7-615 井区古暗河展布示意图

对该区域古暗河分布进行抽象化和部分简化后，得到分支河道理论展布示意图，应用三维绘图软件进行分支河道重构，得到分支河道三维数值模型，如图 3-21 所示。在三维设计基础上采用机械雕刻的方法得到古暗河岩溶三维物理模型，如图 3-22 所示。

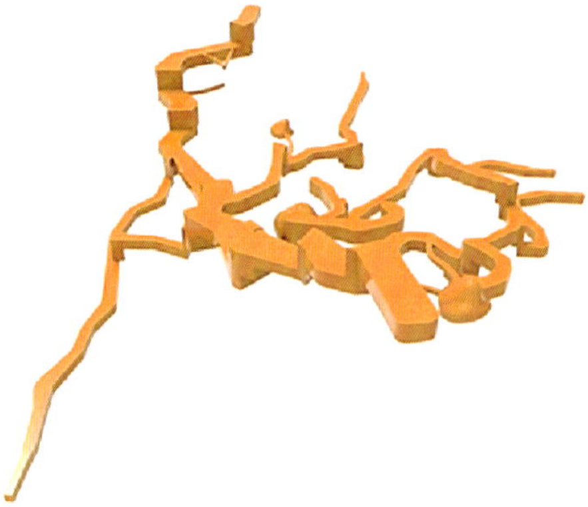

图 3-21　分支河道三维数值模型

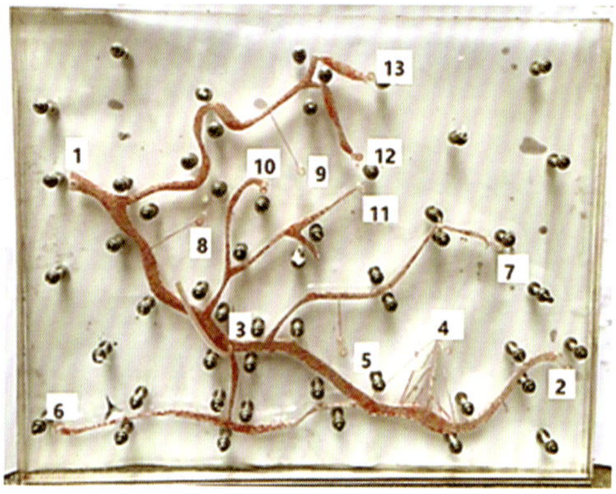

图 3-22　古暗河岩溶三维物理模型
(长90 cm×宽60 cm×厚10 cm)

3）断控岩溶三维模型

塔河油田古生界断裂发育复杂，加里东早期—海西早期形成的断裂规模较大、切割层位较多且较深，形成了以 T739 断裂带为代表的奥陶系主要断裂格架；在加里东中期Ⅰ、Ⅱ幕岩溶时期，断裂控制的“垂向岩溶”作用较普遍，在断裂的交接处多有溶洞和裂缝发育。

断裂结构中储集层类型包括溶洞型、裂缝-孔洞型和裂缝型等。塔河油田 TP12CX 核部分布如图 3-23 所示。

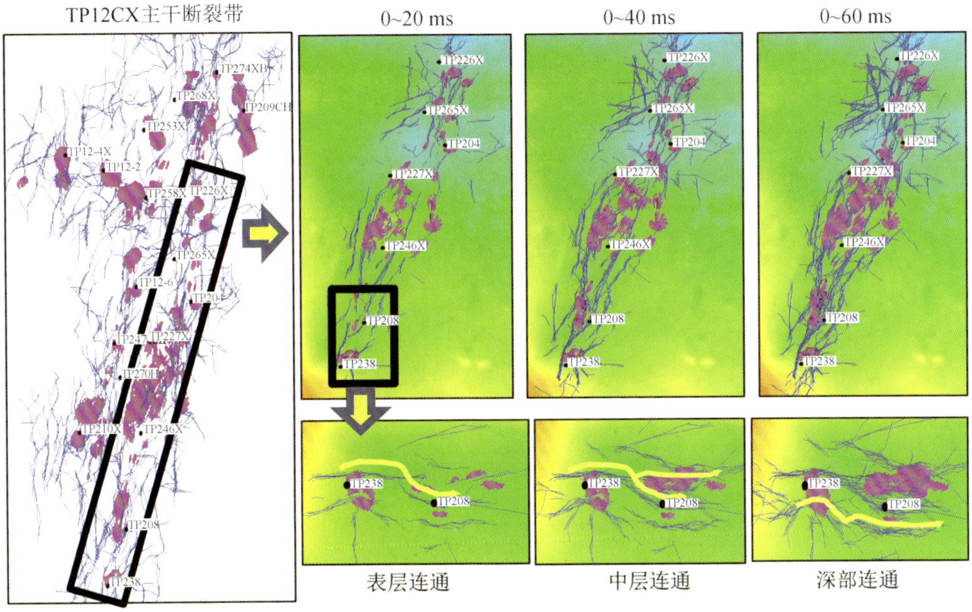

图 3-23　TP12CX 核部分布图

采用三维设计软件对断裂结构理论模型进行三维重构，得到 TP12CX 核部和过渡带的数值模型，如图 3-24 所示。

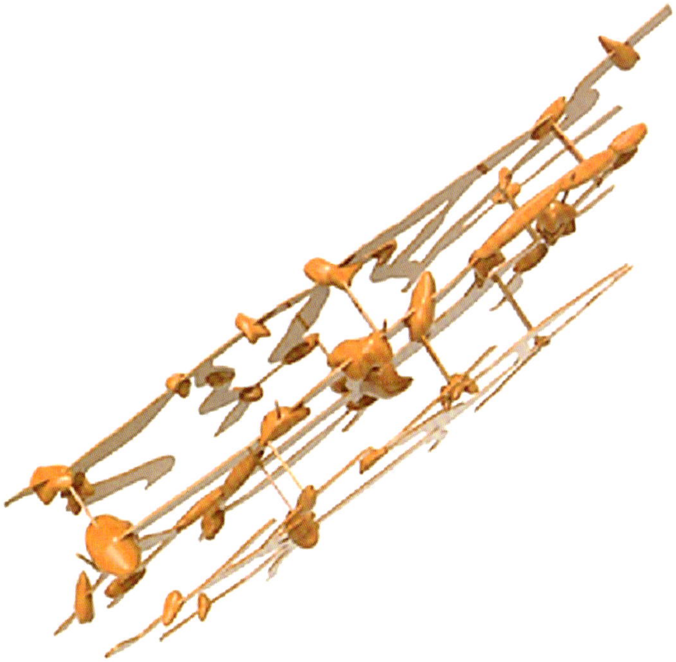

图 3-24　TP12CX 核部和过渡带的数值模型(透视图)

对数值模型的核部和过渡带进行劈分并建模，得到三维模型效果，如图 3-25 所示。

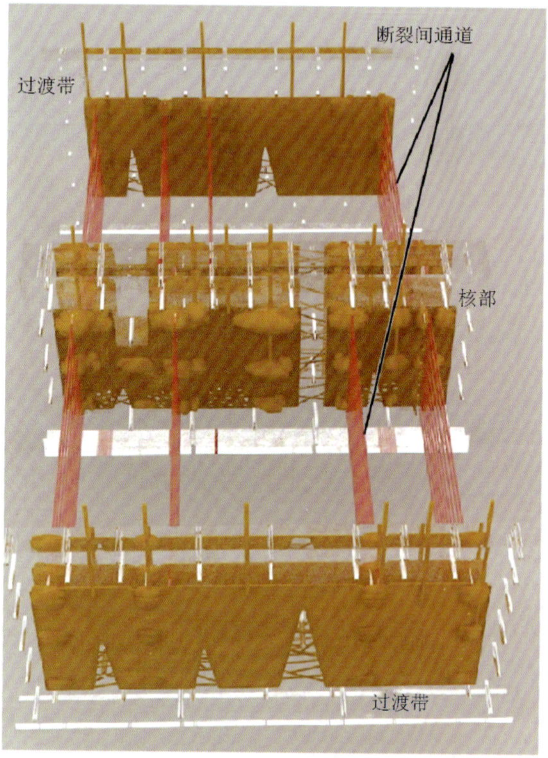

图 3-25 断控岩溶三维模型效果图

物理模型采用有机玻璃雕刻的方式制作，如图 3-26 所示。

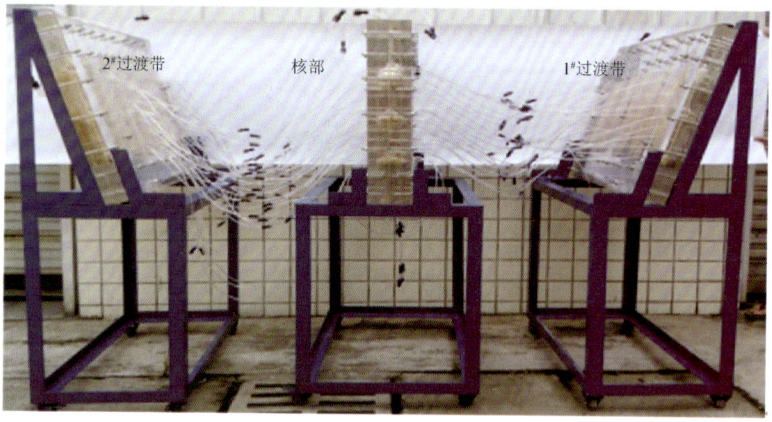

图 3-26 断控岩溶三维模型实物(长90 cm×宽60 cm×厚12 cm)

3.3 缝洞物理模型制作

在前两节基础上对设计的缝洞物理模型进行实物制作。结合模型要达到的性能参数指标、现有实验技术水平和实验目的，确定缝洞物理模型的材料和制作工艺。

3.3.1　模型材料

根据实验目的、实验条件、制作成本等因素确定模型材料。统计已有的研究成果，目前用于缝洞油藏物理模型制作的材料包括天然（或人造）柱状岩芯、天然岩芯薄片、大理石（方解石）板材、透明有机玻璃、不锈钢等。

1）柱状岩芯

采用柱状天然岩芯或人造岩芯，在岩芯内部形成独立的溶洞或裂缝-溶洞网络结构（图 3-27）后，进行传统的注水驱替或提高采收率驱油实验。由于材料来自实际油藏，因此模型的润湿性与真实油藏相近。模型在完成注水驱替实验后冷冻，再对剖拆开，以观察剩余油水的分布状态。模型的缺点是无法直观观察实验过程中缝洞结构内的流体分布变化，仅可通过监测岩芯两端压力和出口流体的变化来分析模型缝洞结构内的变化。

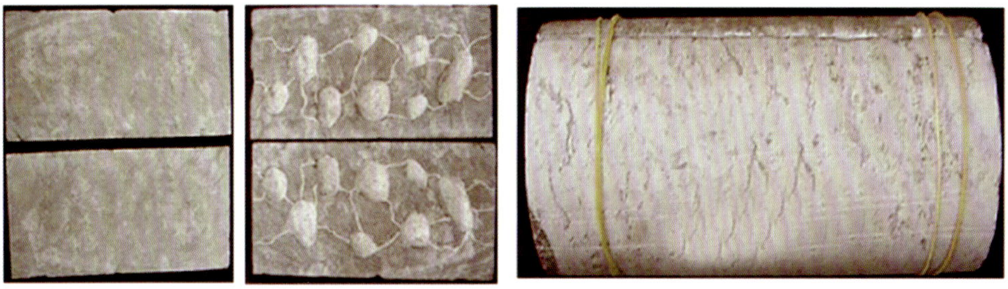

(a) 全直径岩芯对剖　(b) 刻蚀后的缝洞网络分布　(c) 闭合后的全直径岩芯缝洞模型

图 3-27　缝洞网络岩芯酸刻蚀模型

2）天然岩芯薄片

采用天然碳酸盐岩岩芯切片后进行缝、洞雕刻，得到缝洞薄片模型（图 3-28），可用于研究缝洞的润湿性，也可进行微观的可视化驱替实验。

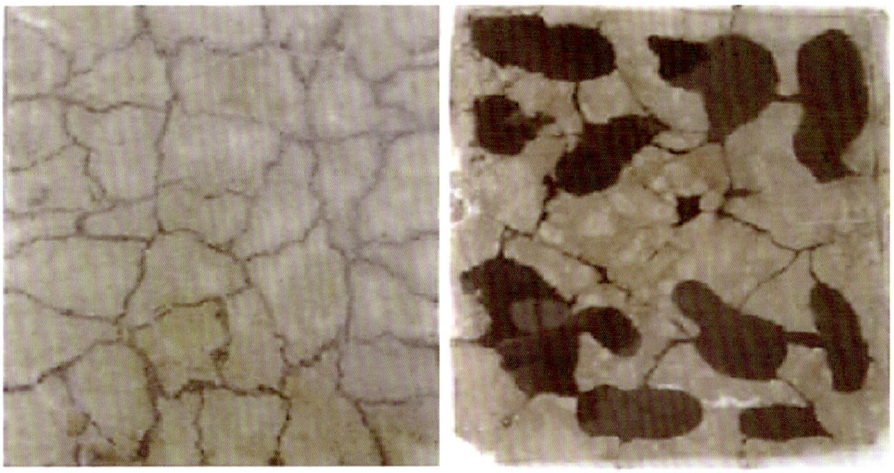

(a) 裂缝网络模型　(b) 裂缝-溶洞模型

图 3-28　岩芯薄片缝洞模型

3）大理石板材

以矿场岩溶地质特征为背景（图 3-29），将 $CaCO_3$ 的质量分数大于 95%的大理石材料切割成具有一定厚度的板材，用于雕刻缝、洞，进而制作较大尺寸的二维平面或剖面模型（图3-30）。

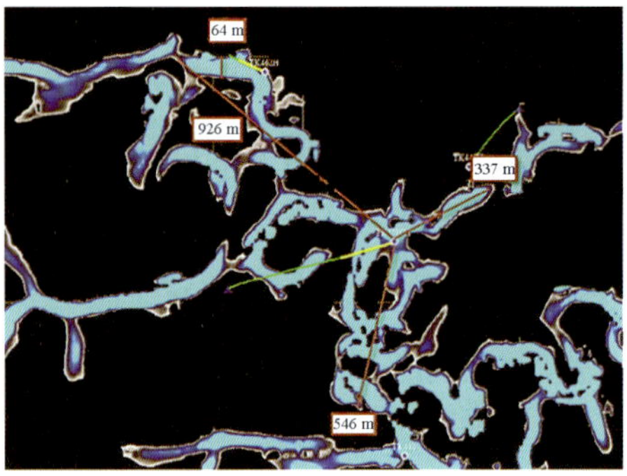

图 3-29　矿场岩溶地质特征

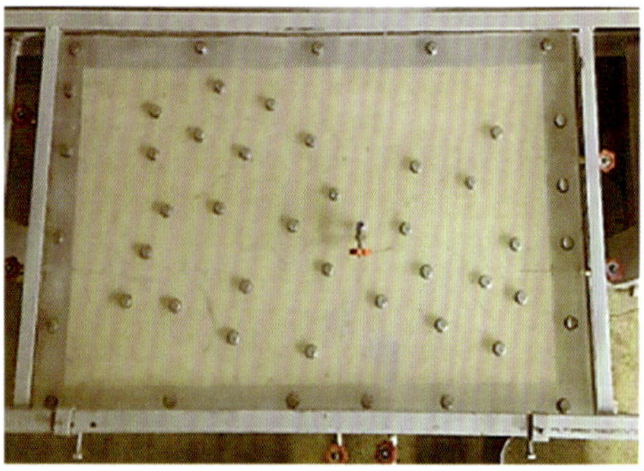

图 3-30　大理石雕刻平面模型
（长90 cm×宽60 cm×厚1.5 cm）

4）有机玻璃

矿场储层的润湿性为弱亲油，有机玻璃的润湿性与之相似。有机玻璃的优势是可视，缺陷是承压能力较差。采用有机玻璃制作的模型（图 3-31）可以用于模拟油、气、水在缝洞油藏中的水平（或纵向）流动以及剩余油的形成与分布规律。

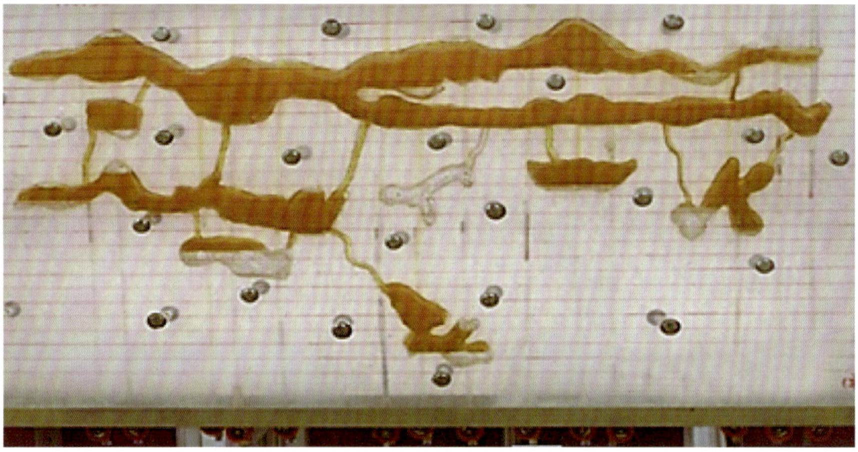

图 3-31　有机玻璃缝洞剖面模型

5）不锈钢

塔河碳酸盐岩缝洞油藏地层压力约 60 MPa，油藏平均温度约 120 ℃。常规的可视化模型均无法满足实验要求。目前常见的做法是用具有一定厚度的不锈钢耐温耐压容器作为模型外壳，采用全直径碳酸盐岩岩芯或大理石进行缝洞雕刻作为内核，在内核和外壳之间安装可变形的套，用于固定内核和防止窜流（图 3-32）。模型筒体两端开口处设有密封盖，筒体内设有胶筒，胶筒两端分别与密封盖密封连接，筒体与胶筒之间形成环腔，胶筒内设有模拟岩块，模拟岩块由下至上包括径流岩溶模拟结构、渗流岩溶模拟结构和表层岩溶模拟结构，两密封盖上有多个通孔。在进行注采模拟实验的过程中，上述三种岩溶模拟结构能有效模拟碳酸盐岩缝洞型油藏纵向的非均质性特征。

(a) 模型整体结构示意图　(b) 不锈钢耐压外壳　(c) 模型缝洞内核

图 3-32　高温高压三维缝洞模型

3.3.2　模型制作工艺

总结现有文献所述的缝洞模型制作工艺，模型的制作方法主要包括酸刻蚀法、切割法、雕刻法以及 3D 打印法等工艺方法。

1）酸刻蚀法

酸刻蚀法一般用于以柱状岩芯为基础的小尺寸缝洞或细缝洞的制作。用酸液沿事先确定的缝-孔-洞走向和尺寸对碳酸盐岩芯进行酸蚀反应，形成特定形状的缝-孔-洞结构。全直径岩芯对剖刻蚀缝洞网络系统（图 3-27）的技术思路是先将全直径岩芯对剖为两个对称的半圆柱岩芯，再参照岩面上的缝洞网络形态，利用酸（10%盐酸）蚀形成缝洞体岩芯模型，然后闭合形成全直径缝洞岩芯模型。闭合时两个半块岩芯之间用耐高温耐油的聚四氟乙烯衬垫密封，然后将岩芯装入全直径岩芯夹持器中建立驱替模型。其制作过程如下：① 将全直径岩芯对称剖分成两半；② 在每块岩芯断面上找出具有充填物特征的裂缝和孔洞进行标定；③ 根据标定的裂缝和孔洞的大小、位置、走向和深度进行裂缝、溶洞网络酸蚀，形成裂缝-孔洞体组合网络模型；④ 用无渗透、耐高温、耐油聚四氟乙烯衬垫嵌合还原为具有缝洞体的柱状岩芯。制作的实物模型孔隙度为 3.43%，气测渗透率为 $3\ 070\times10^{-3}\ \mu m^2$。

2）切割法

切割法一般用于将大理石板材制作成尺寸较大的二维平面（剖面）模型。切割机沿裂缝或溶洞的分布对石材进行切割，形成一定尺寸的缝洞结构，把切割后的各个岩板拼接成缝洞整体模型，如图 3-33 所示。

切割法适合制作形状较规则、厚度较小的大尺寸二维平面（剖面）模型，通过控制切割宽度可以模拟 1 mm 到数厘米宽的裂缝或溶洞。其不足之处是，对于曲面的立体结构无法精确刻画。

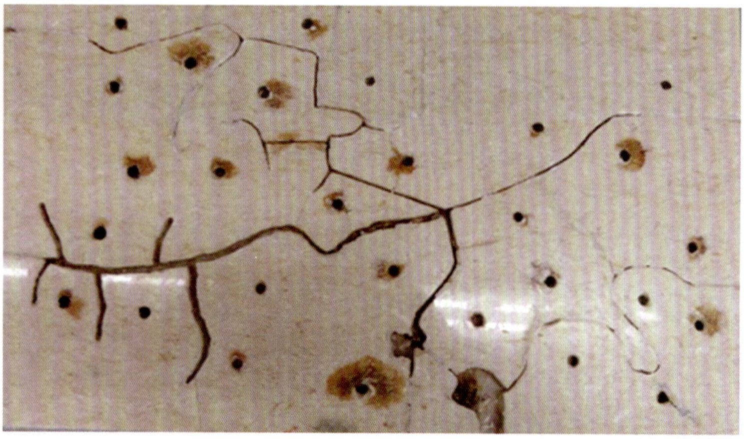

图 3-33　切割后形成的大理石二维缝洞平面模型

3）雕刻法

以矿场真实岩溶背景为基础的缝洞模型在设计上通常需要体现缝洞的空间分布特征。对建立的缝洞模型进行分层切片，再对切片模型逐层雕刻，以制作二维或三维整体雕刻模型，其过程如图 3-34 所示。

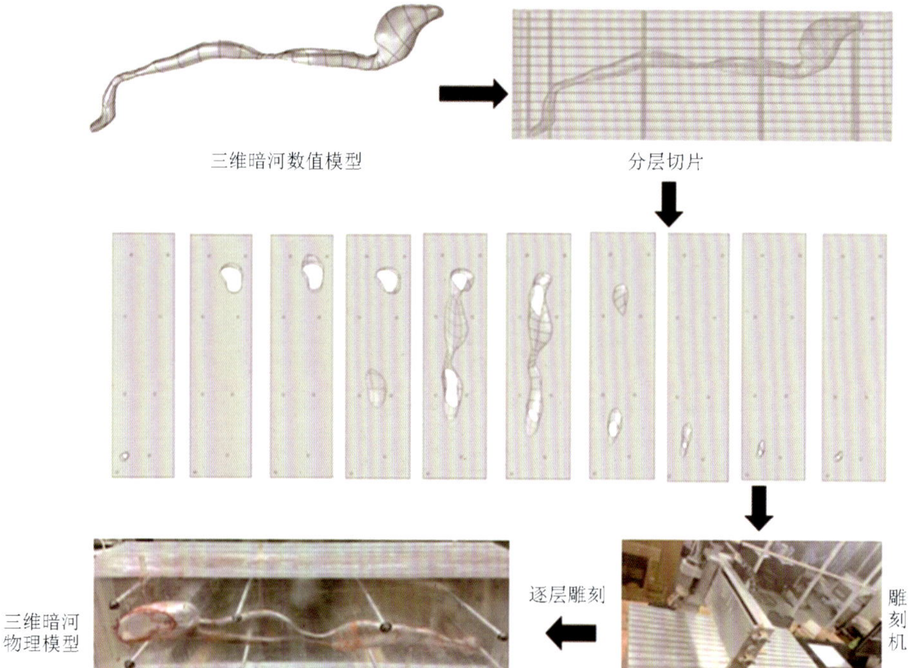

图 3-34　三维雕刻流程示意图

由图 3-34 可见，雕刻法制作过程如下：① 准备 90 cm×30 cm×3 cm 规格的有机玻璃板 10 张，足够的黏结剂；② 根据设计的缝洞三维结构进行逐层切片，采用雕刻机分别在不同的有机玻璃板上进行缝洞结构的局部雕刻;③ 按照三维设计图的组合顺序,把各个雕刻后的有机玻璃板逐层涂胶黏结,并在相应部位插入透明胶管来模拟注采井;④ 在模型相应部位插入螺杆对模型进行紧固,防止模型各层黏结失效。同样的制作工艺也适用于图 3-18、图 3-22 和图 3-26 所示的三维缝洞模型的制作。由于有机玻璃易于雕刻成型,雕刻法通常应用于有机玻璃三维模型制作。通过分层切片、雕刻的方法可对缝洞结构局部细节进行精确刻画,具有较高的模型制作效率。其不足之处是,雕刻出来的多层部件黏结时的密封存在不确定性,导致模型废品率较高。

4）3D 打印法

3D 打印技术是目前制造业中使用的一种技术,该技术中的三维对象是通过连续的物理层创建出来的。3D 打印技术在功能上与激光成型技术一样,都是采用分层加工、叠加成型,即通过逐层增加材料来生成 3D 实体,这与传统的去除材料加工技术完全不同。3D 打印技术在复杂三维结构一体化制造中有广泛的应用,克服了传统加工技术的不足。缝洞型油藏结构复杂,使用传统的雕刻法制作模型时受刻刀运动轨迹的局限,通常需要简化缝洞结构,而 3D 打印技术的应用使得完全重现缝洞结构成为可能。王嬿等公开了一种采用 3D 打印技术制作三维碳酸盐岩缝洞模型的专利方法,依托真实缝洞系统制作的模型更加符合储层实际的孔隙、溶洞、裂缝发育特征及配置模式。

应用 3D 打印方法制作缝洞模型的步骤如下:① 选取缝洞铸体,并对缝洞铸体进行 3D 扫描,或通过 CAD 软件绘制 3D 缝洞结构,得到缝洞结构的三维数据;② 将得到的缝洞系统三维数据导入 3D 设计软件,去除其中的缝洞体空间数据,获得缝洞结构骨架的 3D 数据和三维数值模型;③ 将缝洞骨架的三维数值模型"分区"形成逐层的截面,即逐层"切片";④ 将人工缝洞骨架的数据输入 3D 打印机,采用分层加工、叠加成型的方式完成实体打印。该方法使用的打印材料为碳酸盐,黏结剂为去离子水,人工岩芯形状为立方体或圆柱体,人工岩芯骨架采用选择性激光烧结法进行 3D 打印。图 3-35 是 3D 打印局部缝洞结构模型。

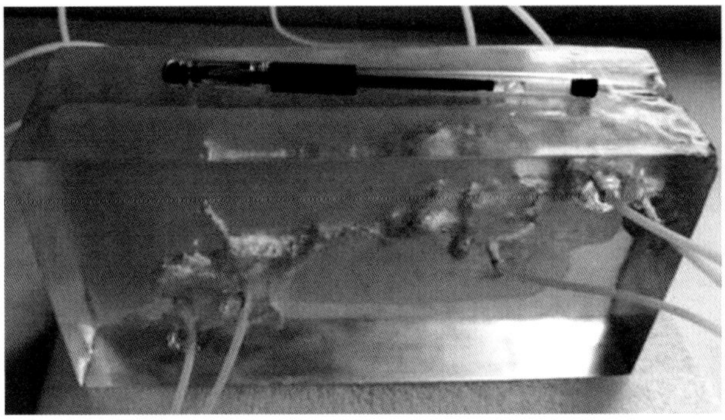

图 3-35　3D 打印局部缝洞结构模型

目前 3D 打印用于微观或小尺度缝洞油藏的重构已无技术困难,而对于矿场风化壳岩溶、断控岩溶和古暗河岩溶等宏观地质背景下的大尺度缝洞油藏的精细重构尚存在打印机尺寸不足、打印分辨率低、制作成本高等问题。

第 4 章 缝洞型油藏注水物理模拟实验

世界上约 90%的油藏采用水驱开发模式，但塔河油田碳酸盐岩缝洞型油藏的储流特征与传统的碎屑岩油藏有很大差异，流体流动不是都满足达西定律。因此，传统碎屑岩油藏注水开发的规律不能有效指导缝洞型油藏注水开发，正确高效地在缝洞型油藏实现注水开发面临巨大挑战。西北油田分公司自"十一五"以来，在充分借鉴碎屑岩油藏注水开发认识的基础上，开展了缝洞型油藏注水开发研究。基于前几章的研究成果，本章充分考虑缝洞型油藏的地质特征，利用设计制作的缝洞型油藏物理模型，开展缝洞型油藏注水物理模拟实验，并结合塔河油田特殊地质条件，分析注水机理。

4.1 缝洞型油藏注水开发特点及规律

油藏注水开发特点及规律是一定开发模式下油藏储层特点的真实反映，分析解剖缝洞型油藏地层能量情况、含水变化特征以及产量变化趋势等开发特点，是认清塔河油田碳酸盐岩油藏储层各缝洞单元复杂结构、储层极强非均质性特点的基础，也是分析判断缝洞型物理模型及其实验结果可靠性的依据。本节根据塔河油田碳酸盐岩油藏实际生产过程的动静态资料，结合碎屑岩油藏相关基础理论，总结介绍缝洞型油藏注水开发的一般特点及规律。

4.1.1 产能变化特征与含水变化规律

生产初期多数油井产能较高，但不同区域差异大，同时多数井产能递减快，不能稳定生产。通过动态资料分析，可将产能变化特征大致划分为稳定型、一般递减型和快速递减型 3 种。

① 稳定型：这种类型的油井相对稳产时间大于 6 个月，在生产一段时间后，油藏能量衰弱，多数井产量递减，但递减缓慢，仍能持续生产。稳产型油井多分布在构造高部位，储集体具有连通性好、底水能量充足的特点。

② 一般递减型：油井存在稳产期，但稳产期较短，产量递减快。

③ 快速递减型：油井投产后直接进入递减期，并且产量递减速度很快。

与塔河油藏缝洞体储流关系和储集体井间连通模式相对应，油井含水上升规律可分为缓慢上升型、台阶上升型、暴性水淹型、台阶下降型和波动型 5 种。

① 缓慢上升型：多数是因为油井生产层下部存在致密隔层。

② 台阶上升型：油井生产层段之间存在多个致密隔挡层。

③ 暴性水淹型：油井下方储集空间裂缝与底水相通。

④ 台阶下降型：油井所在储层缝洞发育情况良好，含有多个油水系统，且水体能量相对较小。

⑤ 波动型：油井下方储层几乎不发育孔洞，并且含有罐状水体。

4.1.2　油水流动与驱替机理

表 2-1 对比了缝洞型油藏与碎屑岩油藏流动介质和流动机理差异，得出以下两方面重要认识，为缝洞型油藏注水物理模拟实验参数设计提供了理论依据：

① 根据连续介质油水相渗理论，碎屑岩主要涉及驱替压差与毛管力作用，常采用提高波及体积或波及效率的注水方式（如连续注水、分层注水、周期注水、脉冲注水、增压注水、不稳定注水），或者采用改变注采井网布局等方式和调剖堵水等技术来改变地层内部水动力学，达到改善开发效果的目的。

② 缝洞型油藏注水开发技术的依据是复杂边界条件下的油水流动理论以及裂缝发育带的油水相渗理论，主要涉及驱替压差、重力以及油水黏滞阻力。常以缝洞单元为对象，以连通井组为基础，采用改变油水分布的注水技术（如单井注水、井组注水、缝注洞采、低注高采、油水隔板分离技术等）来改善开发效果。

4.2　缝洞型油藏注水政策物理模拟实验研究

无论是缝洞型油藏还是碎屑岩油藏，其注水开发效果都受地质及工程两大类因素的影响，包括储流关系（或地层流体分布及接触关系）、储集体井间连通模式及水体能量等。本节围绕缝洞型油藏地质特点，参考碎屑岩油藏注水政策及相关技术指标，在注水政策物理模拟实验中，考虑注水时机、注采位置、注采比、注水速度、注水方式、注采关系等对缝洞型油藏注水开发效果及动态特征的影响。

4.2.1　不同注水时机实验研究

注水时机是指注水补充地层能量的合理时机。受实际地层缝洞结构复杂多样的影响，不同缝洞结构单元的合理注水时机不同，不同注水时机的水驱效果存在较大差异。这里选用 S74 区块典型风化壳缝洞模型来说明确定合理注水时机的物理模拟（以下简称物模）实验方法，并通过实验结果分析，论述现场如何优化典型风化壳缝洞单元合理注水时机和提高注入水的利用率。这套方法及应用思路也适合不同缝洞结构的物模实验和矿场生产应用。

1）底水贡献研究方法与对比图版制作

考虑到缝洞模型的油水流动与驱替机理，分析实验中不同条件下底水在驱替过程中的贡献程度就成为首先要解决的问题。研究方法可采用示踪剂对比图版法，包括底水示踪剂筛选和底水贡献对比图版制作两个方面。

（1）底水示踪剂筛选。

筛选出的合格底水示踪剂要满足的条件是：与含甲基蓝的注入水无任何沉淀产生，并与模拟油无乳化现象。

第一类底水示踪剂在确定质量分数为 0.5%之后，与含甲基蓝的注入水按照 10∶0，9∶1，8∶2，7∶3，6∶4，5∶5，4∶6，3∶7，2∶8，1∶9，0∶10 的体积比分别混合（图 4-1），静置 24 h 后可以发现混合物底部出现黑色沉淀（图 4-2），即该类底水示踪剂不可用。

图 4-1　第一类底水示踪剂与注入水按不同比例混合

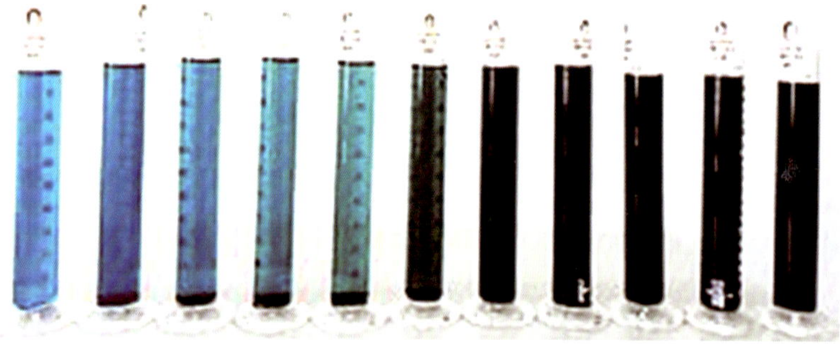

图 4-2　第一类底水示踪剂与注入水混合静置 24 h 后

第二类底水示踪剂按照质量分数 100%，9.6%，4.8%，2.4%，1.2%，0.6%，0.3%，0.15%分别与等体积模拟油混合（图 4-3），静置 24 h 后发现质量分数 0.3%的示踪剂无沉淀及乳化现象，且分层明显，因此选取质量分数 0.3%的底水示踪剂。

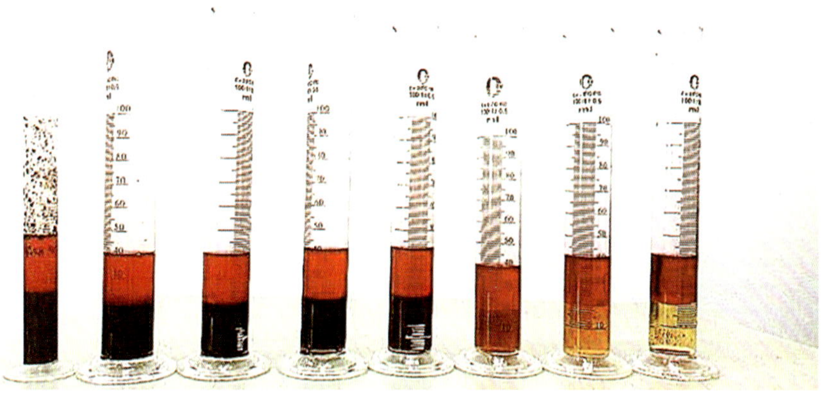

图 4-3　第二类底水示踪剂与油混合

(2) 底水贡献对比图版制作。

选定第二类质量分数为 0.3%的底水示踪剂后，将其与含甲基蓝的注入水按照 10∶0，9∶1，8∶2，7∶3，6∶4，5∶5，4∶6，3∶7，2∶8，1∶9，0∶10 的体积比分别混合(图 4-4)，静置 24 h 后可以发现无沉淀，颜色差异明显，这可作为一种衡量底水贡献程度(占比)的判断方法。在此基础上，抽提不同比例的混合液，制作相应的底水示踪剂对比图版(表 4-1)。将采出混合水的颜色与图版对比，可得出底水在采出水中所占比例范围，即底水在整个驱替过程中的贡献程度。

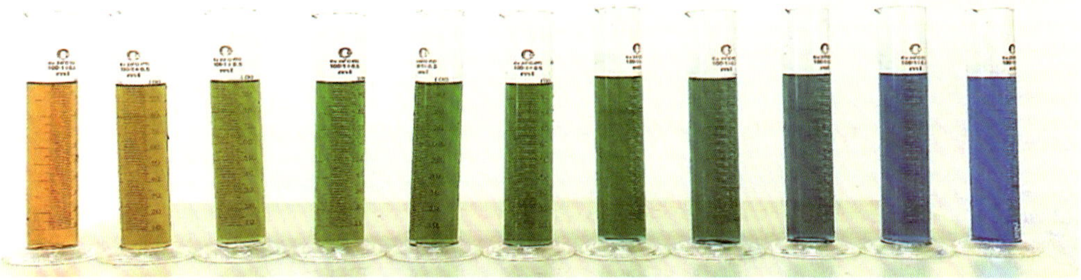

图 4-4　第二类底水示踪剂与注入水按不同体积比混合

表 4-1　底水示踪剂对比图版

比　例	10∶0	9∶1	8∶2	7∶3	6∶4	5∶5	4∶6	3∶7	2∶8	1∶9	0∶10
图　版											

2) 不同注水时机实验研究

风化壳、古暗河和断控 3 类岩溶背景下不同缝洞结构的水驱效果存在差异性和相似性，为了使实验研究更科学并便于对比，需要对缝洞模型进行进一步归类划分。遵循的主要依据如下：

① 风化壳和古暗河岩溶体发育特征主要受控于大气淡水的淋滤和古暗河的溶蚀作

用，储层横向连通性较好，而纵向连通性相对较差；断控岩溶体发育特征主要受控于断裂及其伴生裂缝的破碎和溶蚀，储层纵向连通性较好，而横向连通性相对较差。

② 在室内建模中，忽略裂缝影响的古暗河模型及实验结果与风化壳单体大溶洞模型及实验结果存在相似性。

③ 室内物模实验研究难以模拟不同层古暗河所处环境条件，仅能对不同结构的河道进行水驱特征研究，局限性较大。

④ 同为裂缝-溶洞型储集体，风化壳和古暗河岩溶体模型的实验结果与断控岩溶体模型的实验结果相差较大，需要分别研究。

基于上述归类划分原则，可将 3 类岩溶下不同缝洞单元模型归类为“层控”与“断控”两大类，其中风化壳和古暗河岩溶体下不同缝洞单元模型为“层控”特征模型，而不同剖面断控岩溶体缝洞单元模型为“断控”特征模型。

（1）层控特征模型水驱特征研究。

为了充分体现层控特征及地层实际情况，选用同类型风化壳缝洞组合模型，包括单体大溶洞＋单体大溶洞组合、裂缝-溶洞＋裂缝-溶洞组合、裂缝-孔洞＋裂缝-孔洞组合，在弱强度底水能量（5 mL/min）条件下，分别以同步注水（早）、改变驱替流场注水（中）、后期强化注水（晚）为注水时间节点，开展不同注水时机物模实验。其中，纯底水为黄色，人工注水为蓝色。

① 单体大溶洞或古暗河溶洞。

单体大溶洞或古暗河溶洞两种模型的驱替效果具有相似性，这里以古暗河溶洞模型为例，说明层控特征大溶洞模型的水驱特征。在高注高采、孔洞注-孔洞采、连续注水、一注一采、50%充填条件下，层控单体大溶洞模型不同注水时机（含水率 f_w 不同）的物模实验最终油水分布如图 4-5 所示。可以看出：3 种注水时机条件下，注入水能较好地波及注采口两端所在的单体大溶洞，但颜色有所差别，其中早期注水颜色最深，中期注水颜色适中，晚期注水颜色较浅。由此表明，对于单体大溶洞来说，整体波及效果较好，虽然不同注水时机条件下最终水驱波及效果存在差异，但对波及效率影响较小。

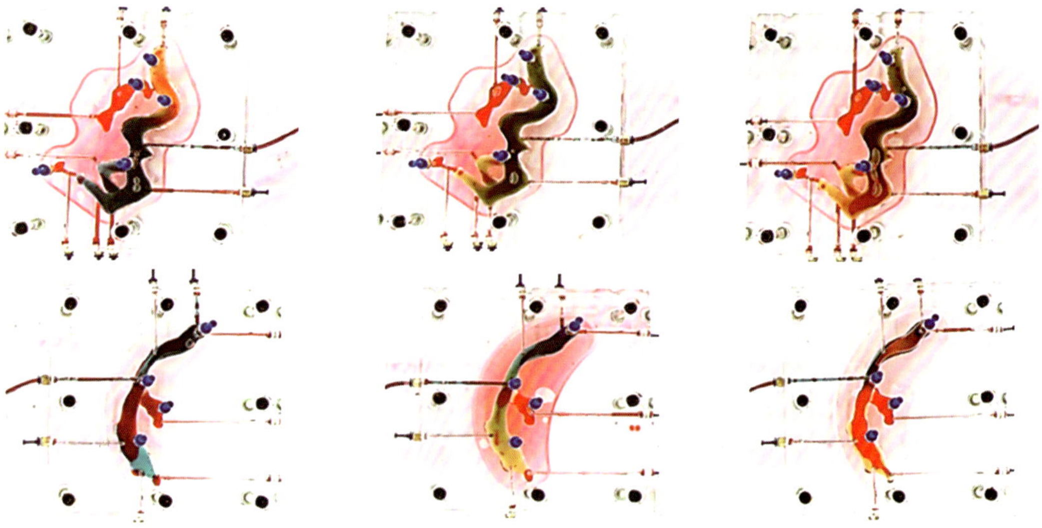

(a) 早期注水 f_w=100%时　(b) 中期注水 f_w=100%时　(c) 晚期注水 f_w=100%时

图 4-5　单体大溶洞不同注水时机油水分布图

图 4-6、表 4-2 是在高注高采、孔洞注-孔洞采、连续注水、一注一采、50%充填条件下，层控单体大溶洞模型不同注水时机的最终驱替效果。其中，纯底水驱替与晚期注水的动态几乎重合。纯底水驱替、早期注水、中期注水、晚期注水时最终采出程度分别为 66.02%，64.06%，67.86%，65.96%，相比于纯底水驱替，早期注水降低 1.96%，而中期和晚期注水分别比早期注水提高 3.8%和 1.9%。整体水驱效果较好，不同注水时机对其水驱效果影响较小；但中期注水效果相对较好，而早期、晚期注水存在较小的副作用。

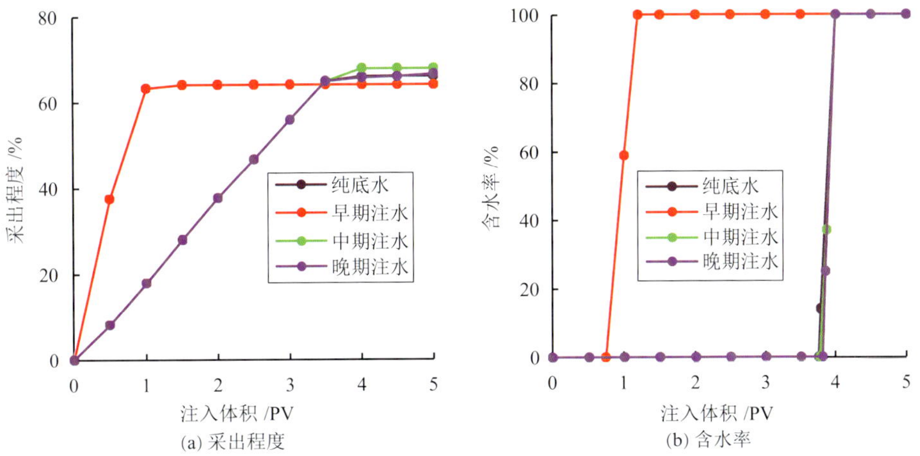

图 4-6　单体大溶洞不同注水时机下采出程度和含水率曲线

表 4-2　单体大溶洞不同注水时机下实验油水体积数据

注水方式	初始见水时		含水率 100%时		油水同出时	
	注入体积/PV	采出程度/%	注入体积/PV	采出程度/%	注入体积/PV	采出程度/%
纯底水	3.75	65.8	3.78	66.0	0.03	0.2
早期注水	0.74	51.3	1.20	64.0	0.46	12.7
中期注水	3.77	66.7	3.87	67.9	0.10	1.2
晚期注水	3.81	65.8	3.85	66.0	0.04	0.2

图 4-7 是在高注高采、孔洞注-孔洞采、连续注水、一注一采、50%充填条件下，层控单体大溶洞模型不同注水时机水驱后的剩余油分布情况。剩余油包括大量的溶洞顶部阁楼油和少量充填物中的剩余油。相比于注入水驱替，纯底水从充填物中缓慢渗析，油水界面上升缓慢且稳定，使得充填物和溶洞顶部剩余油均有所减少。由于单体大溶洞本身发育程度较好，不同时机注水对剩余油分布影响较小。a. 早期注水（同步注水）会加速优势流动通道的形成，但对充填物内的剩余油影响较小，仅使溶洞顶部剩余油有所减少；b. 中期注水的前期纯底水驱替使得充填物剩余油较少，而后期改变流场作用使得溶洞顶部剩余油发生较小幅度的减少；c. 晚期注水同样经历了前期纯底水驱替，后期强化效果同样较小，仅存在少许溶洞顶部阁楼余油。

② 裂缝-溶洞。

与层控单体大溶洞或古暗河溶洞模型的驱替特征及效果不同，裂缝-溶洞组合模型在高注高采、孔洞注-孔洞采、连续注水、一注一采、50%充填条件下不同注水时机物模实验结

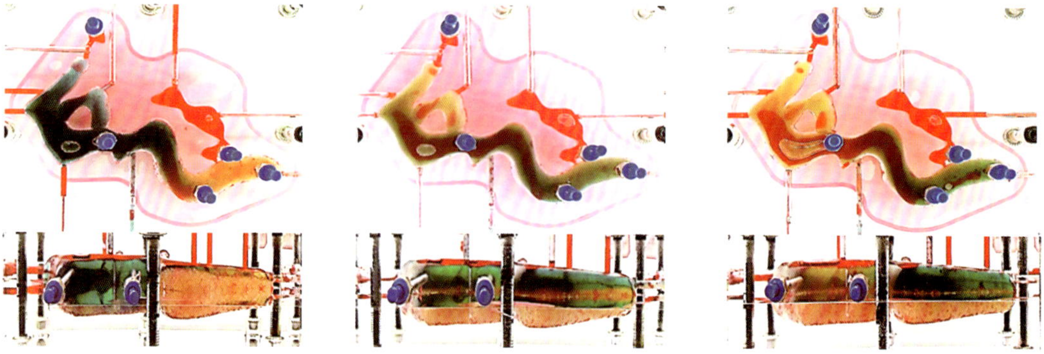

(a) 早期注水　　(b) 中期注水　　(c) 晚期注水

图 4-7　单体大溶洞不同注水时机下剩余油分布图

束时的最终油水分布如图 4-8 所示，由于连通性差异大，驱替特征及效果受注水时机影响明显。可以看出：早期注水和晚期注水时注入水波及效果较差，仅注入端和采出端所在溶洞存在少许波及，且颜色较浅；中期注水则波及效果较好，注入端所在储集体多个溶洞均被波及且颜色较深，而采出端所在储集体也被大量注入水波及。由此可见：a 早期注水（同步注水）会加速优势流动通道的形成，导致驱替效果较差；b 晚期注水（后期强化注水）优势流动通道早已完全形成，采出井水淹已成必然趋势，人工强化注水几乎不起任何作用；c 中期注水（初始见水时刻）采用的是人工注水，注入水可起到改变流场的作用，使得最终波及效果更好。

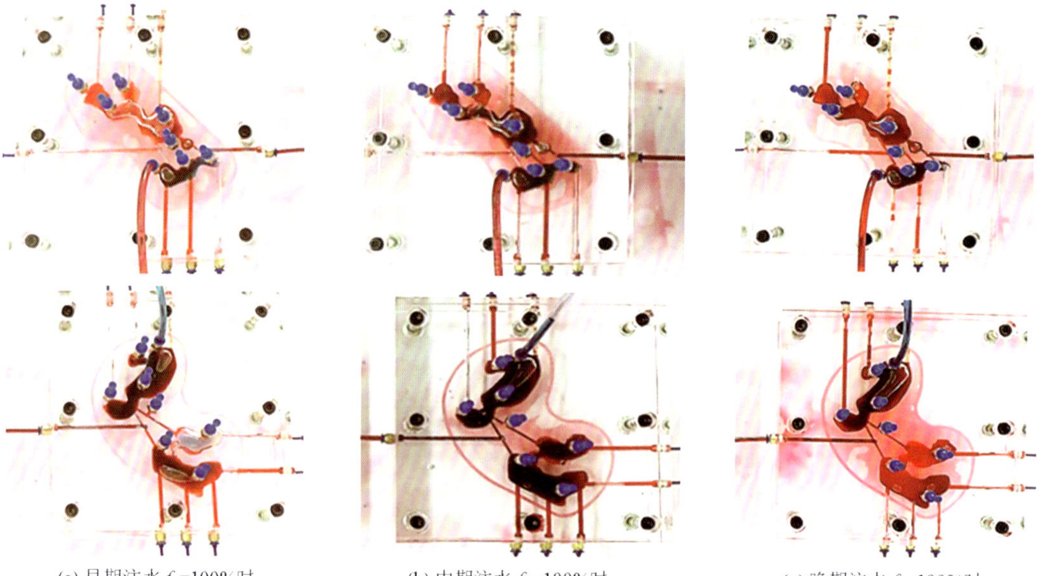

(a) 早期注水 f_w=100%时　　(b) 中期注水 f_w=100%时　　(c) 晚期注水 f_w=100%时

图 4-8　裂缝-溶洞组合不同注水时机油水变化图

图 4-9、表 4-3 是层控裂缝-溶洞组合模型在高注高采、孔洞注-孔洞采、连续注水、一注一采、50%充填条件下，不同注水时机的最终驱替效果。纯底水驱替、早期注水、中期注水、晚期注水的最终采出程度分别为 55.19%，51.52%，63.48%，56.39%。可以看出：a. 中期注水效果最好，比纯底水驱替高 8.29%；b. 晚期注水效果甚微，比纯底水驱替仅高 1.2%；c. 早期注水存在较大的负面作用，比纯底水驱替低 3.67%。由此可见，对于裂缝-溶洞来

说，注水时机对水驱效果影响较大。

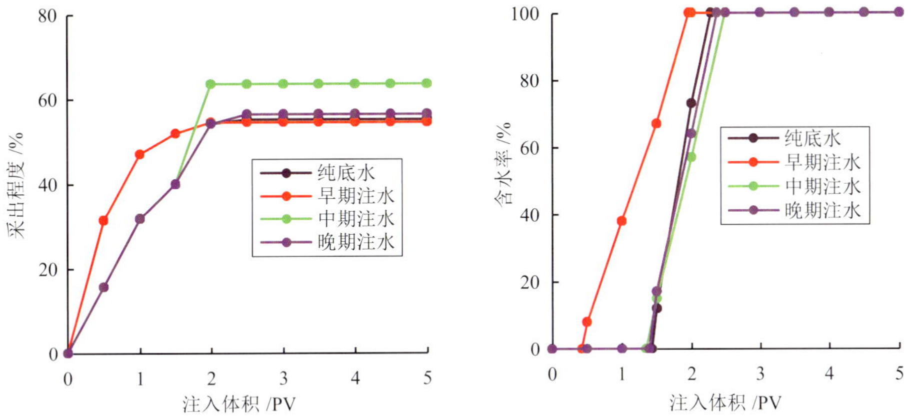

(a) 采出程度　(b) 含水率

图 4-9　层控裂缝-溶洞组合模型不同注水时机下采出程度和含水率曲线

表 4-3　层控裂缝-溶洞组合模型不同注水时机下实验油水体积数据

注水方式	初始见水时		含水率 100%时		油水同出时	
	注入体积/PV	采出程度/%	注入体积/PV	采出程度/%	注入体积/PV	采出程度/%
纯底水	1.43	40.0	2.28	55.2	0.85	15.2
早期注水	0.42	31.7	1.96	54.5	1.54	22.8
中期注水	1.35	38.8	2.49	63.5	1.14	24.7
晚期注水	1.39	39.1	2.37	56.4	0.98	17.3

图 4-10 是层控裂缝-溶洞组合模型在高注高采、孔洞注-孔洞采、连续注水、一注一采、50%充填条件下，不同注水时机水驱后的剩余油分布情况，最终剩余油主要为溶洞顶部剩余阁楼油、未波及剩余油、充填物中剩余油 3 种。a. 剩余油类型与前期研究相似，但剩余油含量却因受底水能量和注水时机的影响而有所不同。b. 相比于注入水驱替，纯底水驱替更为彻底，虽然充填物中剩余油和溶洞顶部阁楼油均有所减少，但是受缝洞结构的影响，依旧存在大量的未波及剩余油。c. 不同时机人工注水对剩余油有较大影响：早期注水更易形成流动通道，对 3 类剩余油的含量影响较小；中期注水和晚期注水经历了早期纯底水驱替，充填物和溶洞顶部剩余油均较少；后期人工注水均可以不同程度地改善水驱波及率，减少未波及剩余油的含量，其中中期注水效果更好，未波及剩余油更少。

③ 裂缝-孔洞。

与层控裂缝-溶洞组合模型的驱替特征及效果不同，在高注高采、孔洞注-孔洞采、连续注水、一注一采、50%充填的条件下，层控裂缝-孔洞组合模型的不同注水时机物模实验结束时的最终油水分布如图 4-11 所示。由于连通性差异更大，驱替特征及效果受注水时机影响更明显。可以看出：早期注水注入端所在储集体几乎不被波及，采出端仅有沿优势流动通道的少量孔洞存在波及；中期注水和晚期注水波及效果比早期注水略好，注入端附近溶洞均存在少量波及，中期注水采出端优势流动通道附近被大量波及，晚期注水和早期注

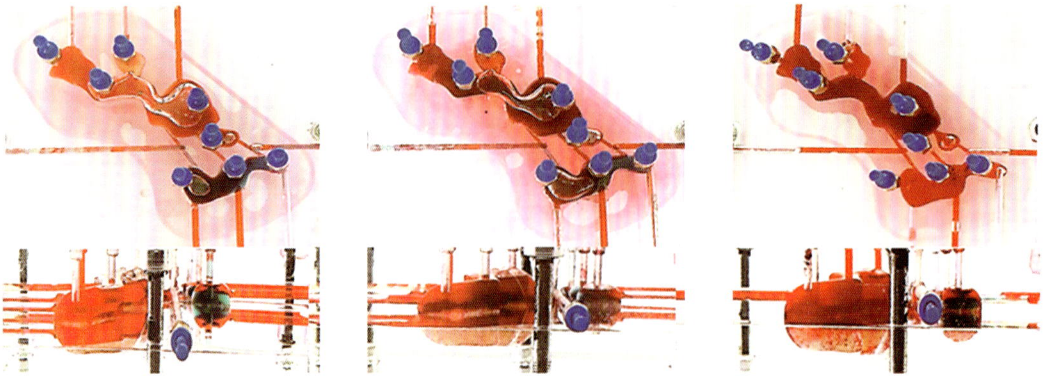

(a) 早期注水　　(b) 中期注水　　(c) 晚期注水

图 4-10　裂缝-溶洞不同注水时机下剩余油分布特征

水相似，仅有优势流动通道附近的少量孔洞被波及。由此可见：a. 不同注水时机下裂缝-孔洞型储集体整体波及效果较差；b. 早期注水（同步注水）会加速采出井水淹，水驱效果极差；c. 中期注水（改变流场注水）可以通过改变流场来扩大波及的效果，因此最终波及效果更好；d. 晚期注水（后期强化注水）可通过较高流速作用带出附近孔洞中的原油，因此注水效果较好。

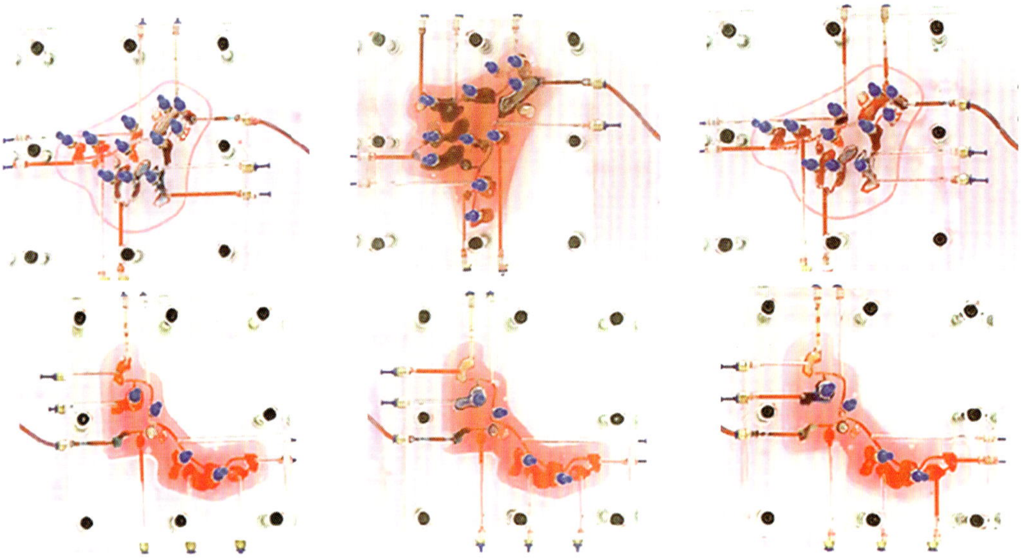

(a) 早期注水 f_w=100%时　　(b) 中期注水 f_w=100%时　　(c) 晚期注水 f_w=100%时

图 4-11　层控裂缝-孔洞组合模型不同注水时机油水变化图

图 4-12、表 4-4 是层控裂缝-孔洞组合模型在高注高采、孔洞注-孔洞采、连续注水、一注一采、50%充填条件下，不同注水时机的最终驱替效果。纯底水驱替、早期注水、中期注水、晚期注水的最终采出程度分别为 45.25%，34.98%，47.78%，46.08%。可以看出：a. 早期注水存在较大的负面作用，比纯底水驱替低 10.27%；b. 中期注水效果最好，比纯底水驱替高 2.53%；c. 晚期注水效果较好，比纯底水驱替高 0.83%。由此可见，对于裂缝-孔洞来说，注水时机对水驱效果影响较大。

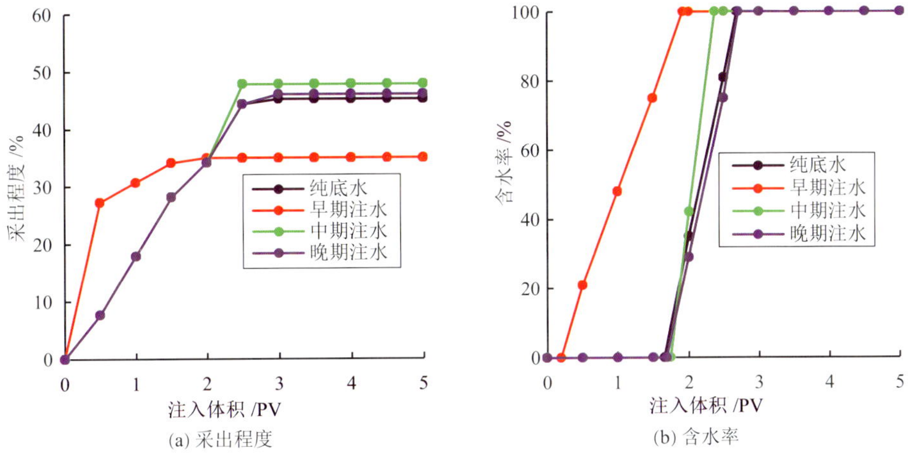

图 4-12　层控裂缝-孔洞组合模型不同注水时机下的采出程度曲线

表 4-4　层控裂缝-孔洞组合模型不同注水时机下的实验油水体积数据

注水方式	初始见水时		含水率 100%时		油水同出时	
	注入体积/PV	采出程度/%	注入体积/PV	采出程度/%	注入体积/PV	采出程度/%
纯底水	1.66	28.5	2.69	45.3	1.03	16.8
早期注水	0.2	9.7	1.92	35.0	1.72	25.3
中期注水	1.74	30.5	2.37	47.8	0.63	17.3
晚期注水	1.69	30.0	2.71	46.1	1.02	16.1

图 4-13 是层控裂缝-孔洞组合模型在高注高采、孔洞注-孔洞采、连续注水、一注一采、50%充填的条件下，不同注水时机水驱后的剩余油分布情况，最终剩余油主要有溶洞顶部大量剩余阁楼油、大量未波及剩余油和大量充填物中剩余油 3 种。a. 剩余油类型相似，但剩余油含量却因受底水能量和注水时机的影响而有所不同。b. 相比于注入水驱替，纯底水驱替使得充填物被驱替得更彻底，导致充填物中剩余油较少，但受缝洞结构的影响，不同驱替方式对溶洞顶部和未波及剩余油几乎无影响。c. 不同时机人工注水对剩余油存在较大影响：早期注水会加速采出井水淹，使得 3 类剩余油含量均有所增加，尤其是未波及剩余油；中期注水和晚期注水经历了前期纯底水驱替；后期人工注水均可以不同程度地改善水驱波及效率，因此充填物中剩余油和未波及剩余油较少，而溶洞顶部剩余油几乎不受注水时机影响，依旧大量存在于溶洞顶部。

(2) 断控特征模型水驱特征研究。

断控特征模型分为垂直断裂带模型(包括正花状、夹心饼状)和沿断裂带模型(包括 Y 字型、T 字型、条带型，其中 Y 字型隐含了 V 字型)两大类。为了充分体现断控特征及地层实际情况，这里以断控岩溶体沿断裂带 Y(隐 V)字型、T 字型、条带型模型为研究对象，分别开展不同底水能量(弱底水 5 mL/min，中底水 10 mL/min，强底水 15 mL/min)下合理注水时机(取 $f_w=20\%$，$f_w=40\%$，$f_w=60\%$，$f_w=80\%$时)物理模拟实验研究。

① 3 种模型在不同压水强度、不同注水时机的油水变化。

在低注高采、孔洞注-孔洞采、连续注水、一注一采、0→50%→100%充填条件下，断

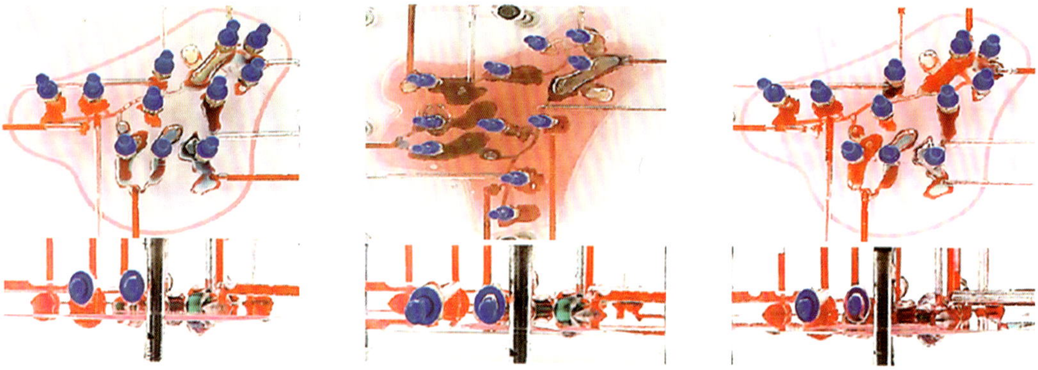

(a) 早期注水　　(b) 中期注水　　(c) 晚期注水

图 4-13　层控裂缝-孔洞组合模型不同注水时机下的剩余油分布特征

控 Y(隐 V)字型裂缝-溶洞组合模型不同注水时机物模实验结束时的最终油水分布如图 4-14～图 4-16 所示。以图 4-14(a)为例，从左到右依次为 Y(隐 V)字型，T 字型、条带型模型。可以看出，底水能量强度和注水时机对最终水驱效果均存在不同程度的影响：a. 底水能量对整个水驱过程均存在影响，底水强度越大，注入水越易沿 Y(隐 V)字右端突进至采出口，波及效果越差，纯油期越短，最终驱替效果越差，剩余油越多；b. 位于 Y(隐 V)字右端优势流动通道上的翼部缝洞体会被波及，位于 Y(隐 V)字左端非优势流动通道上的翼部缝洞体则不会被波及；c. 在开发后期底水能量所起作用有限，需要进行人工注水以补充能量，而在不同含水阶段人工注水均可以不同程度地延长油水同出期，改善最终驱替效果。

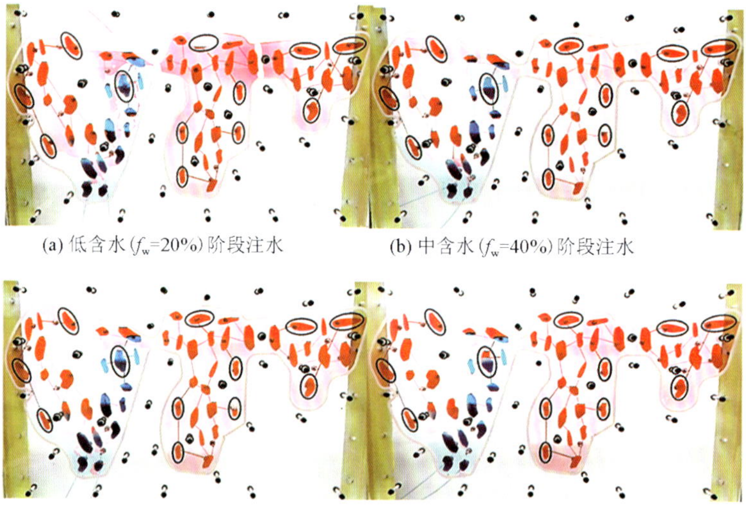

(a) 低含水 (f_w=20%) 阶段注水　　(b) 中含水 (f_w=40%) 阶段注水

(c) 中高含水 (f_w=60%) 阶段注水　　(d) 高含水 (f_w=80%) 阶段注水

图 4-14　三种断控裂缝-溶洞组合模型在弱底水条件下不同注水时机油水变化图

在低注高采，孔洞注-孔洞采、连续注水、一注一采、0%→50%→100%充填条件下，断控 T 字型裂缝-溶洞组合模型的不同注水时机物模实验结束时的最终油水分布如图 4-14～图 4-16 所示。可以看出，T 字型在不同底水能量和不同注水时机条件下优势流动通道不变，而最终的水驱效果却存在差异，主要表现为：a. 底水能量越强，注入水易沿 T 字下端垂直突进至顶端采出口，驱替过程中的波及效果越差，纯油期越短，最终驱替效果越差；b. 与优

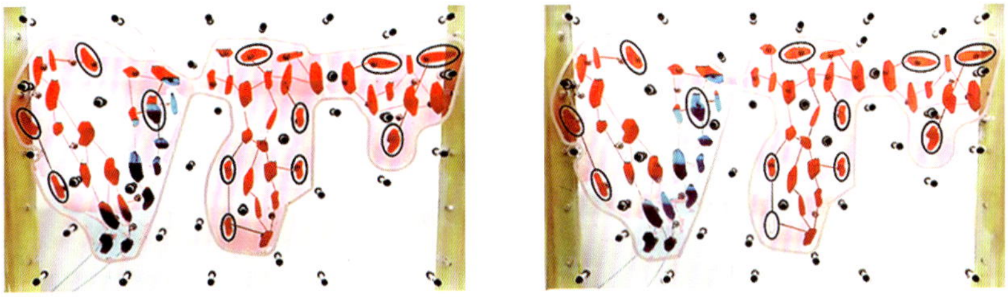

(a) 低含水 (f_w=20%) 阶段注水　　(b) 中含水 (f_w=40%) 阶段注水

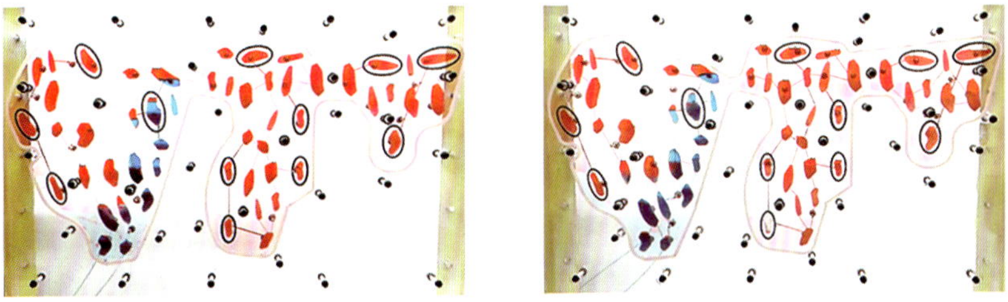

(c) 中高含水 (f_w=60%) 阶段注水　　(d) 高含水 (f_w=80%) 阶段注水

图 4-15　三种断控裂缝-溶洞组合模型在中强底水条件下不同注水时机油水变化图

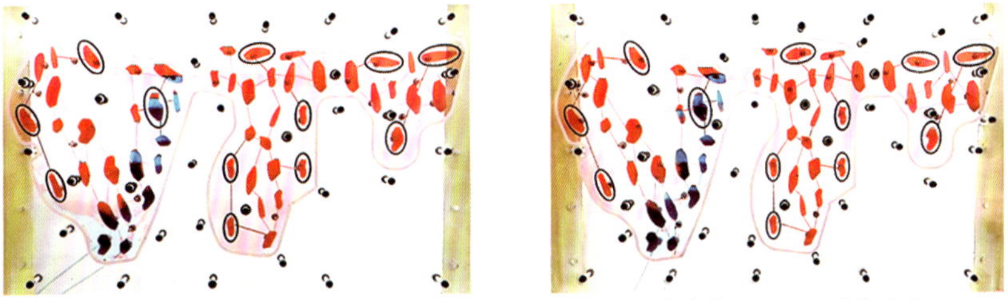

(a) 低含水 (f_w=20%) 阶段注水　　(b) 中含水 (f_w=40%) 阶段注水

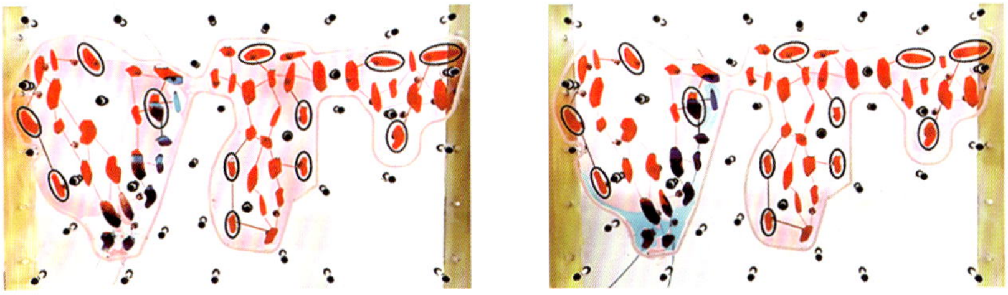

(c) 中高含水 (f_w=60%) 阶段注水　　(d) 高含水 (f_w=80%) 阶段注水

图 4-16　三种断控裂缝-溶洞组合模型在强底水条件下不同注水时机油水变化图

势流动通道相连的连通体不会被注入水波及，而与底水相连的翼部连通体则会被波及；c. 在开发后期不同注水时机节点进行人工注水以补充能量，均可以不同程度地改善驱油效果。

在低注高采、孔洞注-孔洞采、连续注水、一注一采、0%→50%→100%充填条件下，断控条带型裂缝-溶洞组合模型的不同注水时机物模实验结束时的最终油水分布如图 4-14～图 4-16 所示。可以看出，条带型优势流动通道为注入井与采出井间的水平方向，而底水能量强度和注水时机对最终水驱效果均存在不同程度的影响。随着底水能量强度的增大，注入水沿优势流动通道波及效果变差，纯油期越短，最终驱替效果越差；位于优势流动通道上且与之相连的翼部连通体几乎不受注入水的影响；在开发后期不同含水阶段进行人工注水会导致最终水驱效果存在差异，但不同底水能量下均为含水率 60%时人工注水效果最优，即对于条带型，最优注水时机几乎不受底水能量强度的影响。

② 3 种模型在不同底水强度、不同注水时机的驱替动态特征及结果。

不同组合模型在不同底水强度、不同注水时机的驱替动态特征具有相似性，结果见表 4-5。以断控 Y(隐 V)字型裂缝-溶洞组合模型的实验测试结果(图 4-17～图 4-19)为例说明。可以看出，当底水强度一定时，存在一个相对合理的注水时机，而不同注水时机人工注水的最终水驱效果差异较大。当底水能量相对较弱时，在中含水(f_w=40%)阶段人工注水效果最好，所得注水增幅为 8.5%，而在高含水(f_w=80%)阶段人工注水效果最差，所得注水增幅仅为 1.2%；当底水能量相对适中时，在中含水(f_w=40%)阶段人工注水效果最好，所得注水增幅为 6.6%，在高含水(f_w=80%)阶段人工注水效果最差，所得注水增幅为 1.5%；当底水能量相对较强时，在低含水(f_w=20%)阶段人工注水效果最好，所得注水增幅为 7.7%，在高含水(f_w=80%)阶段人工注水效果最差，所得注水增幅为 0.9%；底水强度越强，对开发越不利，无水采出程度和最终采出率均有所降低；随着底水强度逐渐增强，人工注水的合理时机逐渐提前。

表 4-5 3 种模型在不同底水能量、不同注水时机的驱替结果 单位:%

底水强度	无水采出程度	注水时含水率	注水时采出程度	最终采出程度	注水增幅	备注
较弱	33.9	20	32.4	34.8	2.4	Y(隐 V)字型
		40	32.5	41.0	8.5	
		60	36.4	40.8	4.4	
		80	37.7	38.9	1.2	
适中	26.3	20	24.4	28.2	3.8	
		40	27.4	34.0	6.6	
		60	28.4	32.4	4.0	
		80	31.7	33.2	1.5	
较强	22.1	20	21.2	28.9	7.7	
		40	22.0	26.5	4.5	
		60	23.8	27.6	3.8	
		80	26.3	27.2	0.9	
较弱	61.8	20	55.5	67.1	11.6	T 字型
		40	57.8	75.5	17.7	
		60	65.0	70.8	5.8	
		80	66.7	68.0	1.3	
适中	43.5	20	44.2	50.2	6.0	
		40	44.4	53.6	9.2	
		60	48.2	49.8	1.6	
		80	50.2	51.3	1.1	
较强	30.4	20	27.8	47.7	19.9	
		40	31.8	40.4	8.6	
		60	35.2	36.8	1.6	
		80	36.4	37.3	0.9	

续表 4-5

底水强度	无水采出程度	注水时含水率	注水时采出程度	最终采出程度	注水增幅	备注
较弱	40.7	20	40.0	41.9	1.9	条带型
		40	42.5	45.8	3.3	
		60	43.9	48.1	4.2	
		80	44.8	45.9	1.1	
适中	34.5	20	34.0	40.3	6.3	
		40	35.0	38.0	3.0	
		60	35.8	46.2	10.4	
		80	40.0	40.6	0.6	
较强	26.1	20	21.8	27.3	5.5	
		40	28.2	34.4	6.2	
		60	31.1	39.4	8.3	
		80	35.1	37.7	2.6	

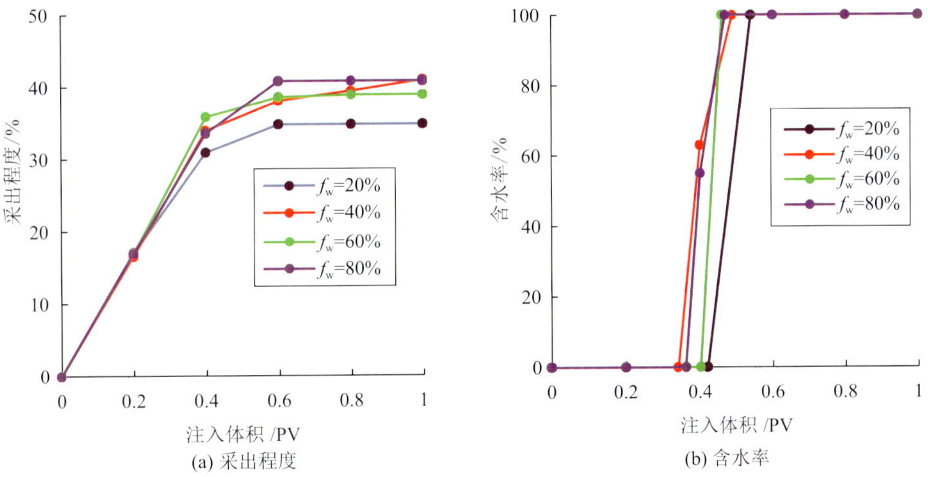

图 4-17　Y(隐 V)字型弱底水条件下不同注水时机采出程度和含水率曲线

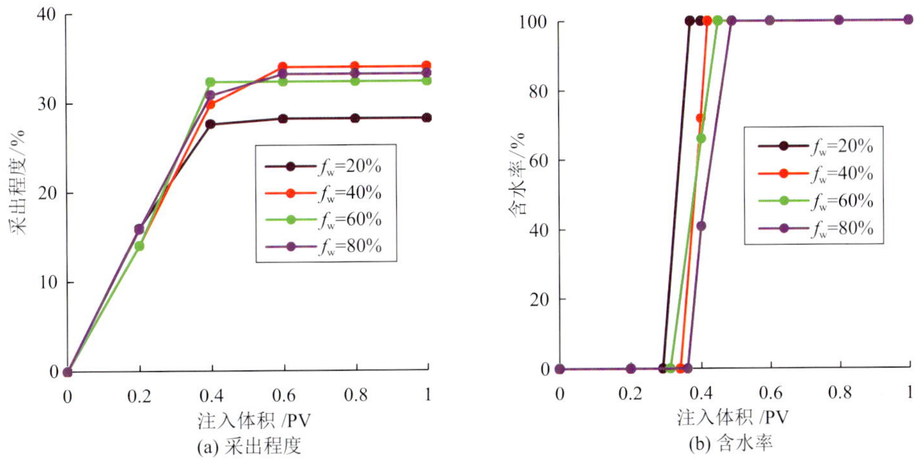

图 4-18　Y(隐 V)字型中底水条件下不同注水时机采出程度和含水率曲线

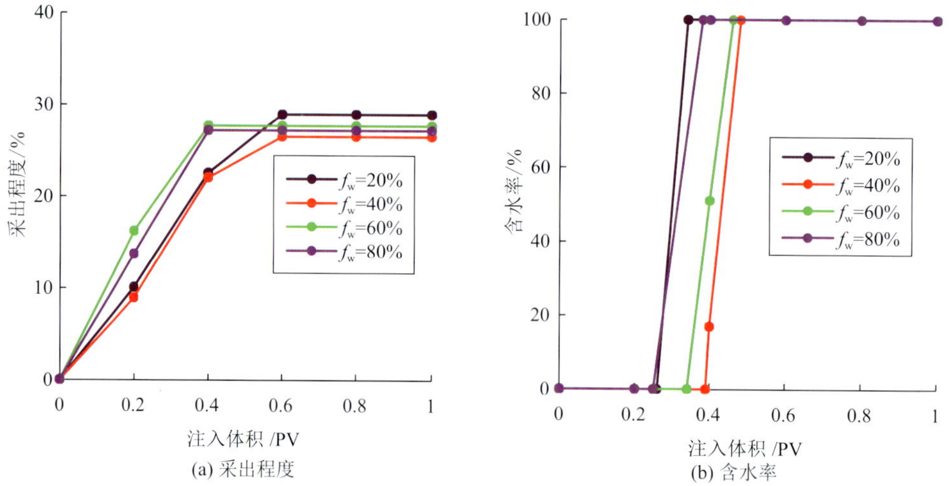

图 4-19　Y(隐 V)字型强底水条件下不同注水时机采出程度和含水率曲线

图 4-20～图 4-22 和表 4-6 是断控 T 字型裂缝-溶洞组合模型采出程度和含水率实验测试结果。可以看出：a. 当底水能量相对较弱时，在中含水(f_w＝40％)阶段人工注水效果最好，所得注水增幅为 17.7％，而在高含水(f_w＝80％)阶段人工注水效果最差，所得注水增幅仅为 1.3％；b. 当底水能量相对适中时，在中含水(f_w＝40％)阶段人工注水效果最好，所得注水增幅为 9.2％，在高含水(f_w＝80％)阶段人工注水效果最差，所得注水增幅为 1.1％；c. 当底水能量相对较强时，在低含水(f_w＝20％)阶段人工注水效果最好，所得注水增幅为 19.9％，在高含水(f_w＝80％)阶段人工注水效果最差，所得注水增幅为 0.9％；d. 底水能量越强，对开发越不利，无水采出程度和最终采出程度均有所降低，且人工注水的合理时机逐渐提前；e. 同等底水条件下，T 字型与 Y(隐 V)字型结构的最优注水时机相同，但 T 字型无水采出程度、最终采出程度、注水增幅均明显不同程度地高于 Y(隐 V)字型。

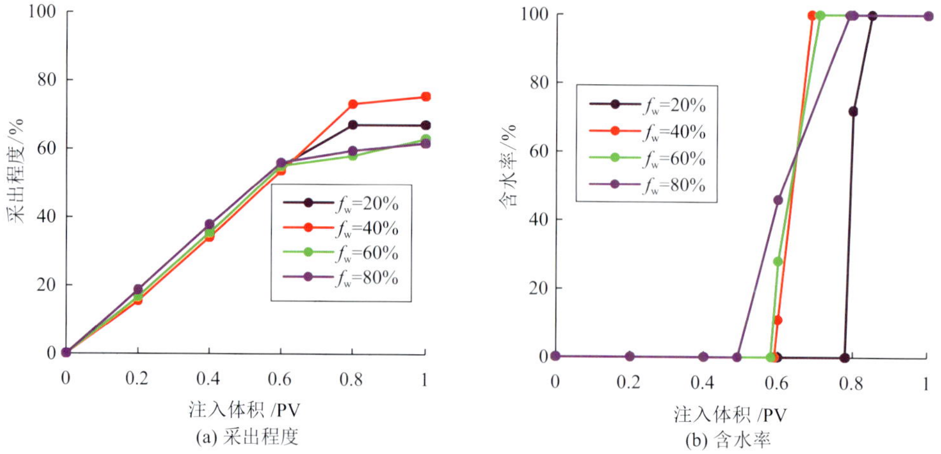

图 4-20　T 字型弱底水条件下不同注水时机采出程度和含水率曲线

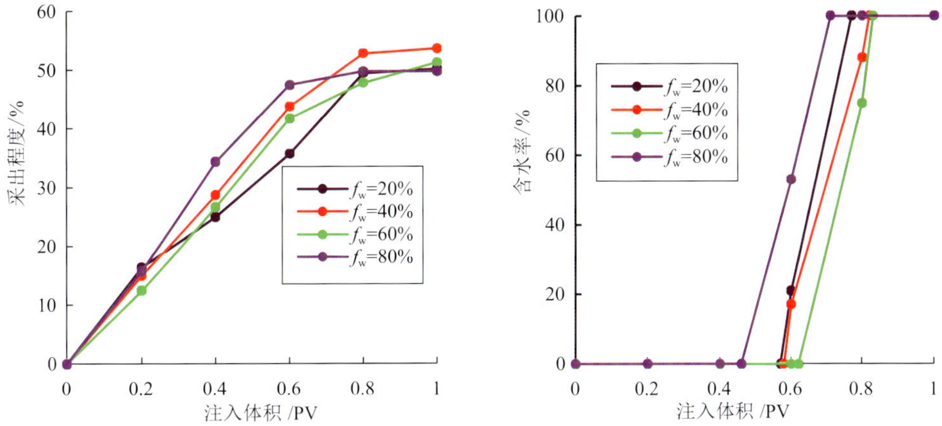

(a) 采出程度　　(b) 含水率

图 4-21　T 字型中底水条件下不同注水时机采出程度和含水率曲线

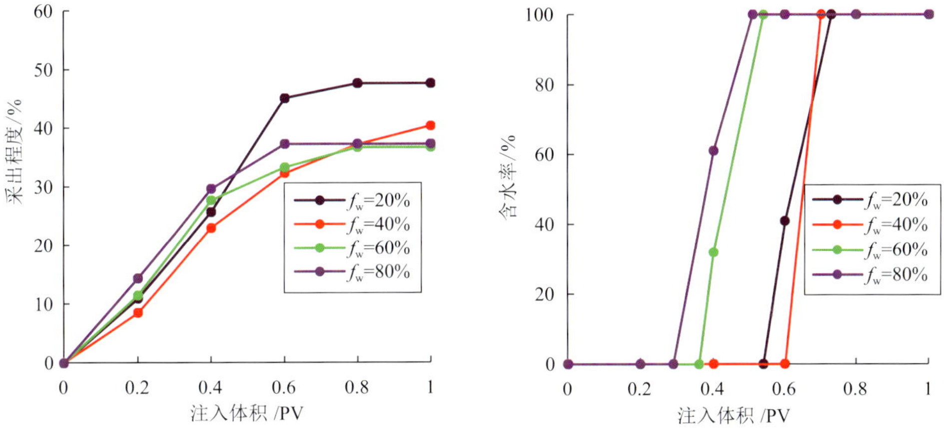

(a) 采出程度　　(b) 含水率

图 4-22　T 字型强底水条件下不同注水时机采出程度和含水率曲线

图 4-23～图 4-25 是断控条带型裂缝-溶洞组合模型采出程度和含水率实验测试结果。a. 当底水能量相对较弱、适中、较强时，均在中高含水阶段（f_w=60%）人工注水效果最好，在高含水阶段（f_w=80%）人工注水效果最差，而且注水增幅有所不同。b. 当底水能量相对较弱时，最高和最低注水增幅分别为 4.2% 和 1.1%；当底水能量相对适中时，最高和最低注水增幅分别为 10.4% 和 0.6%；当底水能量相对较强时，最高和最低注水增幅分别为 8.3% 和 2.6%。c. 底水强度增强时，无水采出程度和最终采出程度均有所降低，但是对人工注水的合理时机几乎没有影响。

③ 3 种模型在不同底水强度下的水驱剩余油分布特点。

图 4-26 是断控 Y(隐 V) 字型裂缝-溶洞组合模型不同底水能量对应的最优注水时机水驱后的剩余油分布情况。可以看到，虽然其水驱效果受底水强度和后期注水时机共同影响，但是剩余油分布位置并未有太大改变，优势流动通道外尤其是 Y(隐 V) 字型左端，依旧存在大量剩余油，因此结合地质条件可以明确后续剩余油挖潜方向。针对 Y(隐 V) 字型左

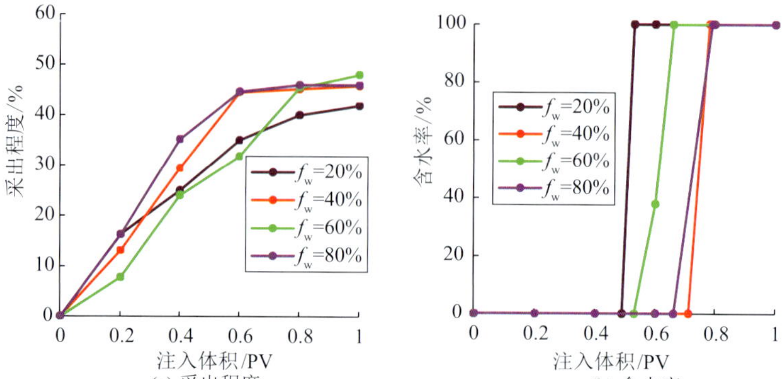

(a) 采出程度　(b) 含水率

图 4-23　条带型弱底水条件下不同注水时机采出程度和含水率曲线

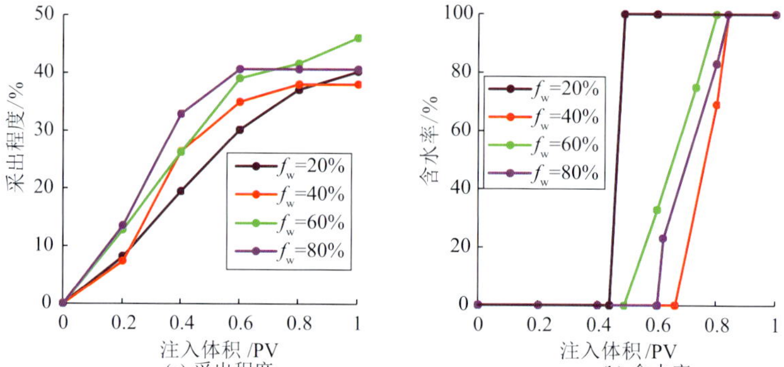

(a) 采出程度　(b) 含水率

图 4-24　条带型中底水条件下不同注水时机采出程度和含水率曲线

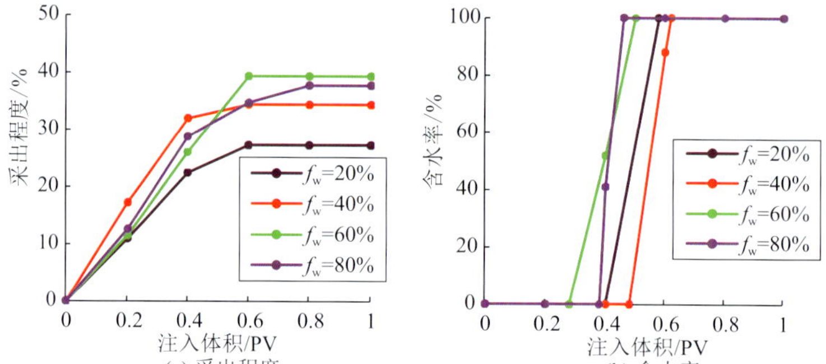

(a) 采出程度　(b) 含水率

图 4-25　条带型强底水条件下不同注水时机采出程度和含水率曲线

端剩余油，应该加强井网部署，比如一注二采，即 Y（隐 V）字型底部注水、左右两端分别采油，从根本上达到增大井控面积的目的，提高整体水驱效果；在实际开发中，底水能量是恒定的，难以改变，但是不同底水能量对水驱效果的影响不同，从侧面反映出注水速度不宜过快，因此前期开发应当充分发挥采油井无水采油期的优势；在后期开发中，应当选择可大幅度提高注入水波及的注水方式，在含水率 20％～40％时进行人工注水，以达到最大幅度改善水驱效果的目的。

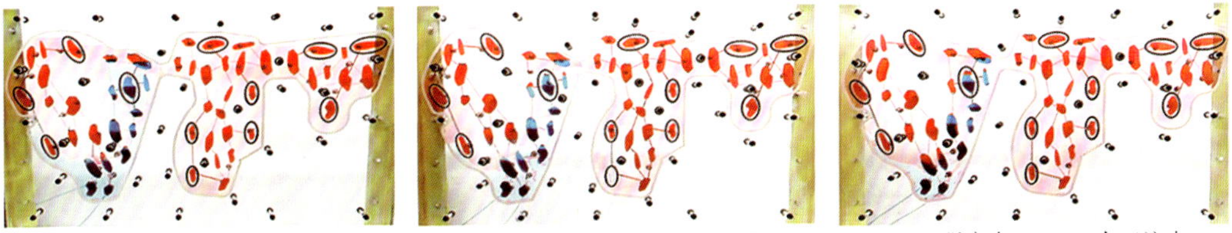

(a) 弱底水，f_w=40%人工注水　(b) 中底水，f_w=40%人工注水　(c) 强底水，f_w=20%人工注水

图 4-26　Y(隐 V)字型不同底水条件下最优注水时机剩余油分布图

图 4-27 是断控 T 字型裂缝-溶洞组合模型不同底水能量对应的最优注水时机水驱后的剩余油分布情况。可以看到，水驱效果同样受底水强度和后期注水时机的共同影响，但整体水驱效果更好，波及更广，仅有 T 字型顶端大量剩余油以及与优势流动通道相连的翼部连通体内有少量剩余油。在后续开发调整或剩余油挖潜时应当注意：a. 井网部署对 T 字型水驱效果影响较小，加强井网部署密度可增大井控面积，但整体水驱效果的提高幅度较小；b. 与 Y(隐 V)字型相同，不同底水能量对水驱效果的影响可以侧面说明注水速度不宜过快，否则采出井易水淹且难以充分发挥重力分异作用，会导致无水采出期和最终水驱效果降低，因此前期开发应当充分发挥采油井无水采油期的优势；c. 在后期开发中，应当选择可大幅度提高注入水波及效率的注水方式，在含水率 20%～40%时进行人工注水，以最大幅度改善水驱效果。

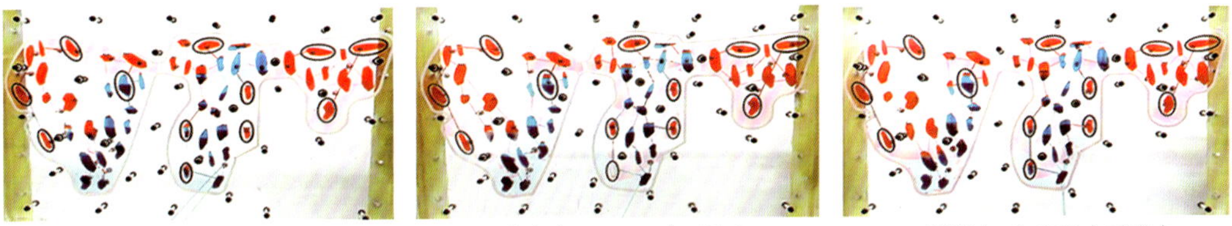

(a) 弱底水，f_w=40%人工注水　(b) 中底水，f_w=40%人工注水　(c) 强底水，f_w=20%人工注水

图 4-27　T 字型不同底水条件下最优注水时机剩余油分布图

图 4-28 是断控条带型裂缝-溶洞组合模型不同底水能量对应的最优注水时机水驱后的剩余油分布情况。可以看出，整体水驱效果较差，最优注水时机虽然可以最大幅度改善水驱效果，但是对于剩余油分布几乎不存在影响，剩余油主要分布在优势流通通道上、下侧的缝洞和翼部连通体内。对于这类剩余油，在后续开发和调整时应当注意：a. 需要对条带型上、下侧部署新的注采井网，从而提高整体水驱波及效果；b. 与 Y(隐 V)字型、T 字型相同，开发初期注水速度不宜过快，否则优势流动通道形成过快，采出井更易水淹，水驱效果较差；c. 在开发后期除了采用可大幅度提高注入水波及效率的注水方式外，还需在含水率 60%时进行人工注水，以最大幅度改善水驱效果。

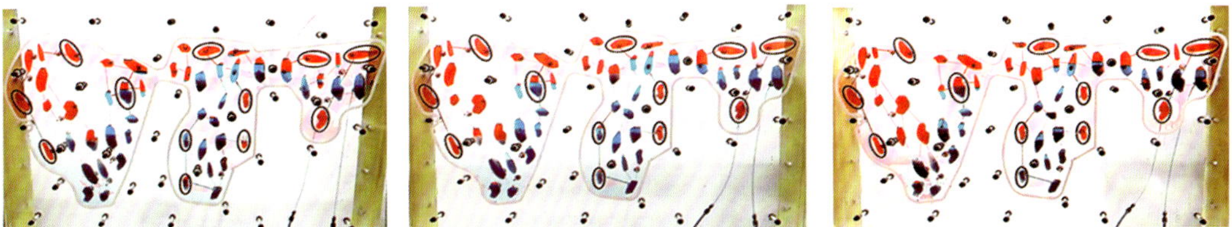

(a) 弱底水，f_w=60%人工注水　(b) 中底水，f_w=60%人工注水　(c) 强底水，f_w=60%人工注水

图 4-28　条带型不同底水条件下最优注水时机剩余油分布图

3）底水贡献程度分析

表 4-6 是不同类型实验结束后采出混合液的颜色观测结果。与表 4-1 对比图版比较后可以看出：① 对于单体大溶洞来说，早期注水底水贡献程度为 20%～30%，中期注水底水贡献程度为 30%～40%，晚期注水底水贡献程度为 40%～50%；② 对于裂缝-溶洞来说，早期注水底水贡献程度为 10%～20%，中期注水底水贡献程度为 30%，晚期注水底水贡献程度为 30%～40%；③ 对于裂缝-孔洞来说，早期注水底水贡献程度为 30%，中期注水底水贡献程度为 30%，晚期注水底水贡献程度为 30%～40%。由此可见：① 对于 3 类储集体来说，人工注水越晚，底水贡献程度越高且缝洞发育程度越差，对底水贡献程度的影响也越小；② 早期注水时，底水贡献程度由高往低分别为裂缝-孔洞、单体大溶洞、裂缝-溶洞；③ 中期注水和晚期注水时，裂缝-溶洞和裂缝-孔洞底水贡献程度相近，而单体大溶洞底水贡献程度较高。

表 4-6　不同缝洞结构在不同注水时机条件下的混合液

模型类型	早期注水	中期注水	晚期注水
单体大溶洞		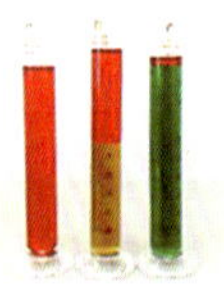	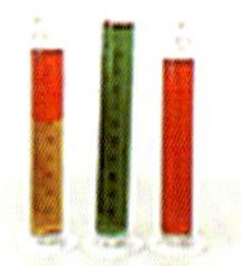
裂缝-溶洞			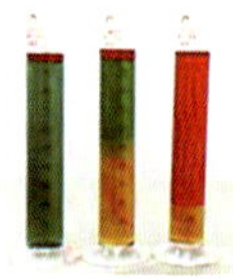
裂缝-孔洞	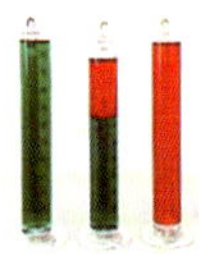		

4.2.2　不同注采位置实验研究

缝洞型油藏注采井位置对于驱油效果及剩余油分布具有重要影响。以风化壳 S80 单元为研究对象，在一注一采、洞注洞采、半充填、连续注水模式下，对单体大溶洞类、裂缝-孔洞类及裂缝-溶洞类的 6 个典型缝洞模型分别进行高注高采、高注低采、低注高采及低注低采实验。

1）实验现象观测结果分析

(1) 单体大溶洞类。

2 个典型单体大溶洞类模型实验过程中的油水位置变化如图 4-29～图 4-36 所示。高注高采实验中，注入水先下降到充填物顶面上，然后沿着充填物的孔隙慢慢渗透到溶洞中下部的充填物中。$1^{\#}$ 模型的采出井位置高，采出的原油量明显高于 $4^{\#}$ 模型。高注低采实验中，注入水会沿着充填物中的优势流动通道快速下降，再沿着采出井采出，对溶洞中的原油驱替很少。低注高采实验中，注入水沿着底部逐渐向上部的溶洞驱替，能够有效驱替溶洞中的原油。低注低采实验中，注入水只能驱替底部附近的原油，底部的采出井会迅速见水。显然，模型最终能够采出的原油量由采出井在溶洞上的位置（主要因素）和充填物内的重力渗吸驱油效率决定。

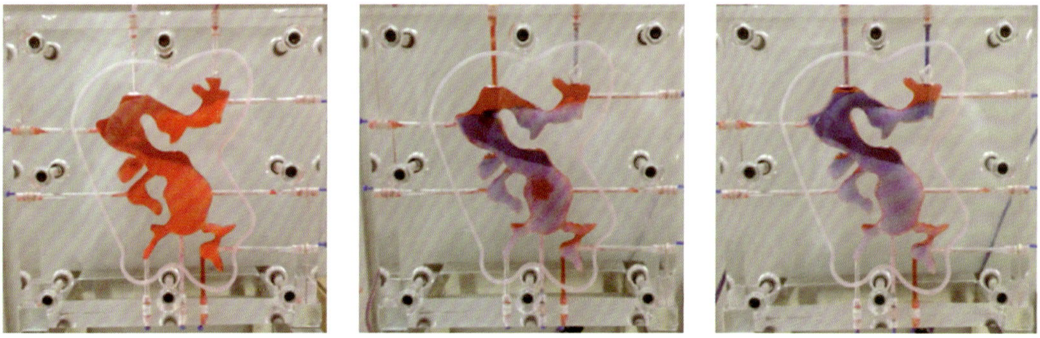

(a) 初期　(b) 中期　(c) 末期

图 4-29　高注高采实验（$1^{\#}$ 模型）

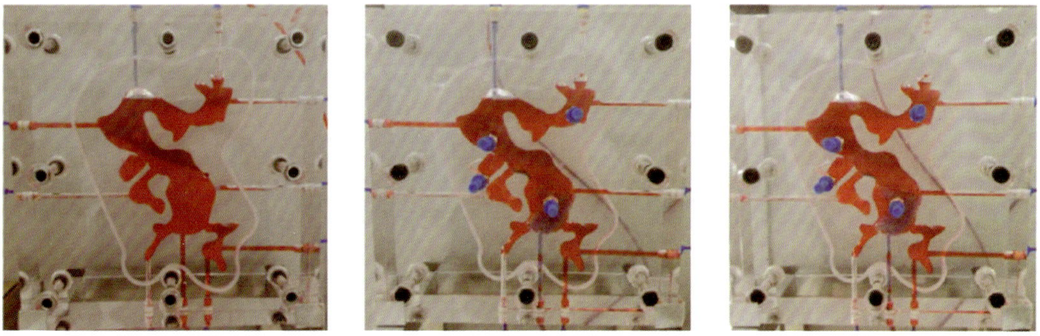

(a) 初期　(b) 中期　(c) 末期

图 4-30　高注低采实验（$1^{\#}$ 模型）

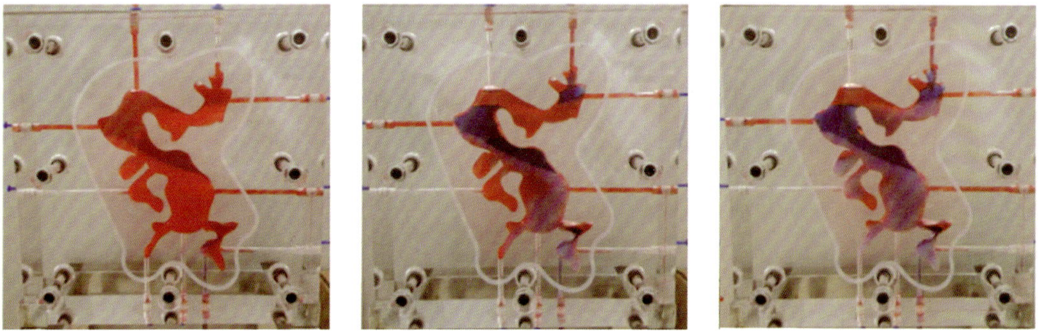

(a) 初期　(b) 中期　(c) 末期

图 4-31　低注高采实验（$1^{\#}$ 模型）

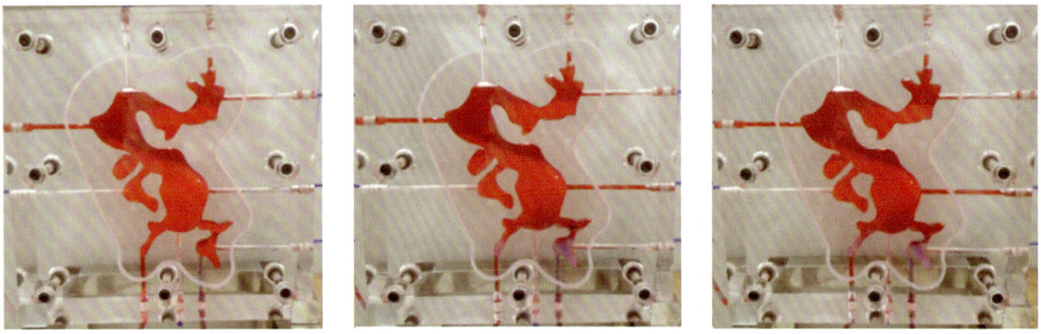

(a) 初期　　(b) 中期　　(c) 末期

图 4-32　低注低采实验(1# 模型)

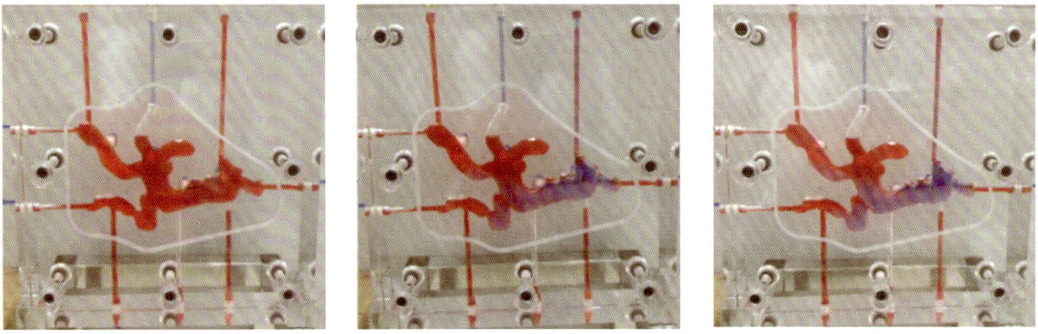

(a) 初期　　(b) 中期　　(c) 末期

图 4-33　高注高采实验(4# 模型)

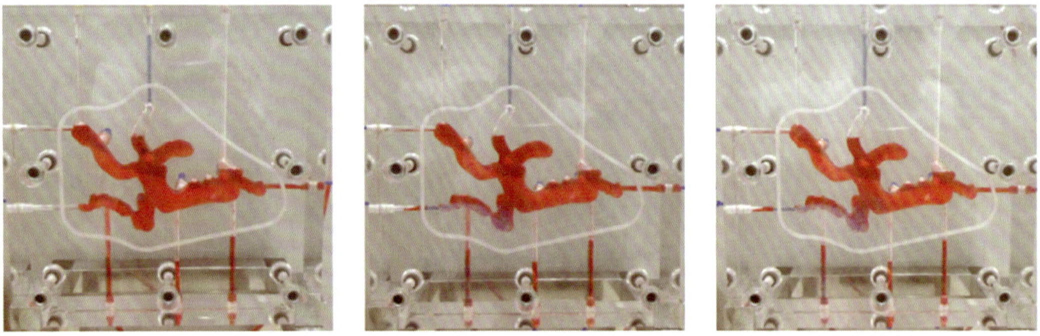

(a) 初期　　(b) 中期　　(c) 末期

图 4-34　高注低采实验(4# 模型)

(2) 裂缝-孔洞类。

2 个典型裂缝-孔洞类模型水驱油过程中的油水位置变化如图 4-37～图 4-44 所示。高注高采实验中,5# 模型在驱替完注入井所在的孔洞后,采油井迅速出水,但随着水驱的进行,注入水沿着裂缝渐渐渗入底部的缝洞中,进而慢慢驱替出下部缝洞中的原油;6# 模型注入水沿着注采井之间的裂缝优先流入采油井所在的孔洞,然后慢慢渗入下部的孔洞中,从而驱替出一部分原油。高注低采实验中,注入水先驱替顶部的孔洞,一旦遇到裂缝便顺着裂缝迅速下流,采出井也快速见水。低注高采实验中,5# 及 6# 模型都能够驱替到注

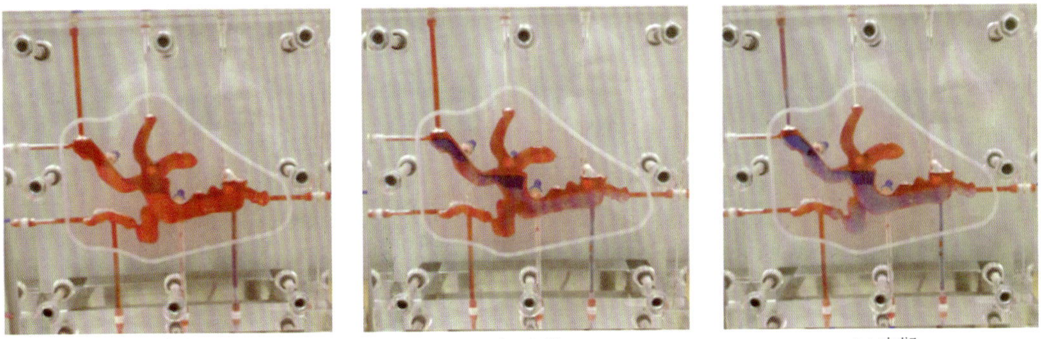

(a) 初期　(b) 中期　(c) 末期

图 4-35　低注高采实验(4# 模型)

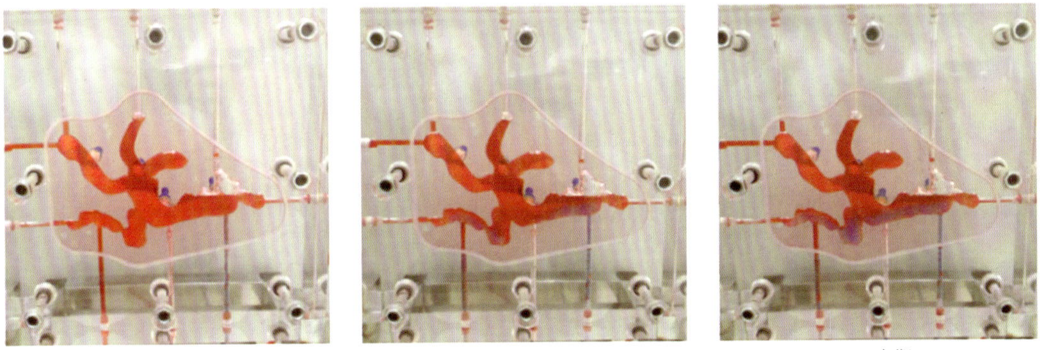

(a) 初期　(b) 中期　(c) 末期

图 4-36　低注低采实验(4# 模型)

采井之间以裂缝连接的大部分缝洞体，6# 模型左侧的缝洞体不是以优势流动通道连通的缝洞，但注入水在驱替到顶部的孔洞时，仍能够沿着左侧的裂缝慢慢驱替下部的缝洞。低注低采实验中，5# 及 6# 模型都仅能够驱替注采井之间相连通的底部孔洞，上部的孔洞基本不能动用。

显然，与单体大溶洞类相比，不同注采位置对裂缝-孔洞类模型的驱油动态和驱油效果影响更明显，不仅受注采位置对应的重力分异作用影响，同时也受裂缝网络分布及渗流的影响。

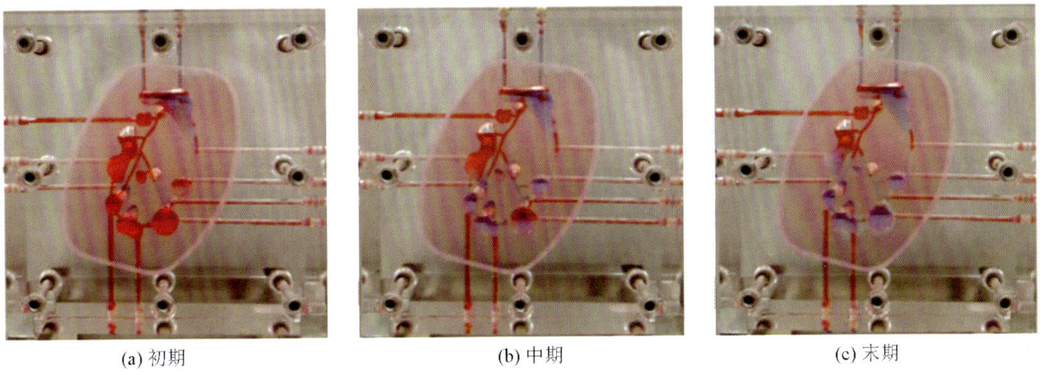

(a) 初期　(b) 中期　(c) 末期

图 4-37　高注高采实验(5# 模型)

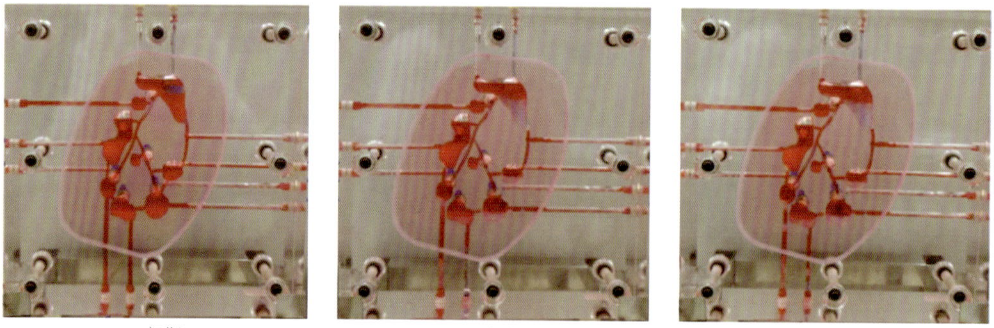

(a) 初期　　(b) 中期　　(c) 末期

图 4-38　高注低采实验(5# 模型)

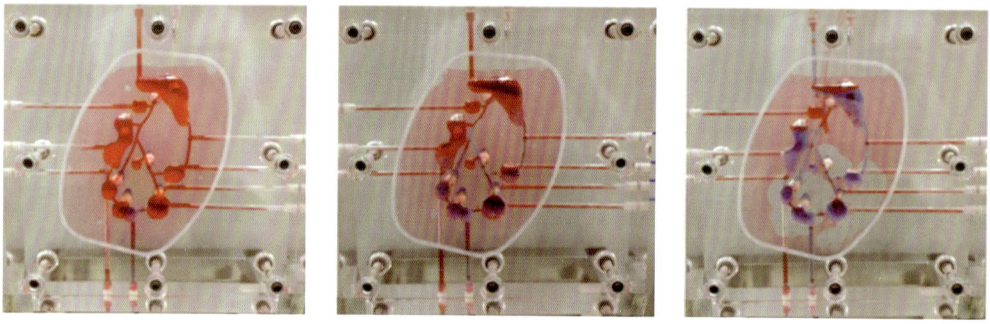

(a) 初期　　(b) 中期　　(c) 末期

图 4-39　低注高采实验(5# 模型)

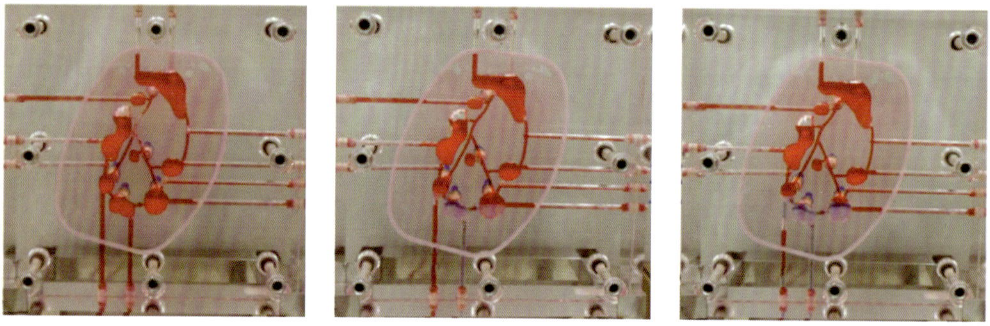

(a) 初期　　(b) 中期　　(c) 末期

图 4-40　低注低采实验(5# 模型)

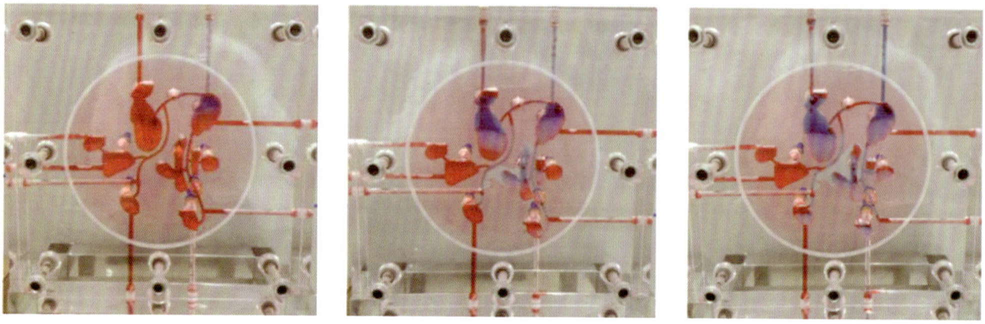

(a) 初期　　(b) 中期　　(c) 末期

图 4-41　高注高采实验(6# 模型)

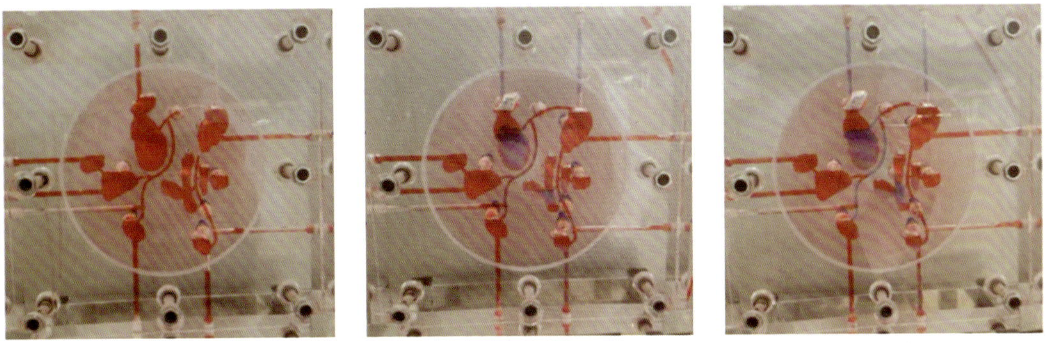

(a) 初期　(b) 中期　(c) 末期

图 4-42　高注低采实验(6# 模型)

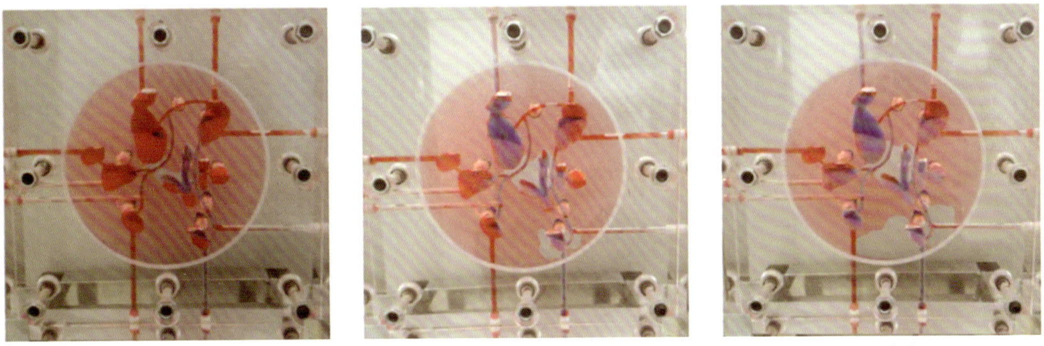

(a) 初期　(b) 中期　(c) 末期

图 4-43　低注高采实验(6# 模型)

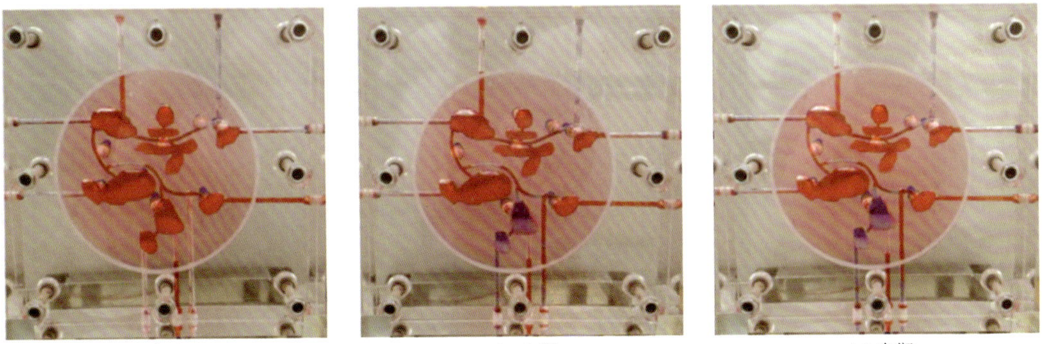

(a) 初期　(b) 中期　(c) 末期

图 4-44　低注低采实验(6# 模型)

(3) 裂缝-溶洞类。

2 个典型裂缝-溶洞类模型水驱油过程中的油水位置变化如图 4-45～图 4-52 所示。高注高采实验中，9# 模型上部的溶洞与底部的缝洞之间裂缝较发育，故能够通过油水的重力分异作用较好地驱替底部的缝洞体；10# 模型顶部注水井所在的溶洞与底部的溶洞之间裂缝较少，故只能驱替顶部溶洞中的原油。高注低采实验中，9# 模型的裂缝发育且在注入井所在溶洞的底部，故注入水沿着裂缝快速流入底部的缝洞体，随后从采出井流出；10# 模型的裂缝不发育，注入水在上部的溶洞中驱替一段时间后才能够顺着裂缝流入底部的溶洞，底部的溶洞则较少被驱替，注入水沿着采出井快速流出。低注高采实验中，注入水在 2 个模型中由下至上驱替，都能够很好地驱替溶洞和裂缝中的原油。低注低采实验中，9# 模型仅能够驱替底部很小的一部分原油；10# 模型，由于注入井比采出井位置高，注入水先驱替顶部溶洞底部充填物中的原油，然后顺着裂缝迅速流入底部溶洞，由于水重油轻，所以底部仅采出井附近充填物中的原油被驱替。

裂缝-溶洞类注采井连通溶洞的重力分异作用与单体大溶洞一致，但依靠裂缝连通的其他溶洞的驱油动态和驱油效果受注采位置和裂缝连通程度的影响更大。

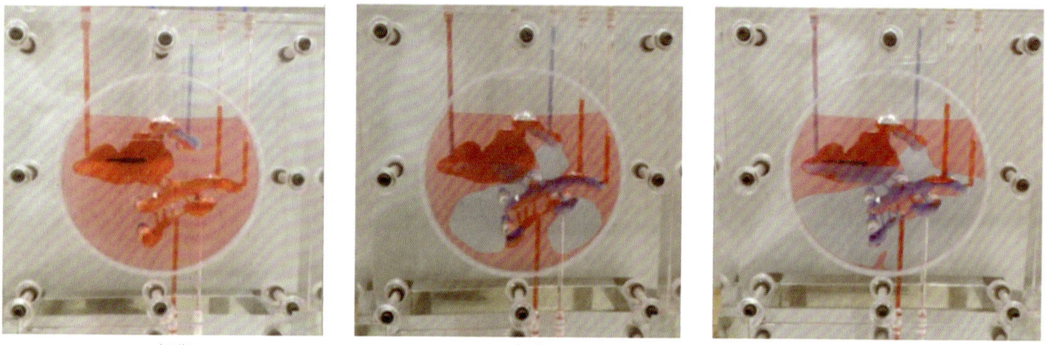

(a) 初期　(b) 中期　(c) 末期

图 4-45　高注高采实验(9# 模型)

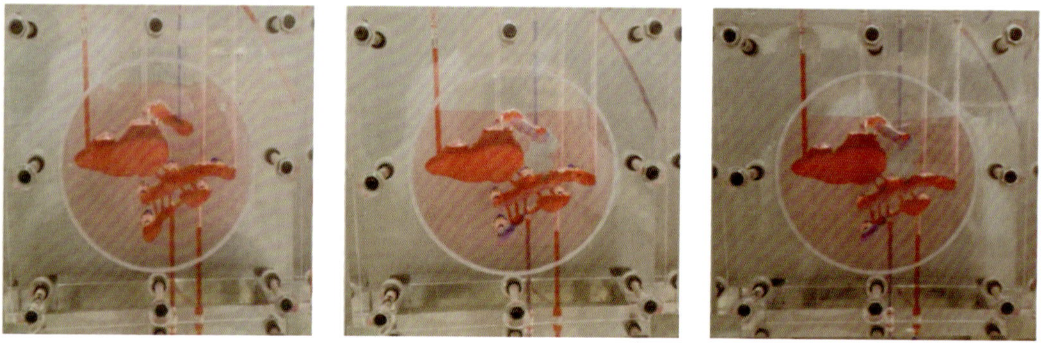

(a) 初期　(b) 中期　(c) 末期

图 4-46　高注低采实验(9# 模型)

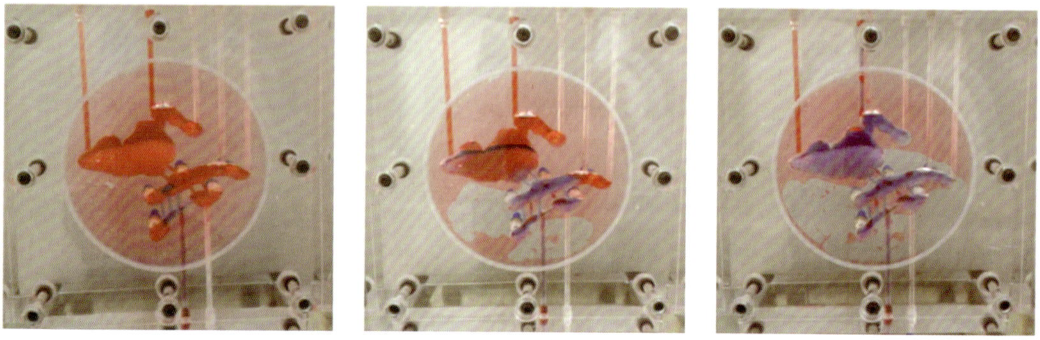

(a) 初期　(b) 中期　(c) 末期

图 4-47　低注高采实验(9# 模型)

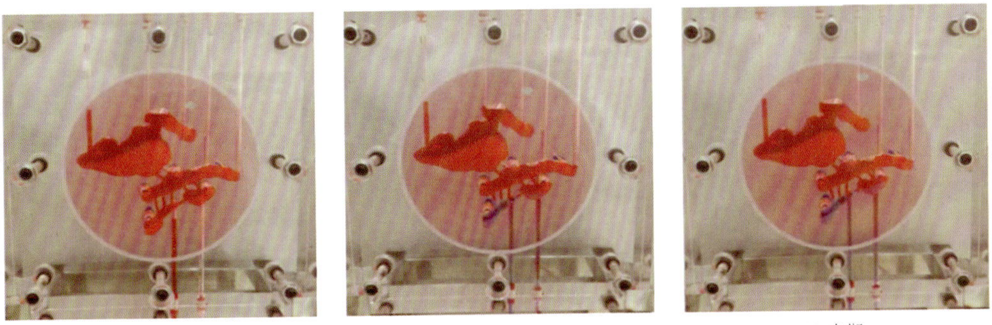

(a) 初期　(b) 中期　(c) 末期

图 4-48　低注低采实验(9# 模型)

(a) 初期　(b) 中期　(c) 末期

图 4-49　高注高采实验(10# 模型)

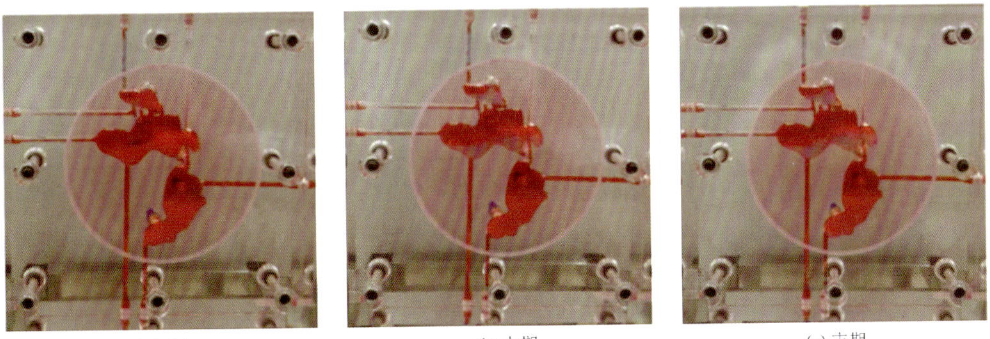

(a) 初期　(b) 中期　(c) 末期

图 4-50　高注低采实验(10# 模型)

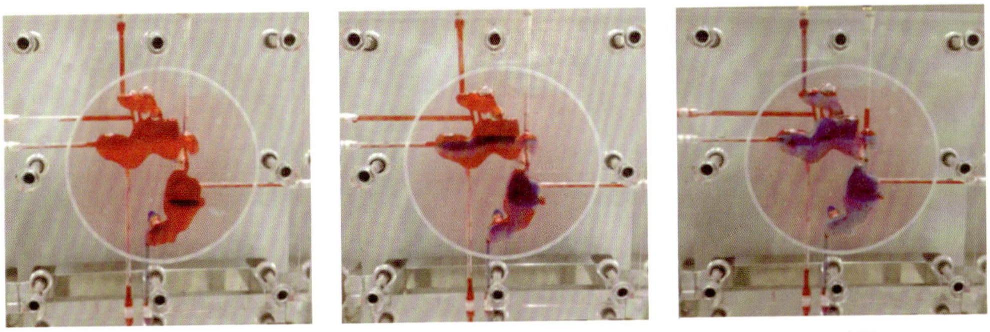

(a) 初期　(b) 中期　(c) 末期

图 4-51　低注高采实验(10# 模型)

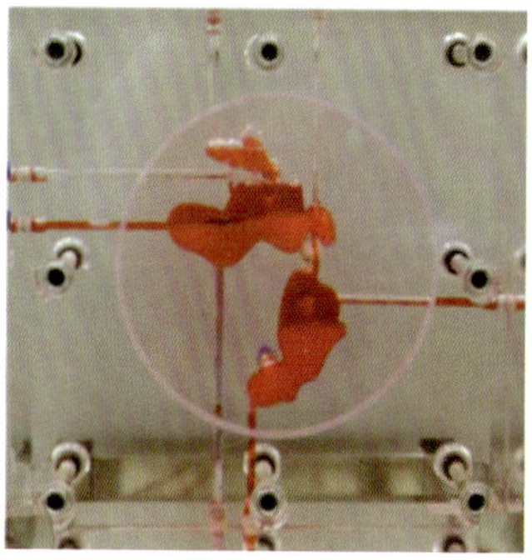
(a) 初期

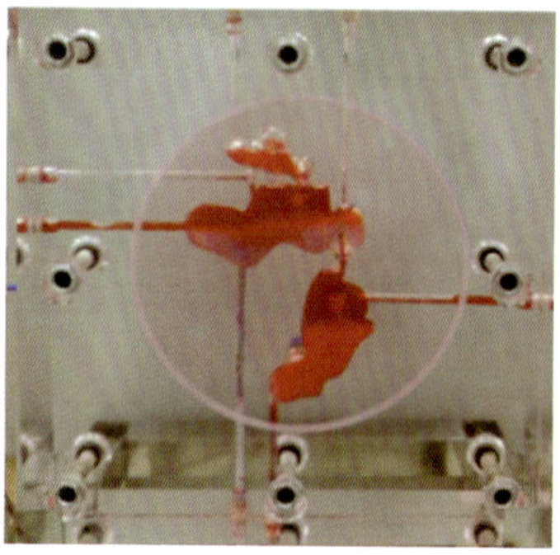
(b) 中期

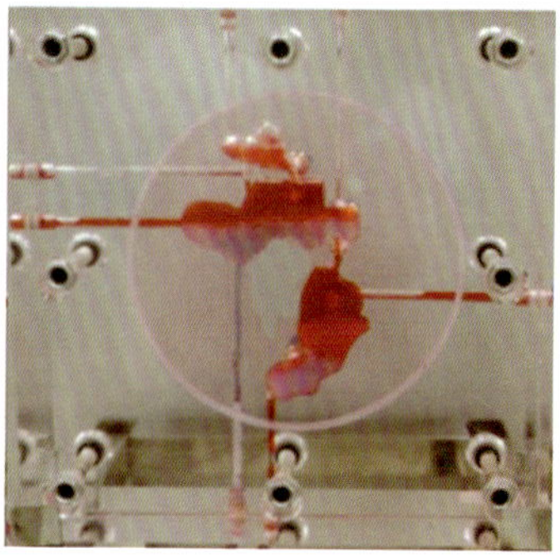
(c) 末期

图 4-52　低注低采实验(10# 模型)

2）注采位置对驱油效率或采收率的影响

单体大溶洞类 1# 及 4# 模型、裂缝-孔洞类 5# 及 6# 模型，裂缝-溶洞类 9# 及 10# 模型在高注高采、高注低采、低注高采及低注低采 4 种不同注采位置的采收率结果分别如图 4-53～图4-58所示。

单体大溶洞不同注采位置的采收率(图 4-53、图 4-54)均呈"厂"字形，采收率与注入体积曲线前期成近 45°直线，重力分异作用十分突出；见水后的采收率增幅变小并逐渐趋于平稳。这种动态特征也是强重力分异作用的体现，采收率小幅度增加是压力场变化的结果。此外，单体大溶洞 1# 模型的高注低采和低注低采均具有很低的采收率，说明这不是较好的注采位置；而高注高采与低注高采都具有较高的采收率，且高注高采更高，采收率后期快速趋于稳定值，低注高采则在后期缓慢趋于一个稳定值。对于单体大溶洞 4# 模型，最终采收率的排序为低注高采＞高注高采＞低注低采＞高注低采，显然低注高采为最优的注采位置。

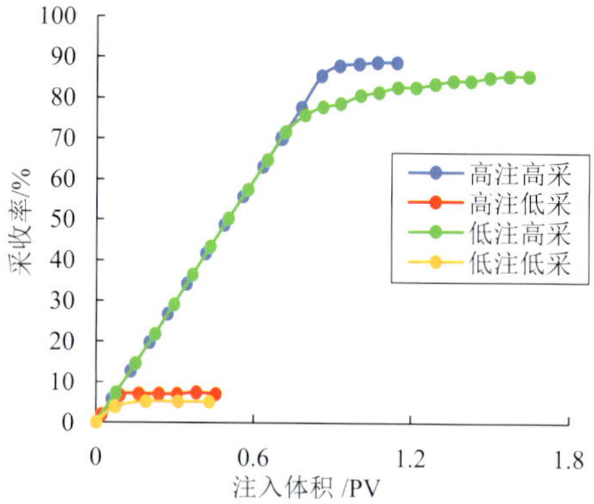

图 4-53　不同注采位置采收率图(1# 模型)

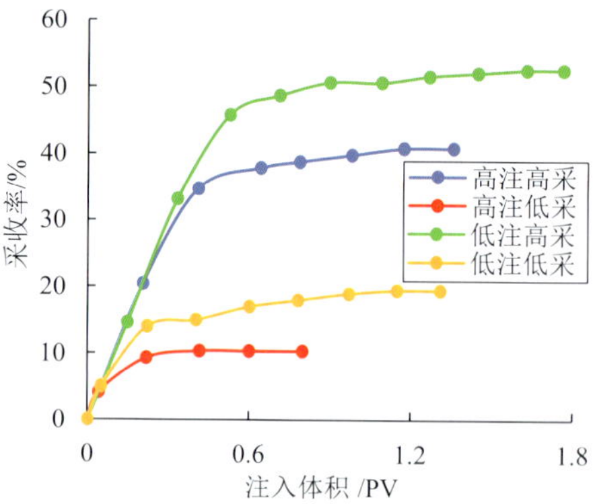

图 4-54　不同注采位置采收率图(4# 模型)

裂缝-孔洞类模型的采收率如图 4-55 及图 4-56 所示，低注高采条件下均获得了最高的采收率，其次是高注高采，高注低采与低注低采的采收率均不高。5# 模型的高注高采采收率整体呈缓慢上升趋势，原因是上部的缝洞体与下部缝洞通过裂缝连接，需要较长时间实现油水置换并驱替到下部缝洞体内的原油。因此，裂缝-孔洞类模型的驱油动态及效率主要受裂缝网络分布及渗流的影响，注采位置差异导致的重力分异作用影响相对较弱。

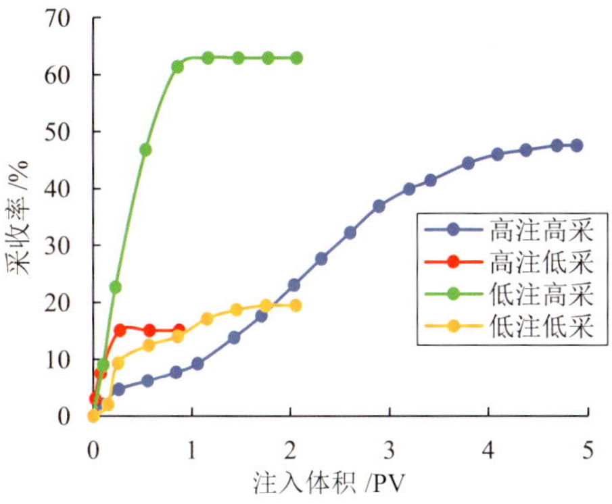

图 4-55　不同注采位置采收率图(5# 模型)

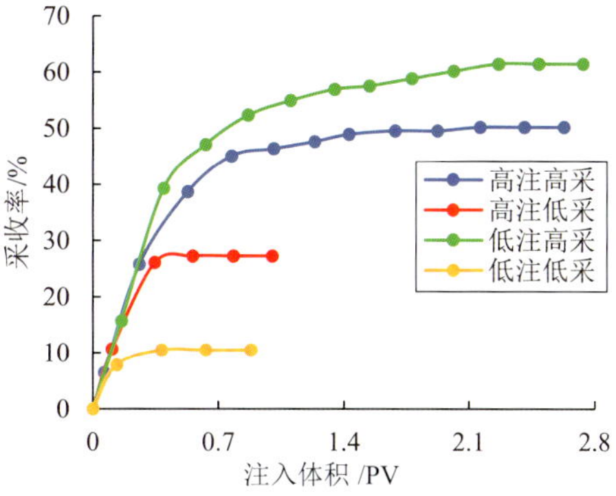

图 4-56　不同注采位置采收率图(6# 模型)

裂缝-溶洞类模型的采收率如图 4-57 及图 4-58 所示，这类裂缝-溶洞类模型与单体大溶洞类模型类似，其驱油动态及效率曲线也呈“厂”字形。对于 9# 模型，按采收率从高到低排序为低注高采＞高注高采＞高注低采＞低注低采。10# 模型低注高采为最好的注采位置，低注低采与高注高采的采收率情况相似，高注低采采收率最低。两个裂缝-溶洞类模型最优的注采位置均为低注高采。此外，裂缝-溶洞模型中，溶洞间的连通程度对驱油动态影响大，当连通程度欠佳时(连通裂缝长但规模小)，会出现台阶状“厂”字形驱油动态。

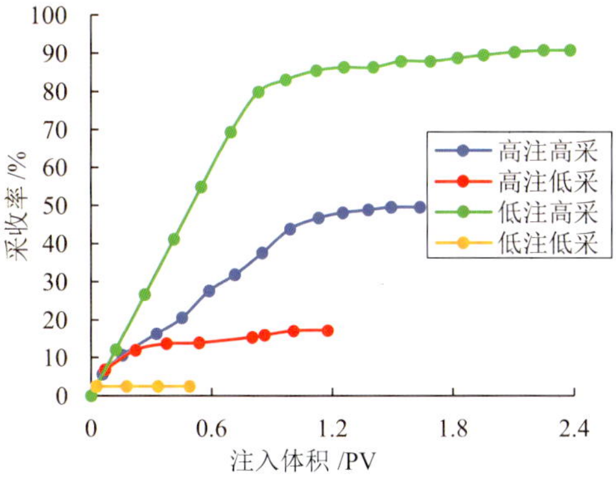

图 4-57　不同注采位置采收率图(9# 模型)

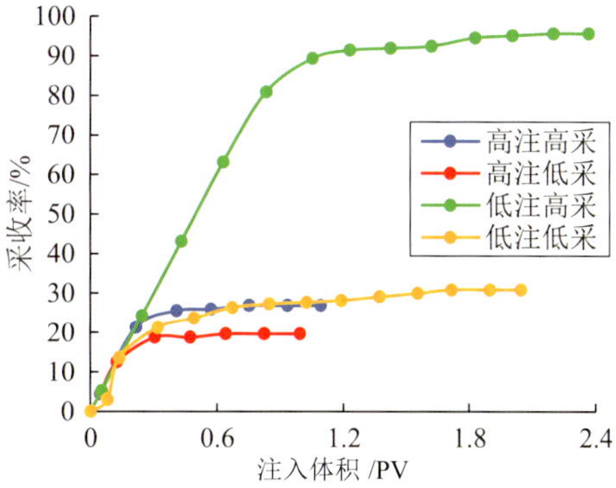

图 4-58　不同注采位置采收率图(10# 模型)

各模型的最终采收率见表 4-7，采收率的情况也能够证明剩余油的分布情况，单体大溶洞 1# 模型采收率在高注高采时大于低注高采，其他模型在低注高采的注采位置下最终采收率均为最高，低注低采和高注低采的采收率都很低。说明对于竖井型大溶洞，高注高采为最佳的注采位置，除此之外，对于其他类型的缝洞型油藏，低注高采为最佳的注采位置。

表 4-7　不同注采位置下各模型的最终采收率　　单位：%

注采位置	1# 模型	4# 模型	5# 模型	6# 模型	9# 模型	10# 模型
高注高采	88.80	40.81	47.50	50.19	49.53	26.83
高注低采	7.14	10.35	15.05	27.25	17.21	19.63
低注高采	85.49	52.58	62.90	61.43	90.72	95.58
低注低采	5.14	19.48	19.43	10.48	2.48	30.86

3）注采位置对含水率动态的影响分析

不同类型的缝洞模型在不同注采位置实验中的见水快慢和含水上升情况也各不相同。图 4-59 为单体大溶洞类 1# 模型的含水率变化图，在高注低采和低注低采的注采位置下，基本没有无水采油阶段，含水率直接快速上升，直至 100%；高注高采和低注高采具有较长的无水采油期，但高注高采一旦见水，油井马上水淹，油水同产阶段非常短；低注高采有较长的无水采油期，后期含水率虽然快速上升，但具有相对较长的油水同产阶段。图 4-60为单体大溶洞类 4# 模型的含水率变化图，高注低采生产很短的时间后含水率就快速上升；低注低采、高注高采在仅有一段无水采油期后也迅速增长，最后水淹；低注高采则有较长的无水采油期，同时后期有较长的油水同产期。

这种产水动态特征与单体大溶洞内存在充分的重力分异作用（是主要流动机理）有直接关系。

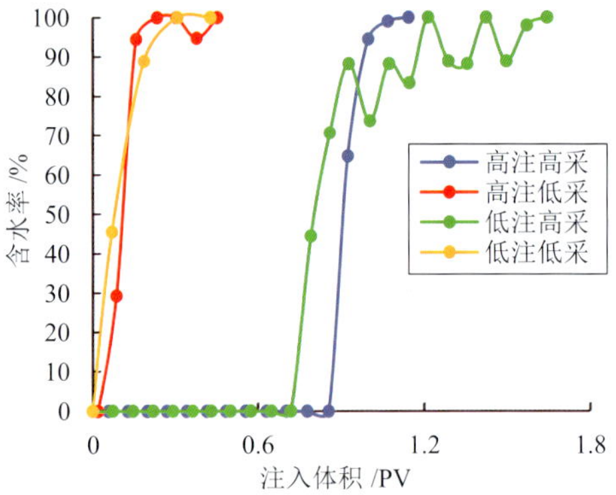

图 4-59　不同注采位置含水率图（1# 模型）

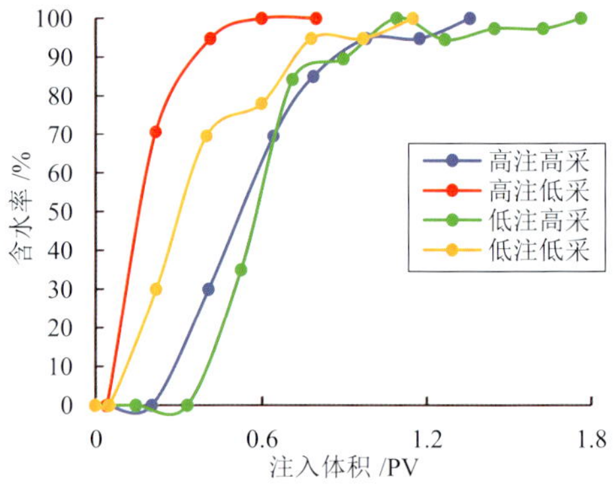

图 4-60　不同注采位置含水率图（4# 模型）

图 4-61 为裂缝-孔洞类 5# 模型的含水率变化图。与单体大溶洞产水动态特征相比，5# 模型高注高采在开井后马上进入高含水阶段，但生产的时间最长，始终保持着高含水的油水同产阶段，而低注高采具有最长的无水采油期，含水率上升的速度也最缓慢。图 4-62 为裂缝-孔洞类 6# 模型的含水率变化图，在高注低采和低注低采的注采位置下，基本没有无水采油阶段，含水率直接快速上升，直至 100%，高注高采和低注高采的含水率具有相似的增长趋势和后期变化趋势，无水采油期也相似。这种产水动态特征与裂缝-孔洞类储层内的重力分异作用不充分、渗流特征（主要是流动机理）更明显有直接关系。

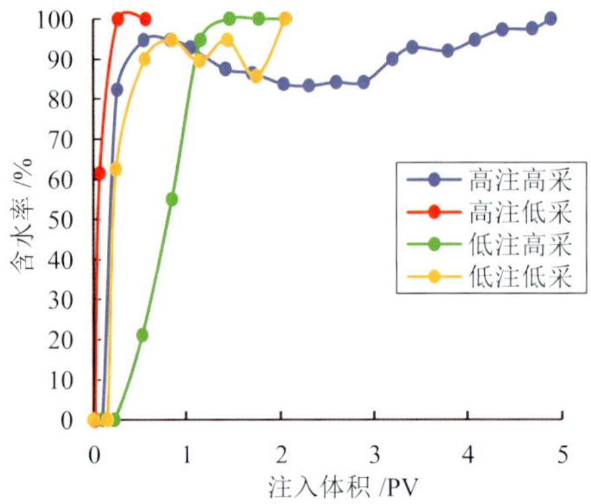

图 4-61　不同注采位置含水率图（5# 模型）

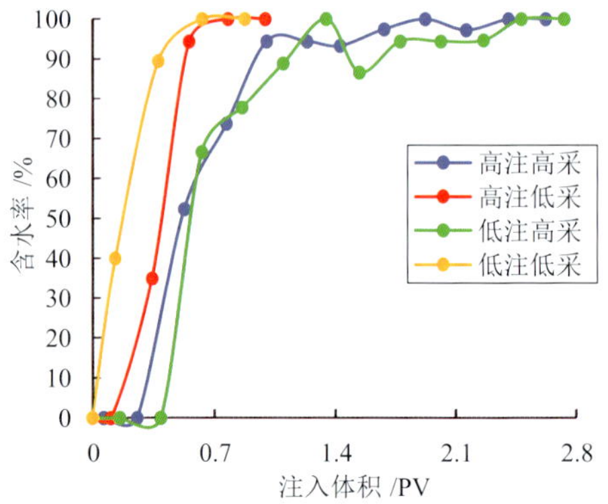

图 4-62　不同注采位置含水率图（6# 模型）

图 4-63 为裂缝-溶洞类 9# 模型的含水率变化图。与单体大溶洞和裂缝-孔洞类储层的产水动态特征相比，低注高采含水率具有最长的无水采油期，上升的速度也最缓慢，高注高采含水率在快速上升后能在中等含水率情况下保持较长的时间。图 4-64 为裂缝-溶洞类 10# 模型的含水率变化图，高注高采、高注低采和低注低采有相似的高速上升阶段，只是低注低采后期有一段剧烈的波动，而低注高采具有较缓慢的上升趋势和最长的无水采油期。这种产水动态特征与裂缝-溶洞类储层内的重力分异作用和渗流驱替作用并存有直接关系。

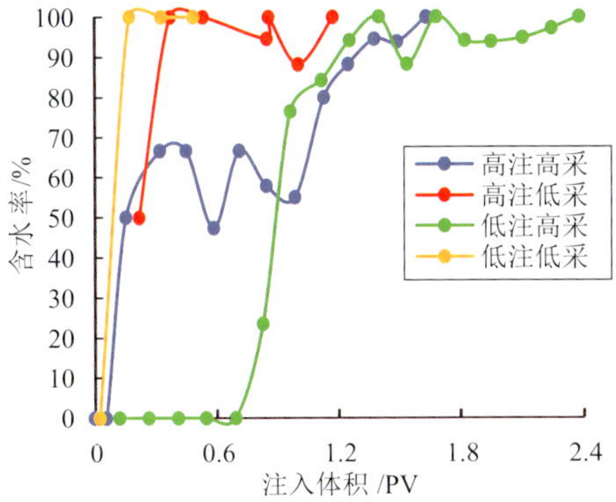

图 4-63　不同注采位置含水率图（9# 模型）

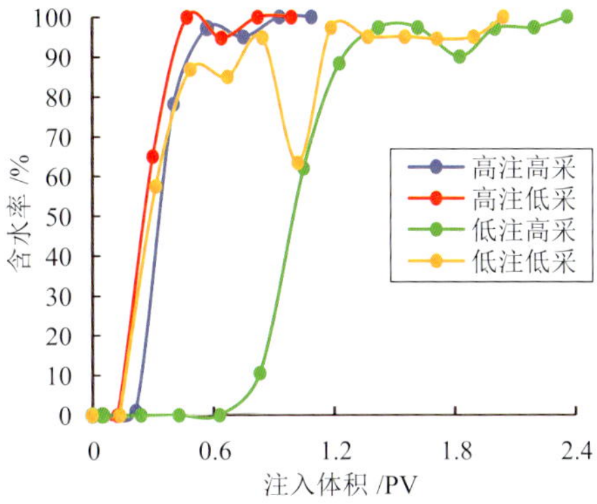

图 4-64　不同注采位置含水率图（10# 模型）

综上所述，低注高采均具有较长的无水采油期，而高注低采和低注低采基本没有无水采油期，说明了注采位置对缝洞型油藏的含水率动态有较大影响。

4）注采位置对剩余油分布的影响分析

注采位置对剩余油的分布影响明显。图 4-65 是 6 个模型高注高采实验结束时的剩余油分布观测结果。从图 4-65 中可以看出，单体大溶洞类的剩余油主要分布在顶部，呈阁楼油形式，在采出井位置上部的原油基本未被驱替；对于裂缝-孔洞类，能够驱替出部分与裂缝连通的缝洞体内的原油，而连通性较差的缝洞体内的原油则不能被驱替出；对于裂缝-溶洞类，同样存在大量阁楼油，采出井位置上部的原油基本未动用，下部连通性好的缝洞体内的原油能够被驱替，连通性差的则不能被驱替。

高注低采实验结束时的剩余油分布观测结果如图 4-66 所示。从图 4-66 中可以看出，无论哪一类的缝洞模型，仅下部采出井有少量的原油被驱替出，其他部位均为剩余油，从顶部注入的水沿着优势流动通道快速从底部流出，仅有少量原油被驱替。

低注高采实验结束时的剩余油分布观测结果如图 4-67 所示，可以看出，不论哪一类缝洞模型的驱替效果都很好，仅存在阁楼油和角隅油。

低注低采实验结束时的剩余油分布观测结果如图 4-68 所示，可以看出，无论哪一类缝洞模型均存在大量的剩余油，仅能驱替底部注水井与采油井之间相连通的缝洞和充填物中的原油。

通过上述对于不同注采位置下各模型剩余油分布的分析，可以发现，对于单体大溶洞 1# 模型，剩余油分布量排序为高注高采＜低注高采＜低注低采＜高注低采。单体大溶洞类 4# 模型、裂缝-孔洞类 5# 及 6# 模型、裂缝-溶洞类 9# 及 10# 模型剩余油较少的注

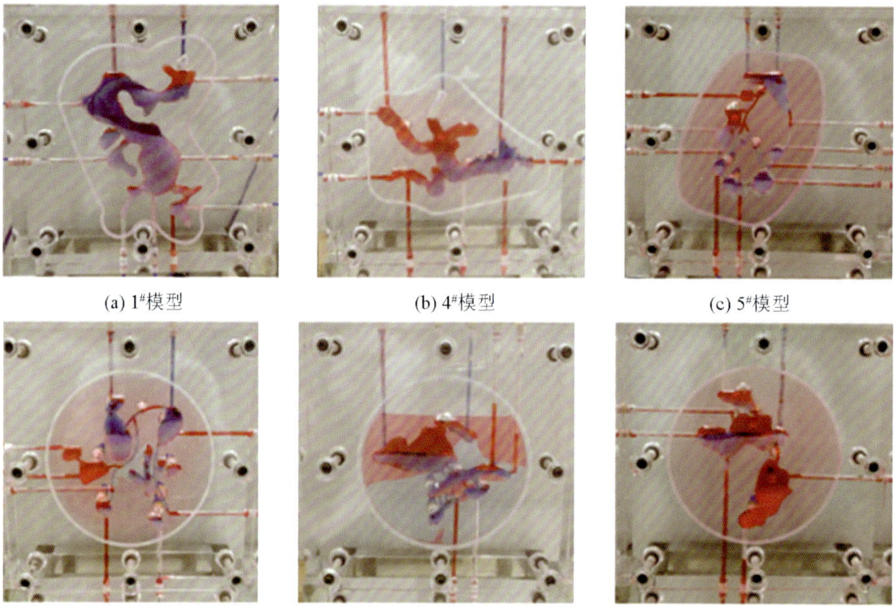

(a) $1^{\#}$模型　(b) $4^{\#}$模型　(c) $5^{\#}$模型

(d) $6^{\#}$模型　(e) $9^{\#}$模型　(f) $10^{\#}$模型

图 4-65　高注高采实验剩余油分布图

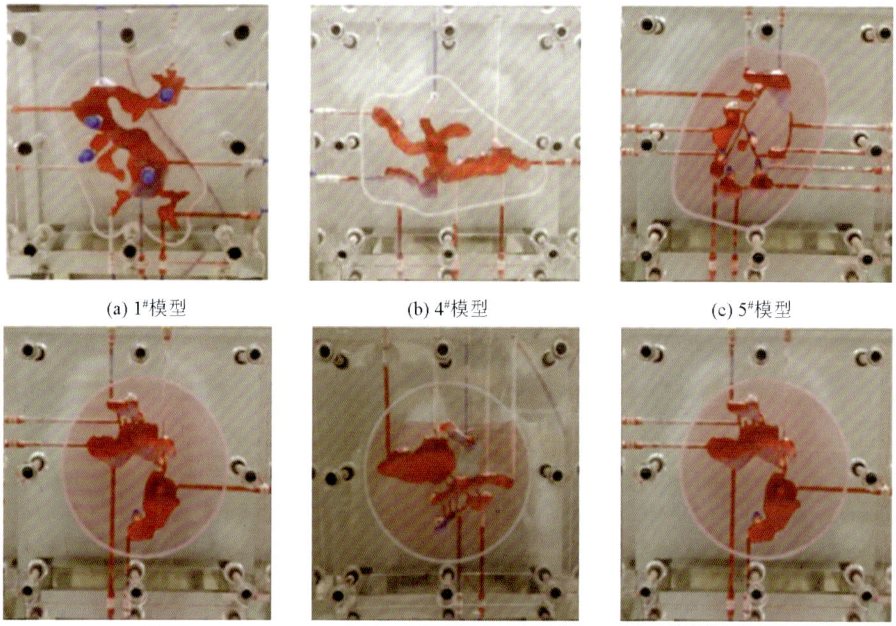

(a) $1^{\#}$模型　(b) $4^{\#}$模型　(c) $5^{\#}$模型

(d) $6^{\#}$模型　(e) $9^{\#}$模型　(f) $10^{\#}$模型

图 4-66　高注低采实验剩余油分布图

采方式为低注高采和高注高采，且低注高采产量少于高注高采。因此，所有模型的低注低采和高注低采剩余油都很多，不是理想的注采位置，而低注高采对于各个模型都是较好的注采位置。

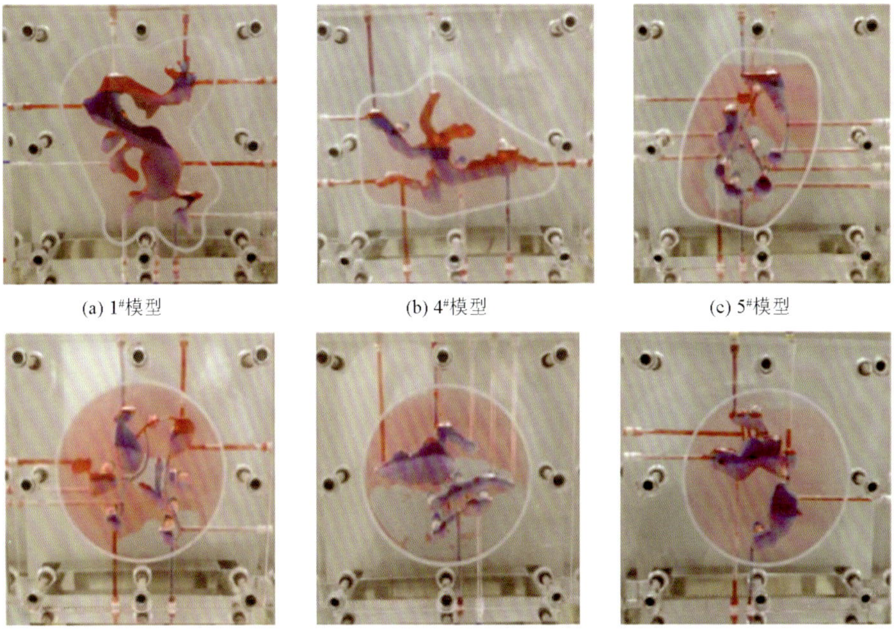

(a) 1#模型　(b) 4#模型　(c) 5#模型

(d) 6#模型　(e) 9#模型　(f) 10#模型

图 4-67　低注高采实验剩余油分布图

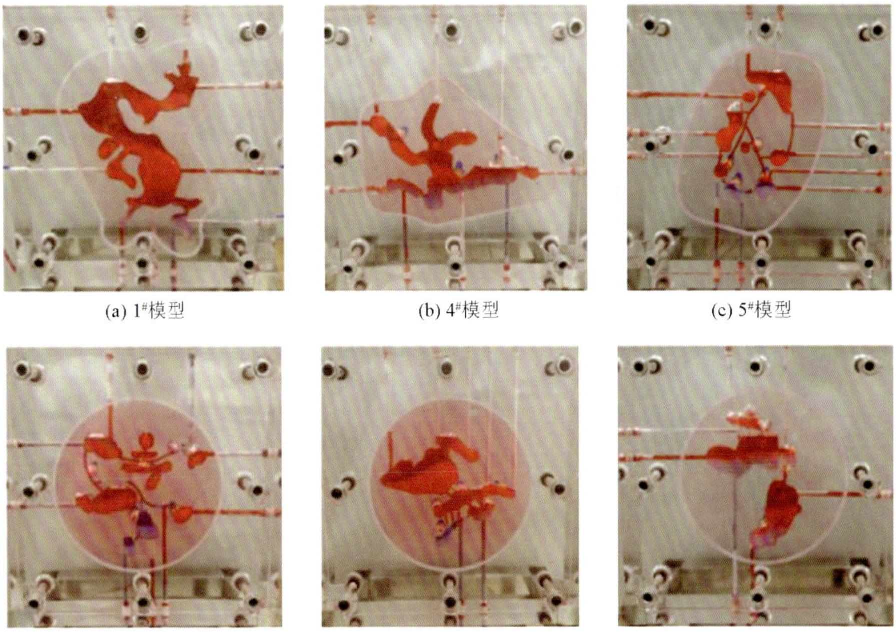

(a) 1#模型　(b) 4#模型　(c) 5#模型

(d) 6#模型　(e) 9#模型　(f) 10#模型

图 4-68　低注低采实验剩余油分布图

4.2.3 不同注采比实验研究

注采比是缝洞型油藏水驱开发过程中需要注意的要素之一，它与地层能量的强弱有关。由于物模实验规模小，难以真实反映地层总弹性能量对开发效果及动态的影响程度，因此不同注采比实验结果只能反映注入强度对开发效果及动态影响的普适性规律，但对认识驱替动态和优势流动通道形成机理有帮助。

1）实验现象观测结果分析

单体大溶洞类 $2^{\#}$ 模型、裂缝-孔洞类 $7^{\#}$ 及裂缝-溶洞类 $8^{\#}$ 模型在注采比分别为 0.5（初期），1（中期）和 2（末期）情况下的物理模拟实验观测结果如图 4-69～图 4-71 所示。实验中采用低注高采的注采位置，固定采油井的采出量，改变注入量，3 个模型实验过程中注入水都沿着底部向上部驱替。当注采比为 0.5 时，采出液量明显不足，但能驱替一部分孔洞中的阁楼油；当注采比过大时，容易将原油驱替到边部，注入水易快速水窜。这些实验现象也说明了地层能量保持程度对水驱开发动态及开发效果具有较大影响，地层能量保持程度低会影响油井产能，但过大的地层能量（注采比）会快速形成优势流动通道，抑制重力分异驱替（开发）作用。

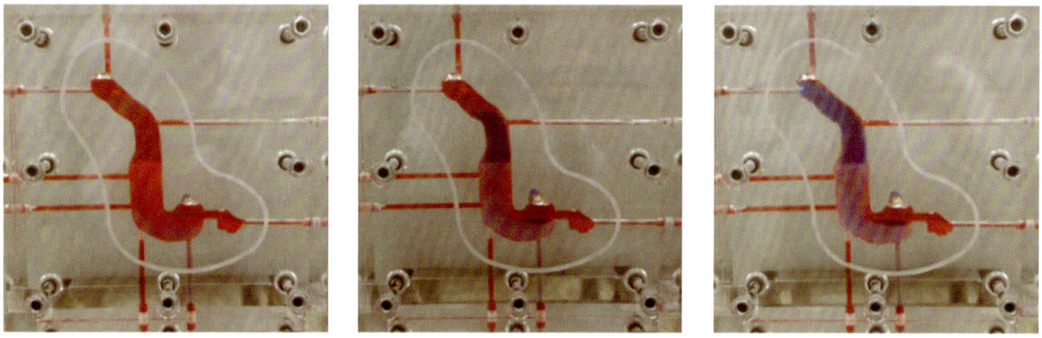

(a) 初期　　(b) 中期　　(c) 末期

图 4-69　单体大溶洞注采比实验（$2^{\#}$ 模型）

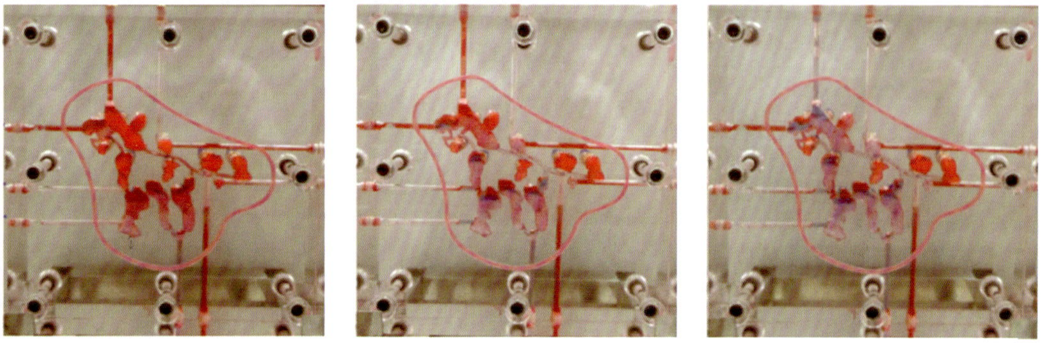

(a) 初期　　(b) 中期　　(c) 末期

图 4-70　裂缝-孔洞注采比实验（$7^{\#}$ 模型）

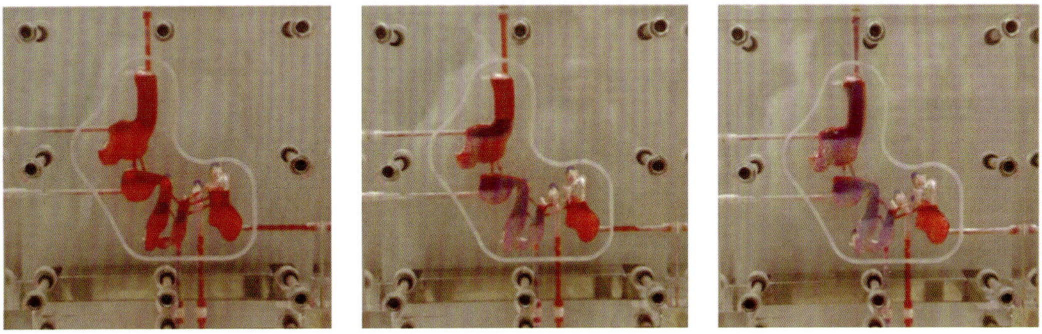

(a) 初期　　(b) 中期　　(c) 末期

图 4-71　裂缝-溶洞注采比实验(8# 模型)

2）注采比对驱油效率或采收率的影响分析

单体大溶洞类 2# 模型、裂缝-孔洞类 7# 模型及裂缝-溶洞类 8# 模型在注采比分别为 0.5，1 和 2 情况下的采收率结果如图 4-72～图 4-74 所示。2# 模型在注采比为 1 的情况下采收率最高；7# 模型和 8# 模型在注采比为 0.5 时采收率最高，在注采比为 1 的情况下也取得了较高的采收率；所有模型在注采比为 2 的情况下采收率最低。原因可能是在注采比为 0.5 时，由于供液不足，裂缝-孔洞类及裂缝-溶洞类模型的部分阁楼油采出，而当注采比为 2 时，注入的水过多，部分原油被驱替到边部和角隅处，不利于采出，因此在注水过程中不宜采用较大的注采比。

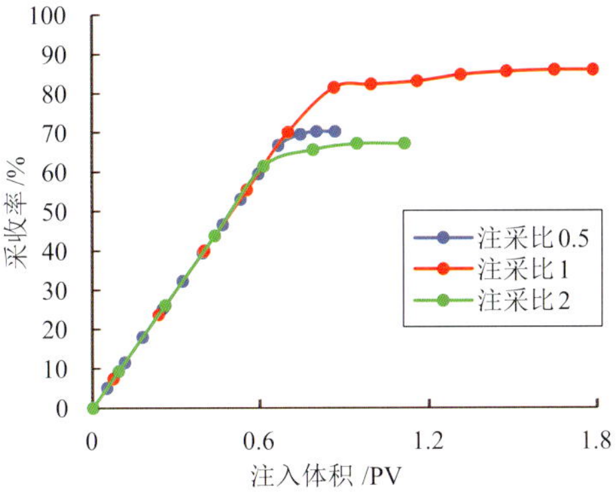

图 4-72　不同注采比采收率曲线(2# 模型)

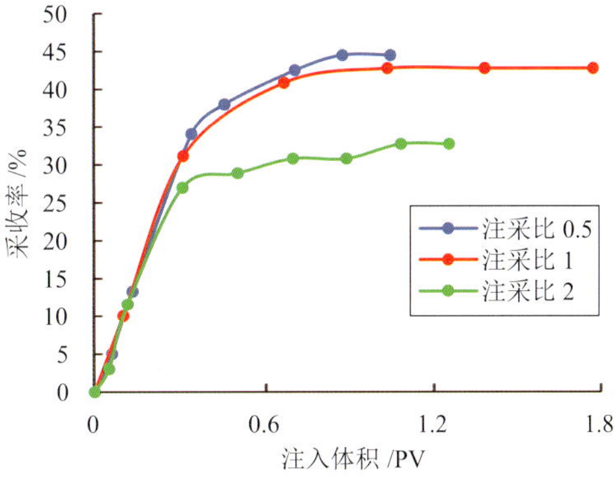

图 4-73　不同注采比采收率曲线(7# 模型)

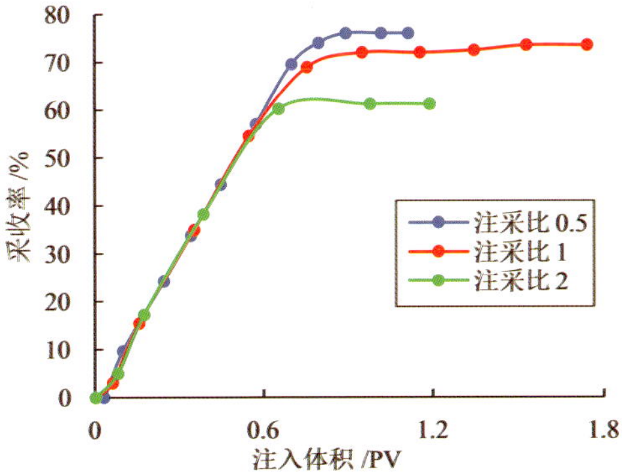

图 4-74　不同注采比采收率曲线(8# 模型)

3）注采比对含水率动态的影响分析

单体大溶洞类 2# 模型、裂缝-孔洞类 7# 模型及裂缝-溶洞类 8# 模型在注采比分别为 0.5，1 和 2 情况下的含水率变化如图 4-75～图 4-77 所示。注采比越小，无水采油期越长。无水采油期结束后，3 个模型含水率上升的速度相似。仅单体大溶洞类 2# 模型注采比为 2 时，见水后油井马上快速水淹，原因是注水速度过大，水驱前缘一旦突破，剩余油就很难被驱替。

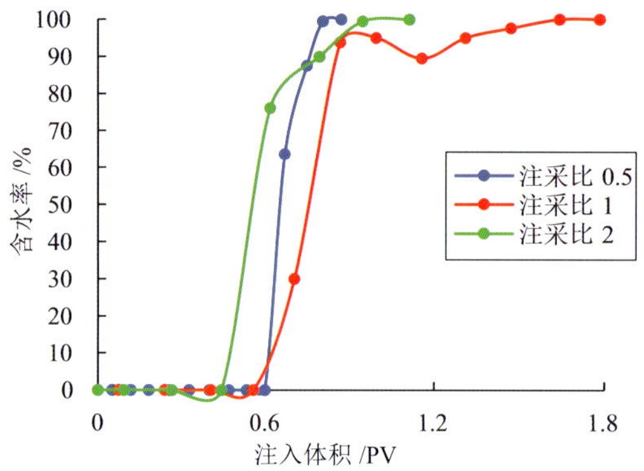

图 4-75 不同注采比含水率变化图(2# 模型)

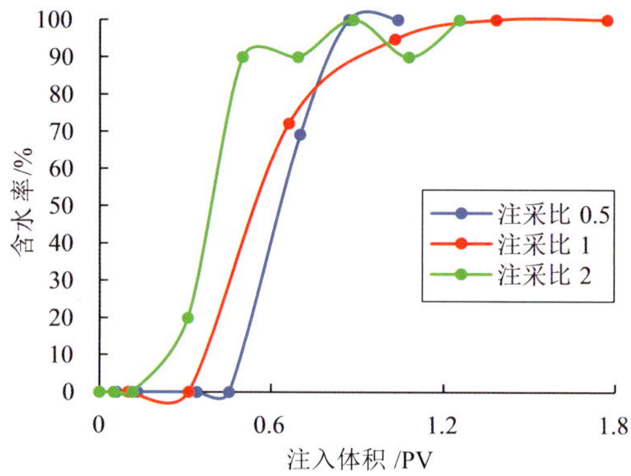

图 4-76 不同注采比含水率变化图(7# 模型)

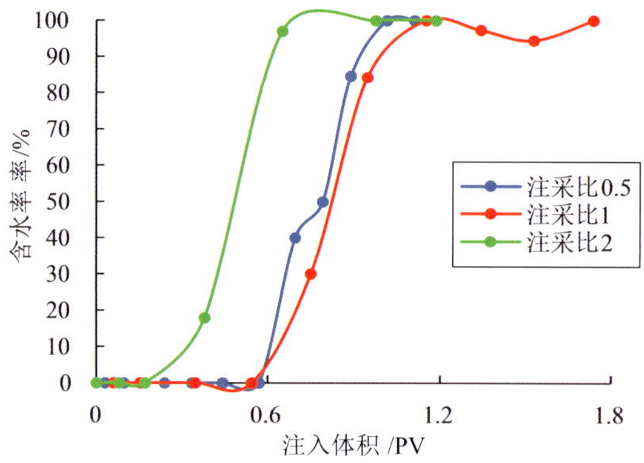

图 4-77 不同注采比含水率变化图(8# 模型)

4）注采比对剩余油分布的影响分析

图 4-78 为单体大溶洞类 2# 模型在不同注采比实验后的剩余油分布图。可以看到，顶部存在阁楼油，充填物中及较小的溶洞中也存在未驱替出的原油，注采比较小能够更好地驱替大溶洞中的原油，但驱替的范围有限。注采比越大，越能够驱替到右侧小溶洞内的原油，但大溶洞充填物中则存在较多剩余油。

图 4-79 为裂缝-孔洞类 7# 模型在不同注采比实验后的剩余油分布图。可以看到，主要在顶部存在阁楼油，而且在不能被水驱替到的部位存在大量的剩余油，尤其是连通性不好的孔洞中的原油不能被驱替出。

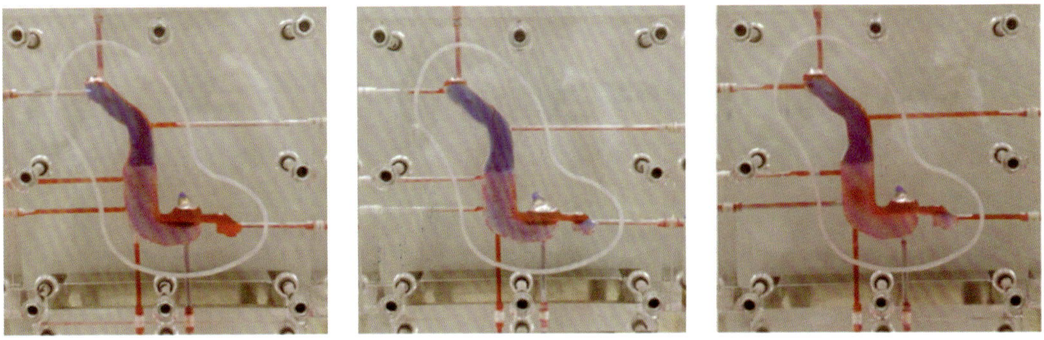

(a) 注采比0.5　　(b) 注采比1　　(c) 注采比2

图 4-78　不同注采比剩余油分布图(2# 模型)

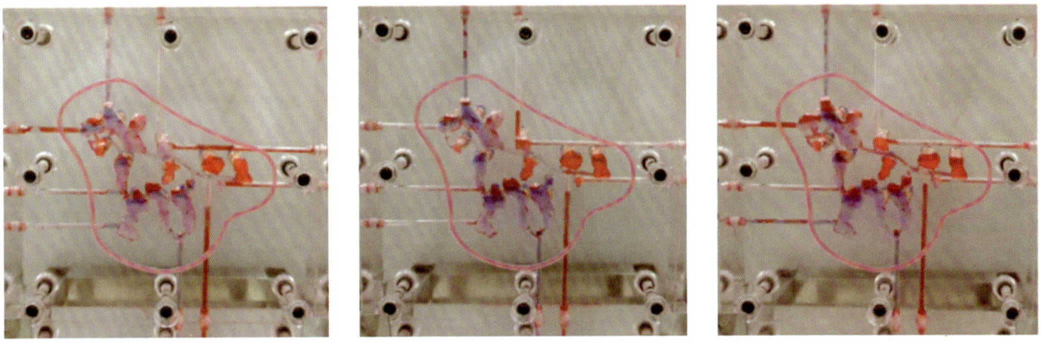

(a) 注采比0.5　　(b) 注采比1　　(c) 注采比2

图 4-79　不同注采比剩余油分布图(7# 模型)

图 4-80 为裂缝-溶洞类 8# 模型在不同注采比实验后的剩余油分布图。可以看到,剩余油主要分布在上部和最右侧的溶洞中,注采比越大,上部溶洞充填物内和边部的剩余油越多。注采比为 0.5 时,由于采出量大于注入量,最右侧溶洞高于连接缝部位内的原油可以被驱替出;注采比为 1 和 2 时,最右侧溶洞中的原油几乎采不出。

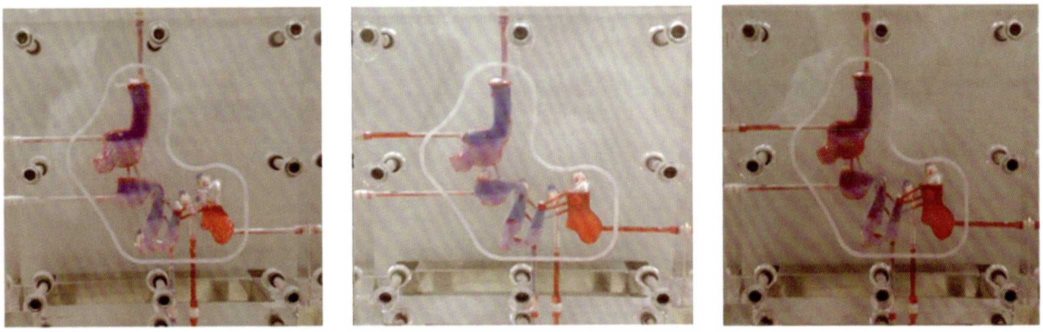

(a) 注采比0.5　　(b) 注采比1　　(c) 注采比2

图 4-80　不同注采比剩余油分布图(8# 模型)

上述实验结果表明:注采比小会导致供液不足;注采比大会导致缝洞体中的原油被驱向模型的边部,从而不易采出,同时容易发生水窜,油井快速水淹。因此,与碎屑岩油藏注水开采有相似的规律，保持合理的注采比，在注采平衡条件下开发是相对较好的，既能保持地层能量，又不至于发生水窜。

4.2.4 不同注水速度实验研究

注水速度是缝洞型油藏水驱开发效果的另一个重要影响因素，也与地层能量的强弱有关系。不同缝洞储集体的合理注水速度可能是不同的，要与不同缝洞储集体内的重力分异作用强度和裂缝系统的渗流特征相匹配或耦合，使后两者协同一致。

1）实验现象观测结果分析

选取单体大溶洞、裂缝-孔洞和裂缝-溶洞 3 类模型，在高速、中高速、中速和低速 4 种注水速度下开展注水速度模拟实验。各缝洞实验模型在不同注水速度条件下的水驱过程大致相似，注入水均沿着底部逐渐向上部的溶洞驱替，注水速度不同导致驱替的速度不同，油水重力分异作用于充填物中原油的驱替效果也不一样。其中，单体大溶洞类 3# 模型、裂缝-孔洞类 5# 模型及裂缝-溶洞类 10# 模型的中速注水实验过程分别如图 4-81～图 4-83 所示。

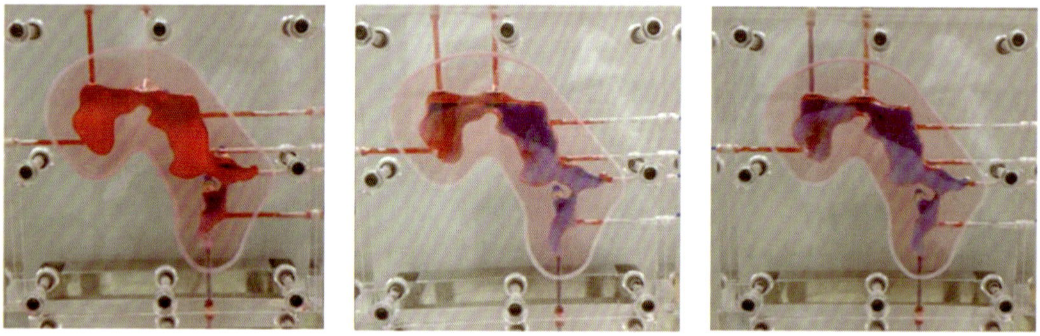

(a) 初期　(b) 中期　(c) 末期

图 4-81　单体大溶洞中速注水实验过程(3# 模型)

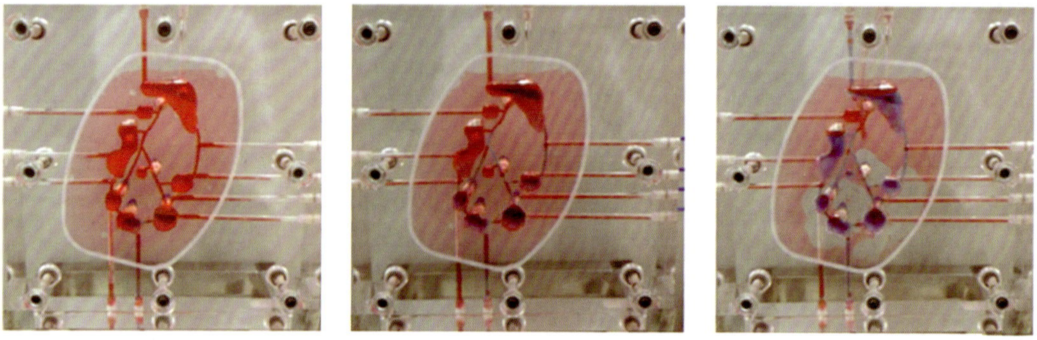

(a) 初期　(b) 中期　(c) 末期

图 4-82　裂缝-孔洞中速注水实验过程(5# 模型)

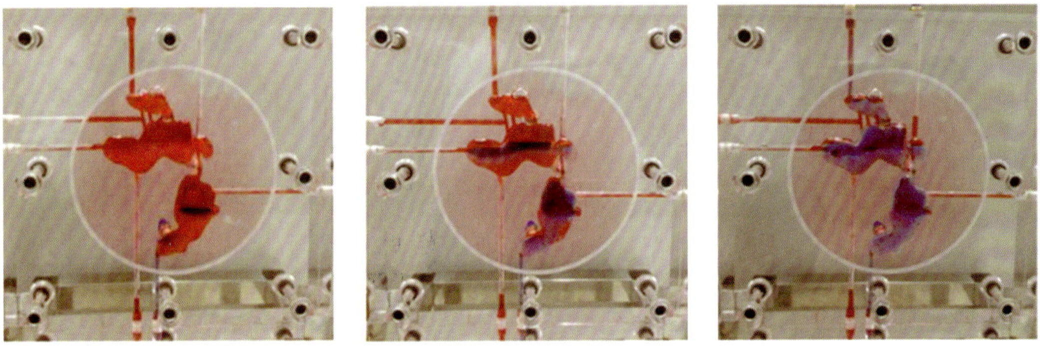

(a) 初期　　(b) 中期　　(c) 末期

图 4-83　裂缝-溶洞中速注水实验过程(10# 模型)

2）注水速度对驱油效率或采收率的影响分析

单体大溶洞、裂缝-孔洞和裂缝-溶洞 3 类模型在高速、中高速、中速和低速 4 种注水速度下的采收率曲线如图 4-84～图 4-86 所示。随着注入体积增加，采收率前期线性增大，后期逐渐趋于平稳，不同的注水速度下，采收率随注入体积增加而变化的趋势大致相同，最终采收率随着注水速度的增大而先增大后减小。3# 模型在注水速度为 10 mL/min 时取得最大的采收率 89.69%，5# 模型在注水速度为 15 mL/min 时取得最大的采收率 67.13%，10# 模型在注水速度为 10 mL/min 时取得最大的采收率 81.25%。

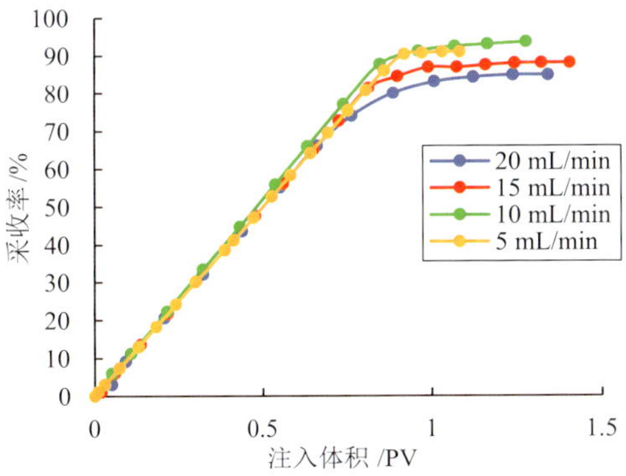

图 4-84　不同注水速度采收率曲线(3# 模型)

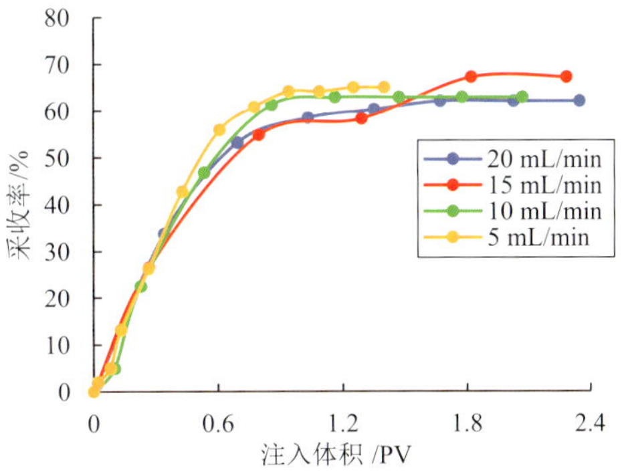

图 4-85　不同注水速度采收率曲线(5# 模型)

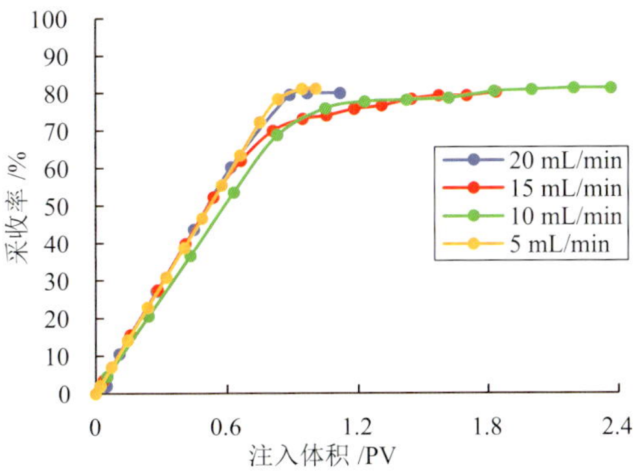

图 4-86　不同注水速度采收率曲线(10# 模型)

3）注水速度对含水率动态的影响分析

单体大溶洞、裂缝-孔洞和裂缝-溶洞 3 类模型在高速、中高速、中速和低速 4 种注水速度下的含水率变化曲线如图 4-87～图 4-89 所示。它们具有相同的变化规律，注水速度越小，无水采油阶段越长，但一旦见水，含水率就迅速上升，油井迅速被水淹，随着注水速度的增大，含水率上升的速度有所减缓，但当注水速度增加到 20 mL/min 时，无水采油期变短，而且水淹速度更快。

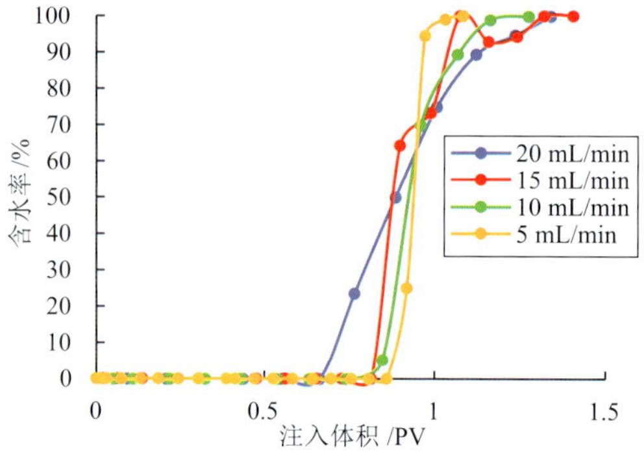

图 4-87　不同注水速度含水率曲线(3# 模型)

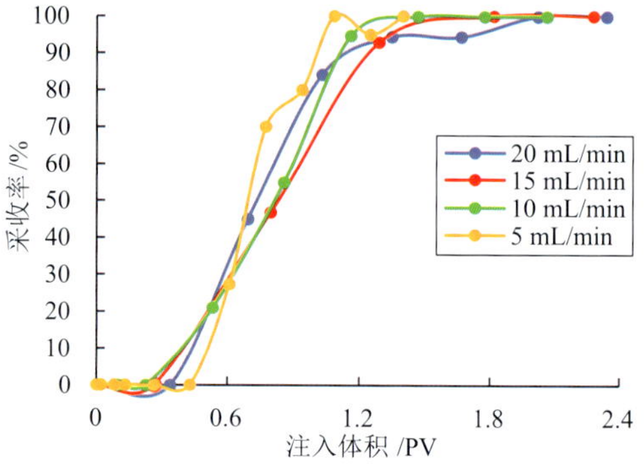

图 4-88　不同注水速度含水率曲线(5# 模型)

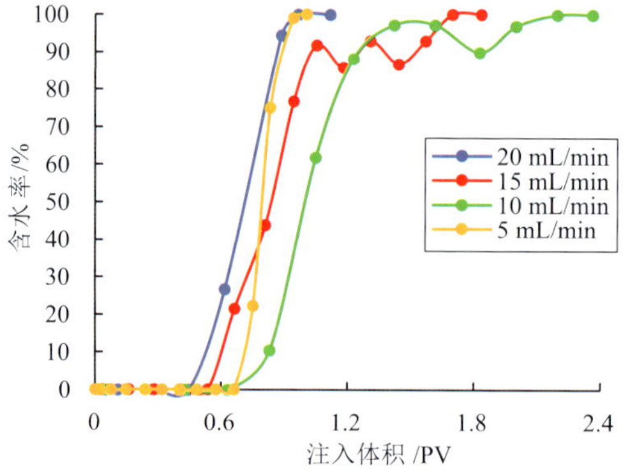

图 4-89　不同注水速度含水率曲线(10# 模型)

4）注水速度对剩余油分布的影响分析

不同模型在不同注水速度实验后的剩余油分布有一些差别，如图 4-90～图 4-92 所示。

图 4-90 为单体大溶洞类 3# 模型在不同注水速度下的剩余油分布图。顶部存在阁楼油，充填物中也存在未驱替出的原油，低部位比高部位的驱替效果好，剩余油较少，同时充填物中也存在少量的剩余油。

图 4-91 为裂缝-孔洞类 5# 模型在不同注水速度下的剩余油分布图。主要在顶部存在阁楼油，而且在不能被注入水驱替到的部位存在大量角隅油，连通性不好的孔洞中的原油不能被驱替出。

图 4-92 为裂缝-溶洞类 10# 模型在不同注水速度下的剩余油分布图。在各种注水速度

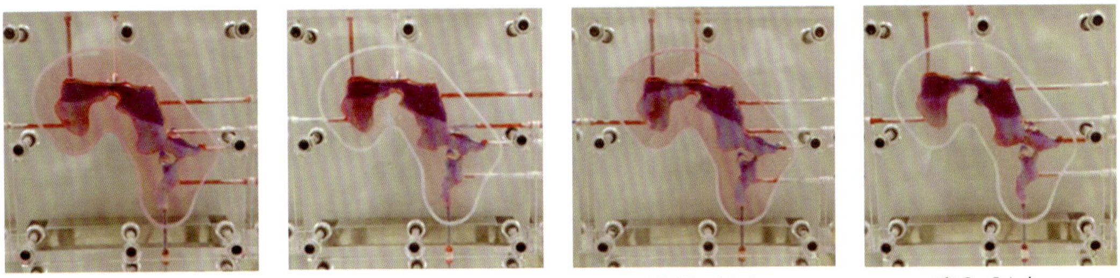

(a) 20 mL/min　(b) 15 mL/min　(c) 10 mL/min　(d) 5 mL/min

图 4-90　不同注水速度剩余油分布图(3# 模型)

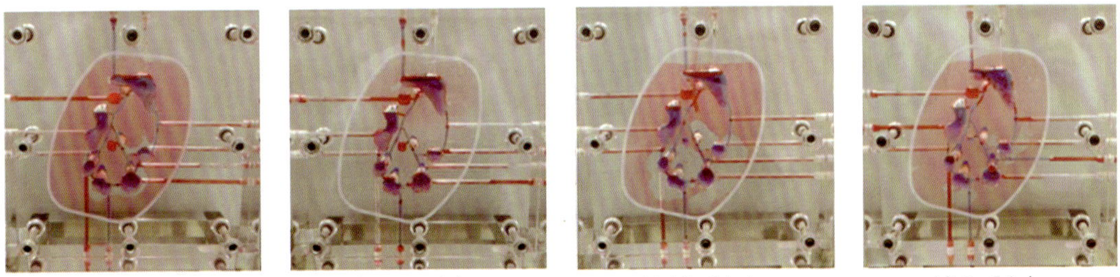

(a) 20 mL/min　(b) 15 mL/min　(c) 10 mL/min　(d) 5 mL/min

图 4-91　不同注水速度剩余油分布图(5# 模型)

下,阁楼油、角隅油和充填物中剩余油的情况均存在;注水速度越大,阁楼油和充填物中剩余油越多;中等注水速度时,能够更好地驱替与流道相连的各溶洞中的原油,驱替效果更好。

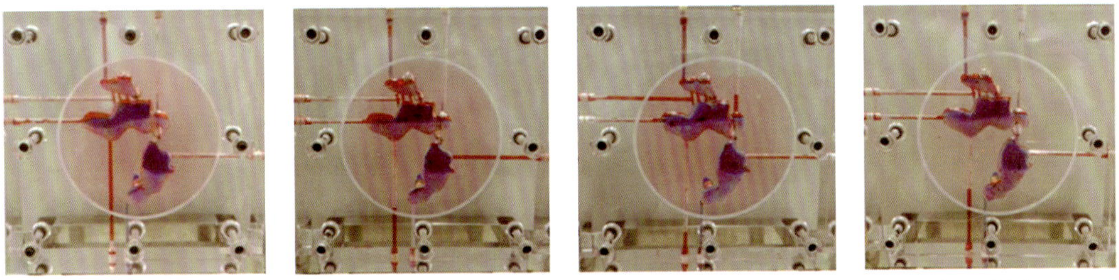

(a) 20 mL/min　(b) 15 mL/min　(c) 10 mL/min　(d) 5 mL/min

图 4-92　不同注水速度剩余油分布图(10# 模型)

通过实验可知,3 个缝洞实验模型在最低注水速度及最高注水速度下的剩余油都不是最少,单体大溶洞类 3# 模型及裂缝-溶洞类 10# 模型在 10 mL/min 注水速度下剩余油最少,裂缝-孔洞类 5# 模型在 15 mL/min 注水速度下剩余油最少,说明增大注水速度不一定能驱替更多的原油,而是存在一个最优的注水速度。

4.2.5　不同注水方式实验研究

油田注水开发方式有常规连续注水和不稳定注水。层控与断控储集体的地质特征差异较大,其水驱特征也存在差异。以 S80 单元单体大溶洞类 3# 模型、裂缝-孔洞类 5# 模型、裂缝-溶洞类 $10^{\#}$ 模型以及垂直断裂带方向正花状断控缝洞模型为例，仍然从实验现象、驱油效率、含水率特征、剩余油分布特征等方面考察不同注水方式（周期注水、脉冲注水）对水驱动态及效果的影响。

1）实验现象观测结果分析

（1）周期注水。

周期注水包括对称注水、短注长停、长注短停 3 种模式。研究单体大溶洞类 $3^{\#}$ 模型、裂缝-孔洞类 $5^{\#}$ 模型及裂缝-溶洞类 $10^{\#}$ 模型以及正花状断控缝洞模型的周期注水情况，对实验现象的观测结果进行说明。

图 4-93～图 4-95 是 3 种层控模型在周期注水初期（累积注水量小）、中期（累积注水量中等）和末期（累积注水量大）观测到的油水分布情况，其中注水强度为 5 mL/min。显然，剩余油分布特征既受总注入量控制，又与储集空间结构和注采井位有关系。

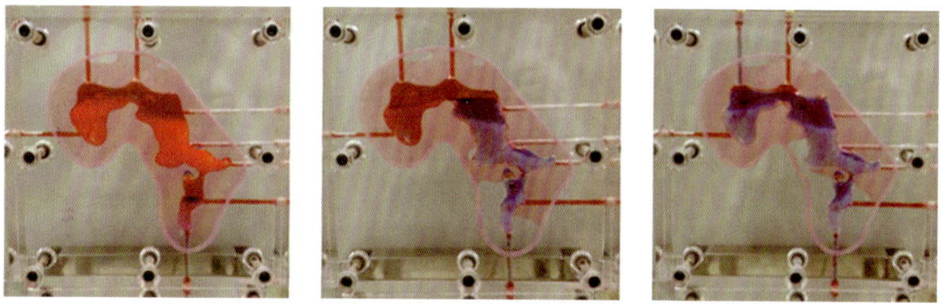

(a) 初期（2 min）　(b) 中期（5 min）　(c) 末期（10 min）

图 4-93　周期注水实验过程（$3^{\#}$ 模型）

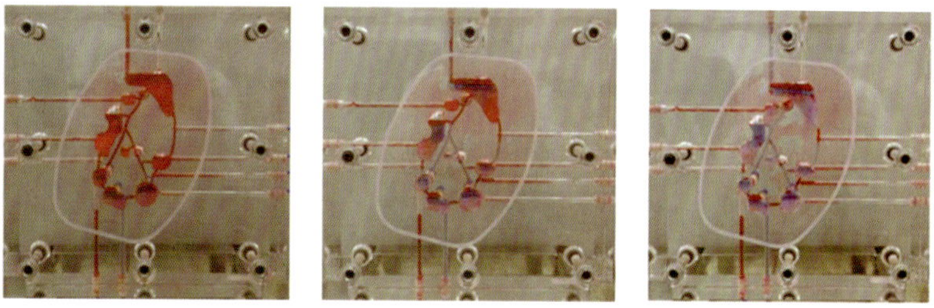

(a) 初期（2 min）　(b) 中期（5 min）　(c) 末期（10 min）

图 4-94　周期注水实验过程（$5^{\#}$ 模型）

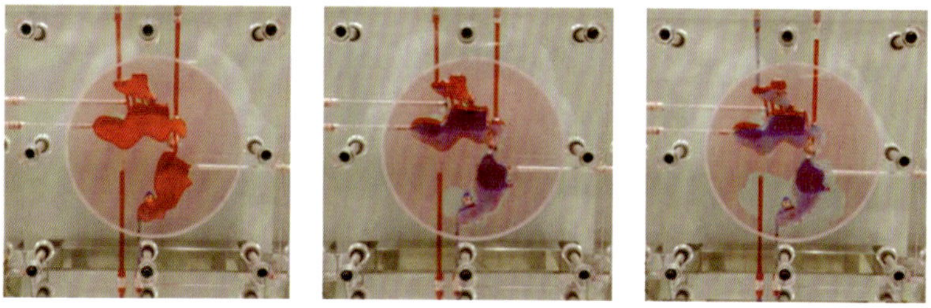

(a) 初期（2 min）　(b) 中期（5 min）　(c) 末期（10 min）

图 4-95　周期注水实验过程（$10^{\#}$ 模型）

图 4-96～图 4-98 是垂直断裂带方向正花状断控缝洞模型在对称注水和短注长停、长注短停水驱过程中的油水变化图。由于注采位置有利，整体剩余油分布具有相似性，但长

注短停在见水时和水淹后的剩余油分布更广。

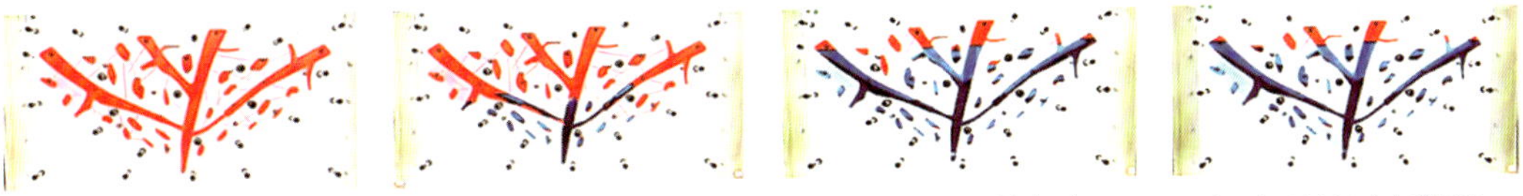

(a) 0 PV　　(b) 0.4 PV　　(c) f_w=0%（见水时）　　(d) f_w=100%（水淹后）

图 4-96　断控模型对称注水实验变化图

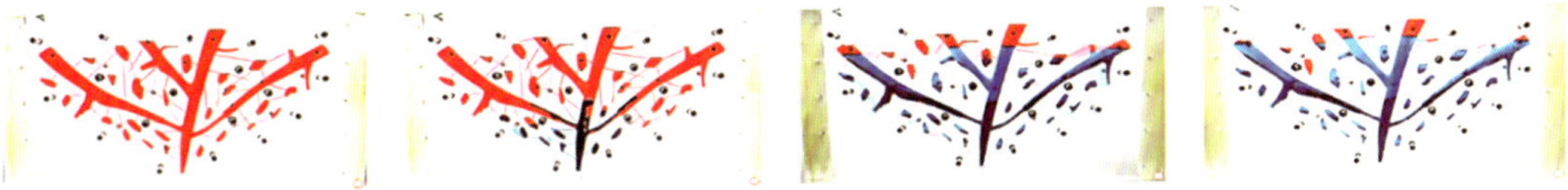

(a) 0 PV　　(b) 0.4 PV　　(c) f_w=0%（见水时）　　(d) f_w=100%（水淹后）

图 4-97　断控模型短注长停实验变化图

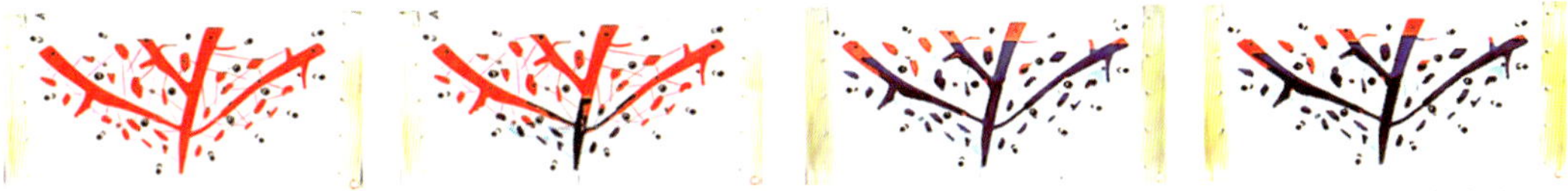

(a) 0 PV　　(b) 0.4 PV　　(c) f_w=0%（见水时）　　(d) f_w=100%（水淹后）

图 4-98　断控模型长注短停实验变化图

（2）脉冲注水。

脉冲注水指在 1 个周期内不断改变注水速度。仍选取单体大溶洞类 3# 模型、裂缝-孔洞类 5# 模型及裂缝-溶洞类 10# 模型以及正花状断控缝洞模型研究脉冲注水情况，对实验现象和结果进行说明。

图 4-99～图 4-101 是 3 种层控模型分别在脉冲注水初期（注水速度小，累积注水量小）、中期（达到最大注水速度，累积注水量中等）和末期（恢复到最小注水速度，累积注水量大）时观测到的油水分布情况。其中，每 2 min 为一个流速段，每个流速段对应的注水速度分别为 5 mL/min，10 mL/min，20 mL/min，10 mL/min，5 mL/min。与周期注水相比，剩余油分布特征除了主要受总注入量控制外，还受储集空间结构和注采井位影响。脉冲注水对驱替过程中剩余油的分布有影响，但对最终剩余油分布影响不大。

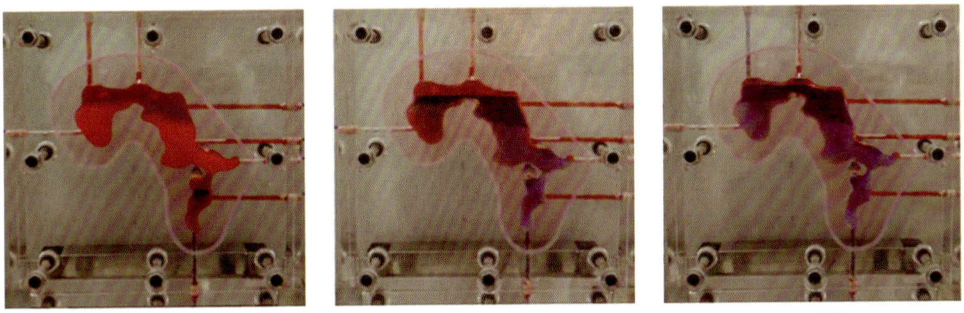

(a) 初期　　(b) 中期　　(c) 末期

图 4-99　脉冲注水实验（3# 模型）

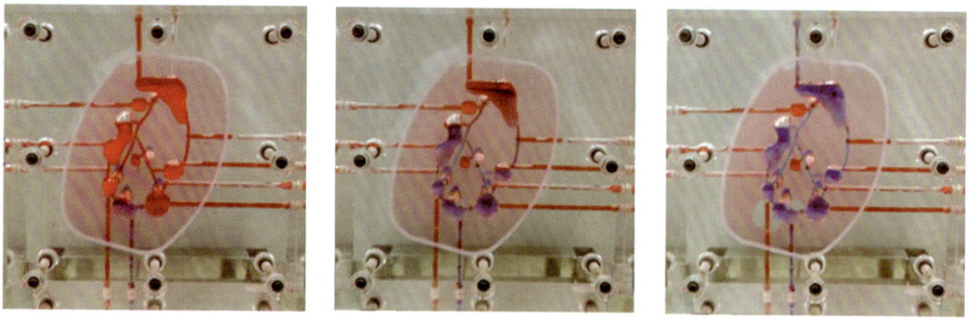

(a) 初期 (b) 中期 (c) 末期

图 4-100 脉冲注水实验(5# 模型)

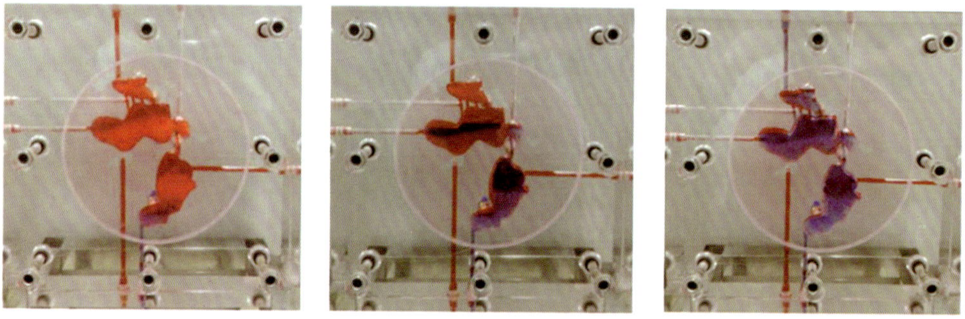

(a) 初期 (b) 中期 (c) 末期

图 4-101 脉冲注水实验(10# 模型)

图 4-102 是垂直断裂带方向正花状断控缝洞模型在低注高采、孔洞注-孔洞采、一注四采、50%充填条件下,相同脉冲注水方式对各个时期剩余油分布影响的观测结果。与周期注水相比,见水时的剩余油差异不大,但水淹后的剩余油分布范围要小一些,说明脉冲注水方式更适合断控缝洞储集体的注水开发。

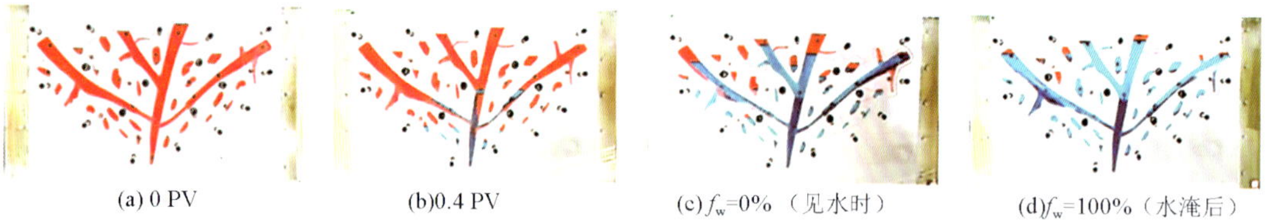

(a) 0 PV (b)0.4 PV (c) f_w=0%(见水时) (d)f_w=100%(水淹后)

图 4-102 断控模型脉冲注水实验

对于层控单体大溶洞类 3# 模型、裂缝-孔洞类 5# 模型及裂缝-溶洞类 10# 模型,周期注水与脉冲注水均采用了与注水速度实验一样的模型,也选择了低注高采的注采位置,实验过程中注入水均从底部开始逐渐驱替上部的缝洞体。在周期注水的停注时期,注入孔洞中的水通过重力分异能够更有效地驱替充填物中的原油,而脉冲注水在每段周期的注水速度不同,驱油的速度也不同,增加了流场的扰动。

由断控模型在不同注水方式下的油水分布变化图可以看出,在开发前期注入水主要作用于断裂底部充填物中,整体波及范围的差异较小。脉冲注水使得注入水在充填物中容易窜流而形成优势流动通道,导致充填物中驱替较差;而周期注水(对称注水、长注短停、短注长停)中的停注阶段有利于发挥重力的作用,尤其是对称注水使得充填物中的原油被大量置换,导致纯油期相对较长。在开发后期,重力作用均达到最大化,充填物中原油被完全置换。

总之,周期注水和脉冲注水属于不稳定注水,一方面可通过扰动流场从而扩大波及,另一方面可有效削弱优势流动通道形成后所带来的影响,尤其是脉冲注水增加了流场扰动强度,使得后期开发效果更好。

2) 注水方式对采收率的影响分析

(1) 层控模型采收率。

采用层控 3 种模型在对称注水、短注长停和长注短停 3 种模式下进行周期注水物理模拟实验,得到的采收率变化曲线如图 4-103～图 4-111 所示。

图 4-103～图 4-105 是层控 3 种模型在对称注水 3 种注水强度下的采收率变化图,可见对称注水对层控储集体的最终开发效果整体影响不大。其中,5# 模型在 3 种注水模式所用时间大致相同的情况下,注 5 min 停 5 min 方式的采收率比其他 2 种方式高,说明层控裂缝 孔洞类缝洞储集体存在一个合理的注水强度。

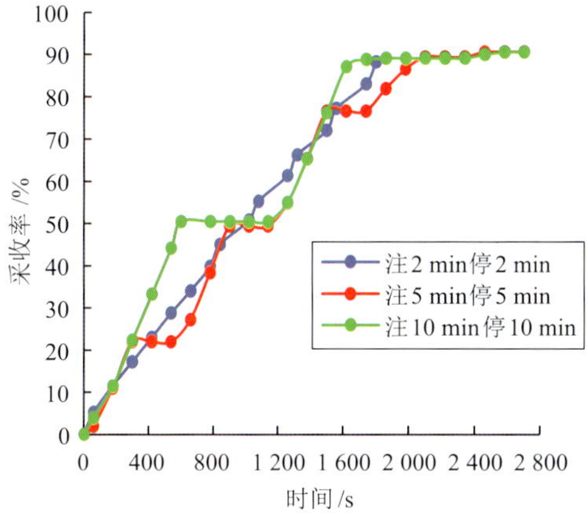

图 4-103　对称注水采收率变化图(3# 模型)

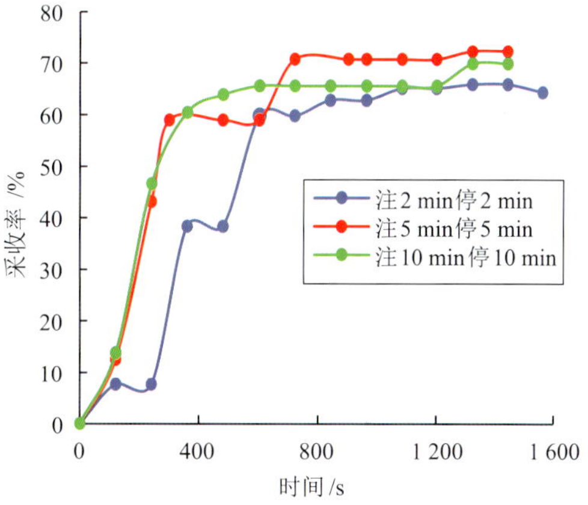

图 4-104　对称注水采收率变化图(5# 模型)

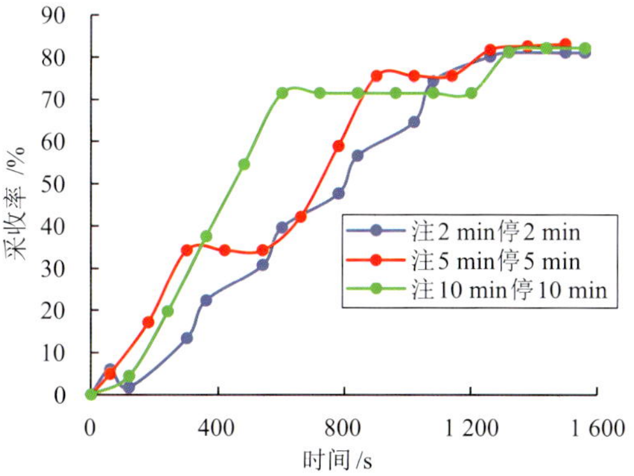

图 4-105　对称注水采收率变化图(10# 模型)

图 4-106～图 4-108 是层控 3 种模型在短注长停 3 种注水强度下的采收率变化图。由此可见：① 3# 模型注 2 min 停 10 min 采收率比其他 2 种方式更高一些，即开发效果更好，原因可能是较长停注时间能使注入水通过重力作用与大溶洞充填物中的原油充分置换，从而驱替出更多的原油；② 5# 模型在 3 种模式下的采收率大致相同，说明只要有足够的停注时间以确保裂缝-溶孔洞储层内重力分异充分，就可以取得好的开发效果；③ 10# 模型的采收率排序为注 2 min 停 10 min＞注 2 min 停 5 min＞注 5 min 停 10 min，说明在溶洞体及相对大的裂缝-溶洞储层中，合理较长停注时间有利于裂缝连通溶洞中的原油被重力作用充分置换出来。

图 4-109～图 4-111 是层控 3 种模型在长注短停 3 种注水强度下的采收率变化图。对于单体大溶洞类 1# 模型及裂缝-孔洞类 5# 模型，最终采收率差不多，说明不同的长注短停模式对其最终采收率影响较小。对于溶洞体及相对大的裂缝-溶洞类 10# 模型，采收率的排序为注10 min停 5 min＞注 5 min 停 2 min＞注 10 min 停 2 min，说明在相对较长的停注周期下采收率更高，较长的停注时间有利于裂缝连通溶洞中的原油被重力作用充分驱替出来。

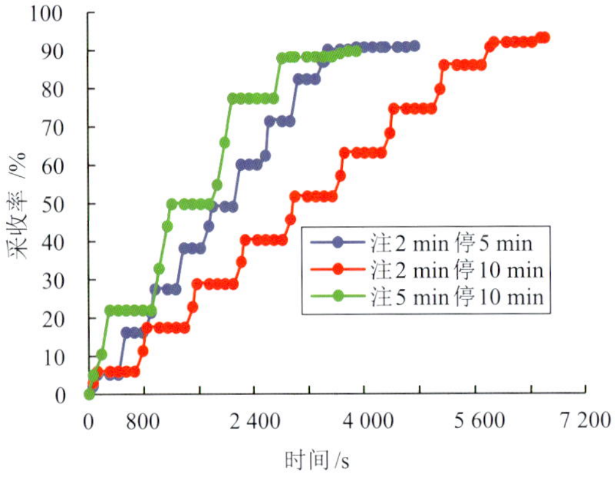

图 4-106 短注长停采收率变化图(3# 模型)

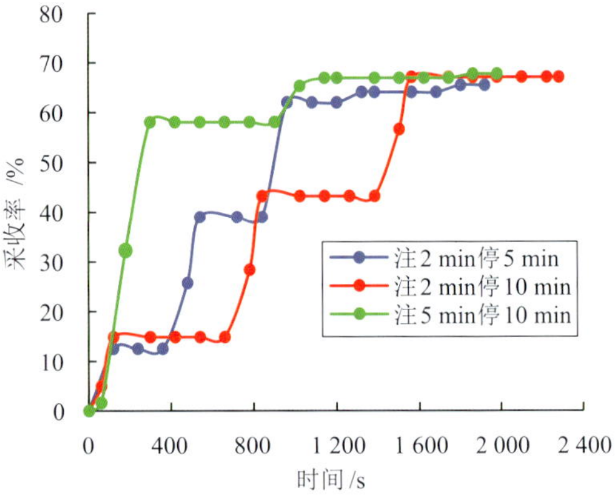

图 4-107 短注长停采收率变化图(5# 模型)

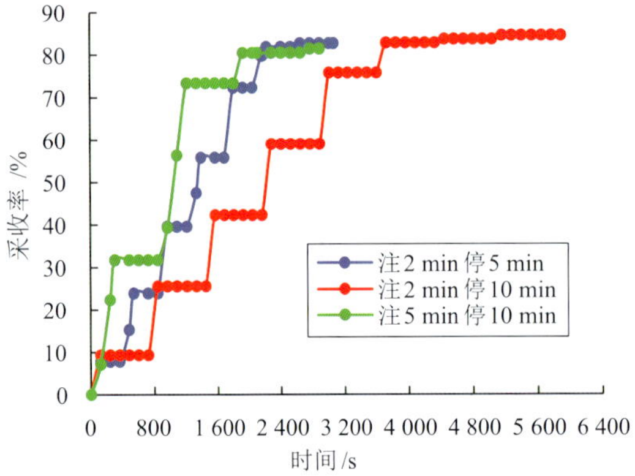

图 4-108 短注长停采收率变化图(10# 模型)

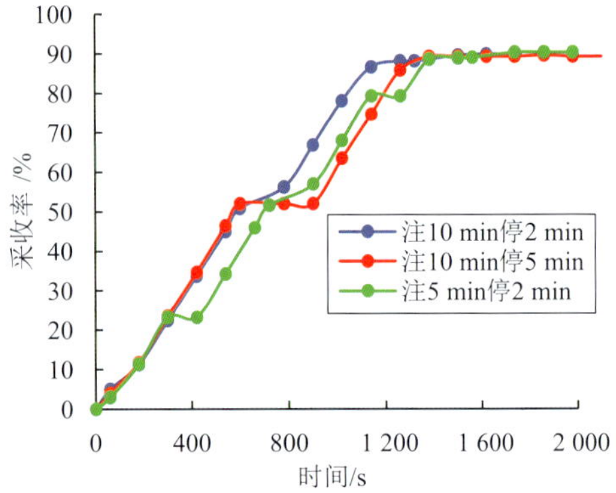

图 4-109 长注短停采收率变化图(3# 模型)

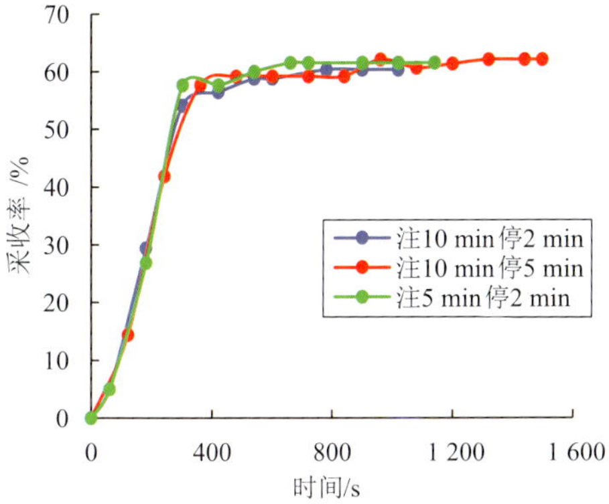

图 4-110　长注短停采收率变化图(5# 模型)

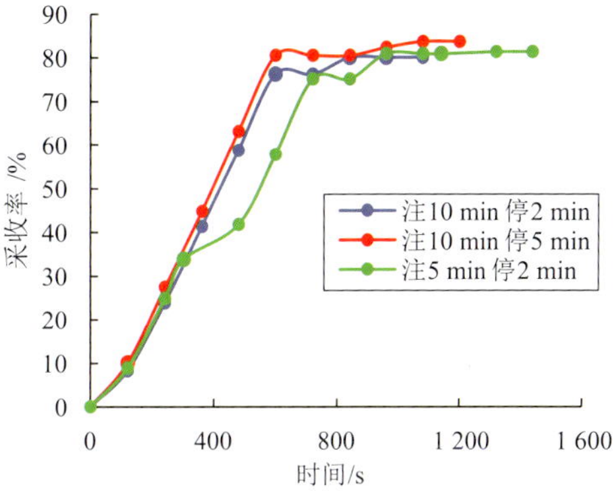

图 4-111　长注短停采收率变化图(10# 模型)

层控 3 种模型脉冲注水物理模拟实验的采收率变化曲线如图 4-112～图 4-114 所示。单体大溶洞类 3# 模型与裂缝-孔洞类 5# 模型的采收率曲线整体呈“厂”字形，采油速度与注水强度直接相关。裂缝-溶洞类 10# 模型的采收率曲线呈“S”字形，反映了有裂缝连通的溶洞中的原油逐渐被重力作用充分驱替出来的动态过程。

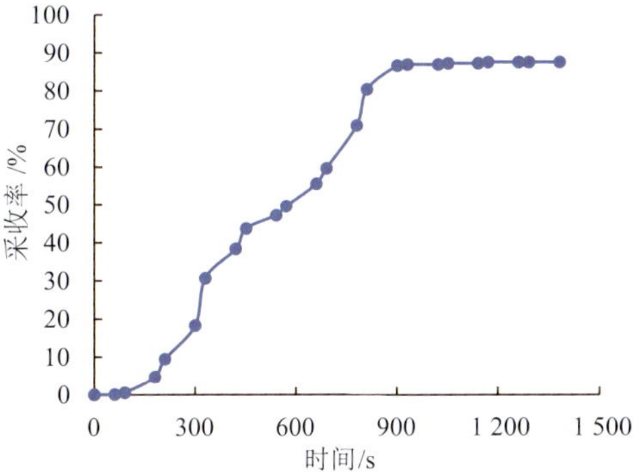

图 4-112　脉冲注水采收率变化图(3# 模型)

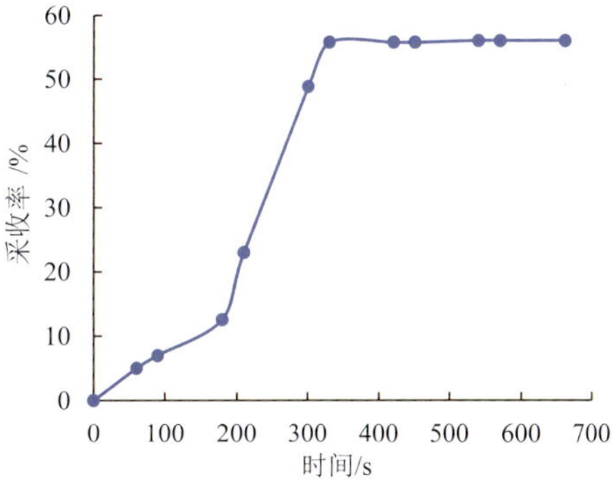

图 4-113　脉冲注水采收率变化图(5# 模型)

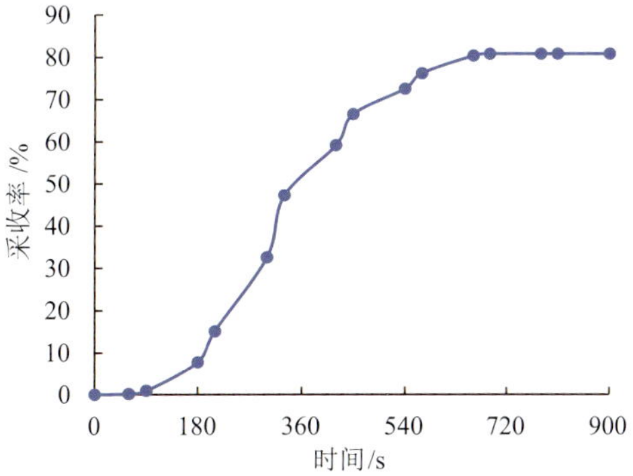

图 4-114　脉冲注水采收率变化图(10# 模型)

层控 3 种模型不同注水方式下的最终采收率见表 4-8，从采收率的情况看，总体上周期注水效果稍好。对于单体大溶洞类 3# 模型，停注的周期越长，最终采收率相对越高，短注长停注水方式更优；对于裂缝-孔洞类 5# 模型，对称注水的最终采收率更高；对于裂缝-溶洞类 10# 模型，由于存在较多的大溶洞，停注的周期越长越有利于最终采收率的提高，说明对于存在较大溶洞的 10# 模型，短注长停注水方式更有利于原油的驱替。

表 4-8　不同注水方式下的最终采收率　单位：%

注水方式		3# 模型	5# 模型	10# 模型
连续注水		89.69	62.90	81.25
周期注水	注 2 min 停 2 min	90.72	64.31	81.03
	注 5 min 停 5 min	90.59	72.32	83.99
	注 10 min 停 10 min	90.44	69.82	82.14
	注 2 min 停 5 min	90.98	66.25	82.75
	注 2 min 停 10 min	93.09	67.06	84.58
	注 5 min 停 10 min	89.57	66.94	81.39
	注 10 min 停 2 min	89.88	60.37	80.07
	注 10 min 停 5 min	89.25	62.13	83.71
	注 5 min 停 2 min	90.33	61.53	81.33
脉冲注水		87.52	56.06	80.33

(2) 断控模型采收率。

图 4-115 是断控模型在不同注水方式下的实验结果，显然断控模型驱替效果受驱替方式影响较大。主要表现为：① 最终采收率由高到低分别为高强度脉冲、短注长停、对称注水、长注短停和连续注水；② 注入体积 0.8 PV 是整个水驱过程的重要节点，0.8 PV 之前对称注水效果最好，0.8 PV 之后脉冲注水效果最好；③ 连续注水的水驱效果较差，其他注水方式的无水采出程度均不同程度地高于连续注水，其中以对称注水和脉冲注水最高，但对称注水所需注水量却比脉冲注水少 0.4 PV。由此可见，开发前期对称注水效果较好。

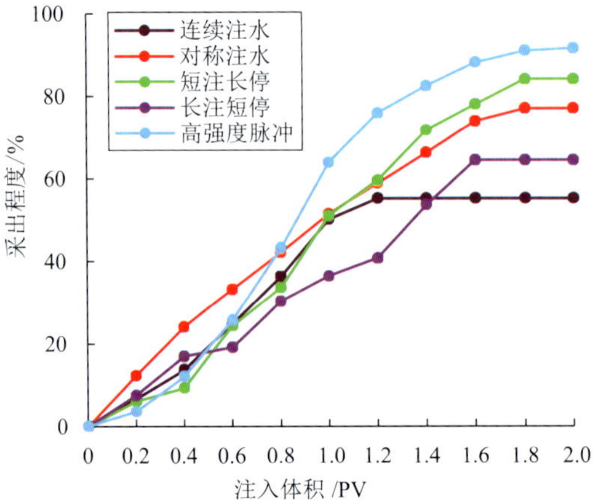

图 4-115　断控模型在不同注水方式下的采出程度曲线

3）注水方式对含水率动态的影响分析

(1) 层控模型含水率动态。

图 4-116～图 4-118 是层控 3 种模型在对称注水 3 种强度下的含水率变化图。① 3# 模型在 3 种模式下都具有较长的无水采油期，一旦见水后，含水率都快速上升；在后期油水同产阶段，停注后开井生产时含水率都明显下降，然后又抬升，这是因为停注使大溶洞内的水与下部充填物中的原油在重力作用下充分置换，部分原油能被驱替出来。② 5# 模型注 2 min停 2 min 注水方式最能够延缓含水率的快速上升趋势，注 5 min 停 5 min 和注 10 min 停 10 min 在高含水阶段停注后开井生产时含水率也有小幅下降，然后上升。③ 10# 模型 3 种注水方式下的含水率曲线变化趋势相似，注 5 min 停 5 min 在高含水阶段有较长的油水同产期，这是由于靠裂缝连通的溶洞中的原油需要有足够时间才能被重力作用充分置换出来。

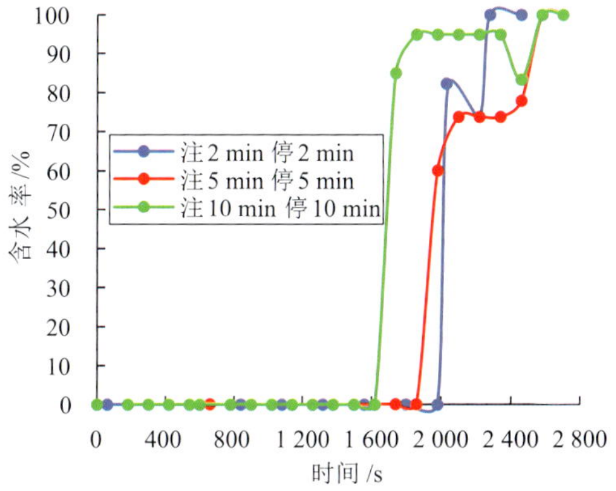

图 4-116　对称注水含水率变化图(3# 模型)

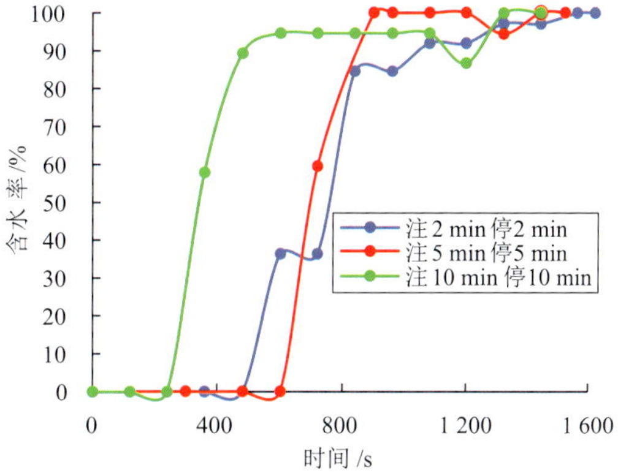

图 4-117　对称注水含水率变化图(5# 模型)

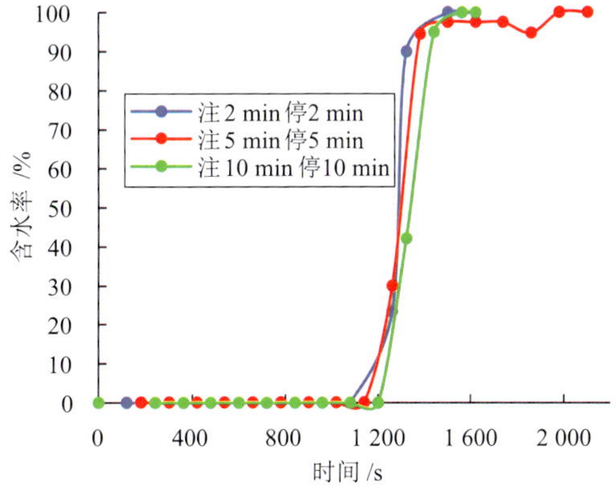

图 4-118　对称注水含水率变化图(10# 模型)

图 4-119～图 4-121 是层控 3 种模型短注长停注水模式下的含水率变化图。① 3# 模型注 2 min 停 10 min 注水方式下有最长的无水采油期(采油速度低)，在油水同产期，停注后开采都有一个含水率降低的时间段。② 5# 模型较长的停注周期对其影响很小，含水率总体一直呈现上升(与裂缝-溶孔模型属于渗流范畴有关)趋势。③ 10# 模型注 2 min 停

10 min注水方式下含水率一直处于上升的趋势(除了在停注阶段),注 2 min 停 5 min 和注 5 min停 10 min 在高含水阶段停注周期后有一个含水率降低的阶段(同样反映了靠裂缝连通的溶洞中的原油被重力作用充分置换出来是需要一定时间的)。

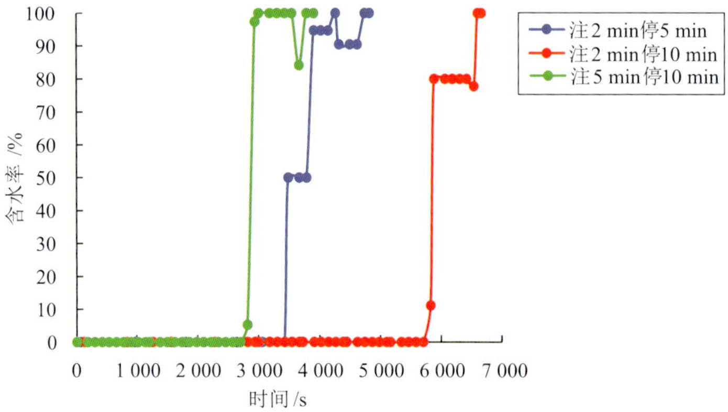

图 4-119 短注长停含水率变化图(3# 模型)

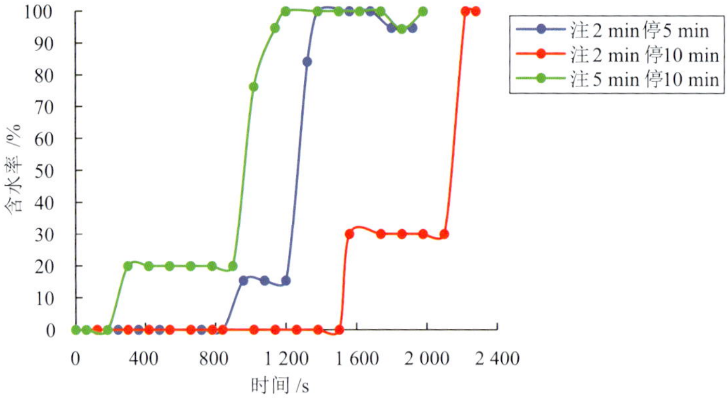

图 4-120 短注长停含水率变化图(5# 模型)

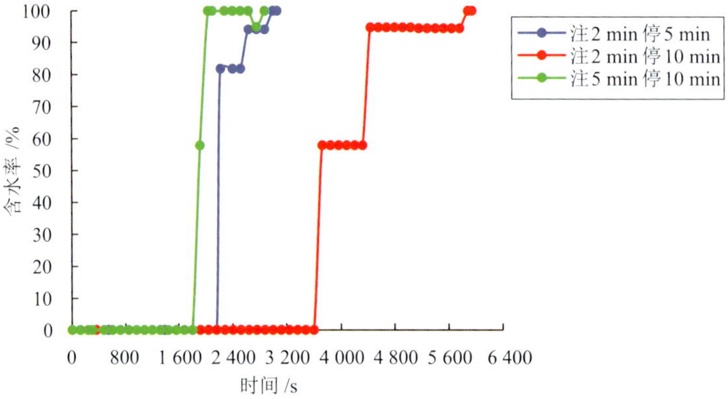

图 4-121 短注长停含水率变化图(10# 模型)

图 4-122～图 4-124 是层控 3 种模型长注短停注水模式下的实验动态及含水率实验结果,可知短暂的停注周期对含水率曲线的影响有限。3# 模型在注 10 min 停 2 min 和注

5 min停 2 min 注水方式下的高含水阶段停注后有一段时间含水率大幅下降。10# 模型不同的长注短停注水方式下含水率一直处于上升趋势。

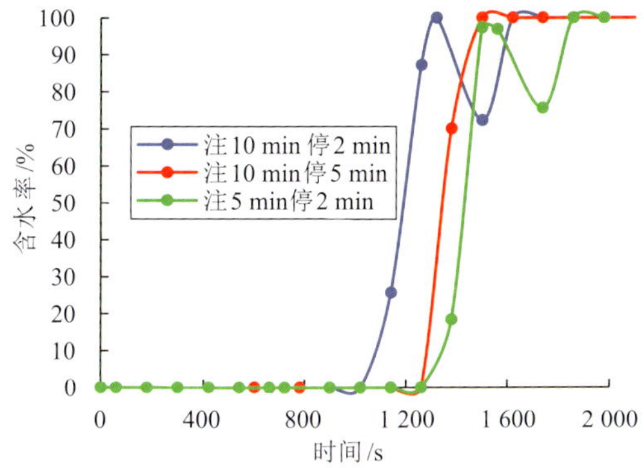

图 4-122　长注短停含水率变化图(3# 模型)

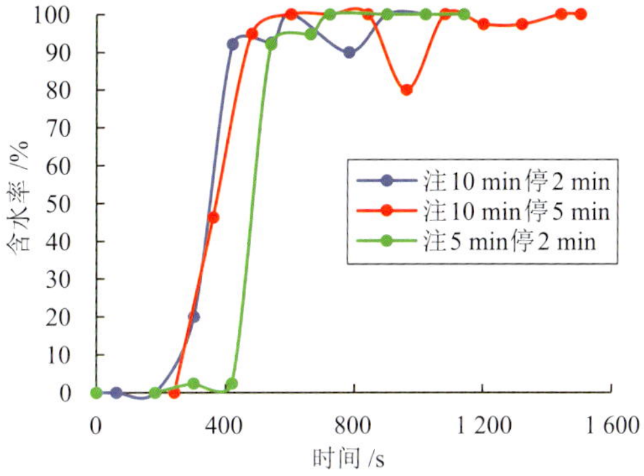

图 4-123　长注短停含水率变化图(5# 模型)

图 4-125～图 4-127 是层控 3 种模型脉冲注水模式下的含水率变化图。从图中可知，不同的注采阶段内注水速度对单体大溶洞类 3# 模型具有较大的影响，含水率处于波动状态；注水速度对裂缝-孔洞类 5# 模型也有一定的影响，但影响有限；裂缝-溶洞类 10# 模型的含水率在无水采油阶段后快速上升，总体呈“厂”字形。

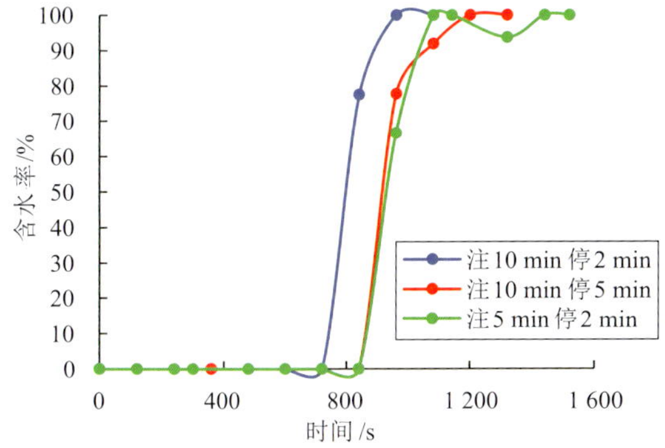

图 4-124　长注短停含水率变化图(10# 模型)

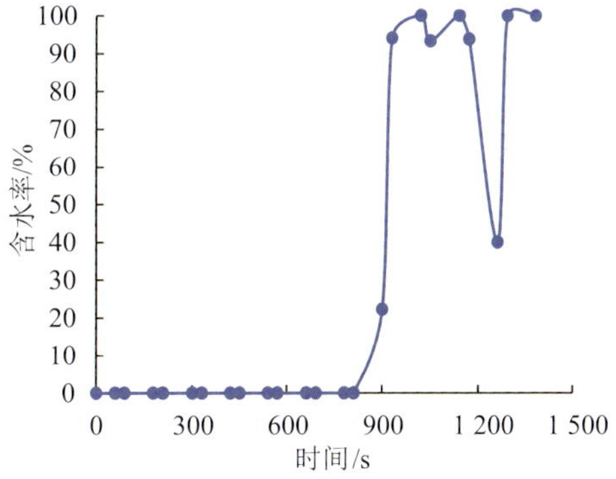

图 4-125　脉冲注水含水率变化图(3# 模型)

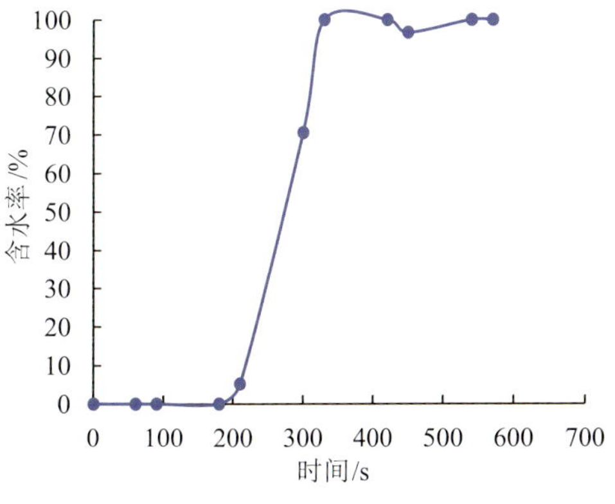

图 4-126　脉冲注水含水率变化图(5# 模型)

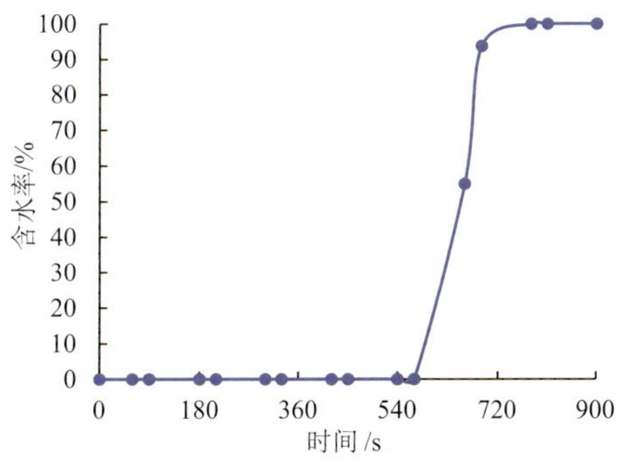

图 4-127　脉冲注水含水率变化图(10# 模型)

(2) 断控模型含水率动态。

图 4-128 是断控模型在不同注水方式下的含水率曲线。从图中可知,周期注水可以延长无水采油时间,同时能够更好地抑制水锥及水窜现象,延缓油井出水后快速水淹的情况。而脉冲注水的采收率不高,含水率上升速度也快,水驱效果不理想。但见水后脉冲注水时的含水率上升趋势较缓,油水同出期较长,说明在开发后期流场扰动起了较大作用。因此,对于具有断控特征的正花状或夹心饼状缝洞结构而言,开发前期选择对称注水,开发后期选择脉冲注水才是最优的注水方式组合,可最大幅度改善水驱效果。

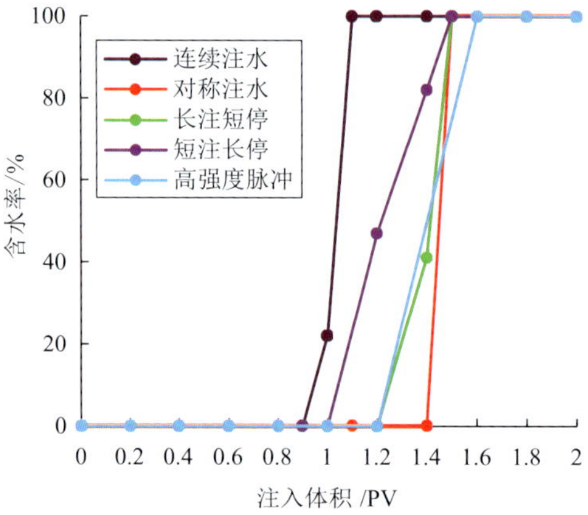

图 4-128 断控模型在不同注水方式下的含水率曲线

4) 注水方式对水驱剩余油分布的影响分析

(1) 层控模型剩余油分布特征。

层控 3 种模型对称注水模式下的水驱剩余油分布特征如图 4-129～图 4-131 所示。① 单体大溶洞类 3# 模型在不同对称注水模式下的剩余油分布情况整体差别不大,以阁楼油和角隅油为主,但停注时间越长,充填物中的原油重力渗流驱替效果越好(图 4-129)。② 裂缝-孔洞类 5# 模型在不同对称注水模式下的剩余油分布特征具有相似性,剩余油主要分布在驱替不好的孔洞中,注水周期对其影响不大(图 4-130)。③ 裂缝-溶洞类 10# 模型在不同对称注水模式下的剩余油分布特征也表现出相似性,剩余油主要分布在溶洞的充填物中、孔洞的顶部及角隅处,注水周期对其影响不大(图 4-131)。

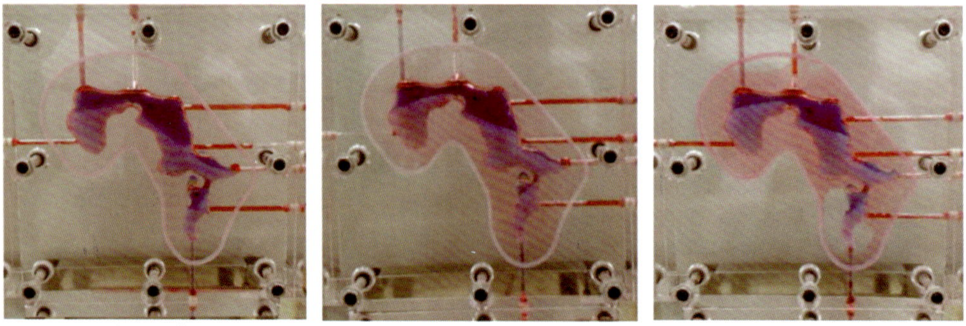

(a) 注2 min停5 min　(b) 注2 min停10 min　(c) 注5 min停10 min

图 4-129 对称注水剩余油分布(3# 模型)

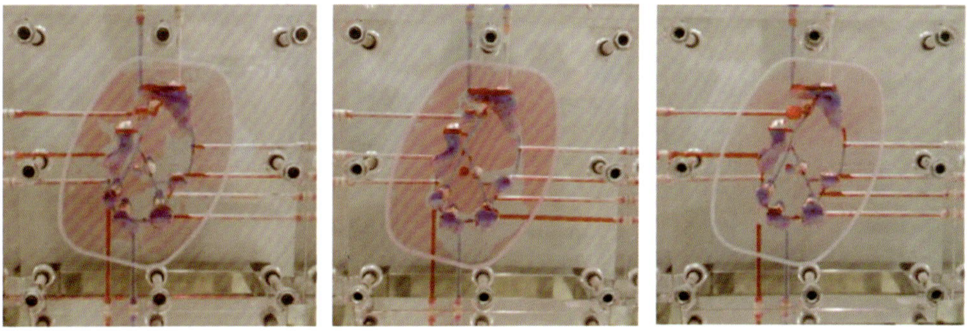

(a) 注2 min停5 min　　(b) 注2 min停10 min　　(c) 注5 min停10 min

图 4-130 对称注水剩余油分布($5^{\#}$ 模型)

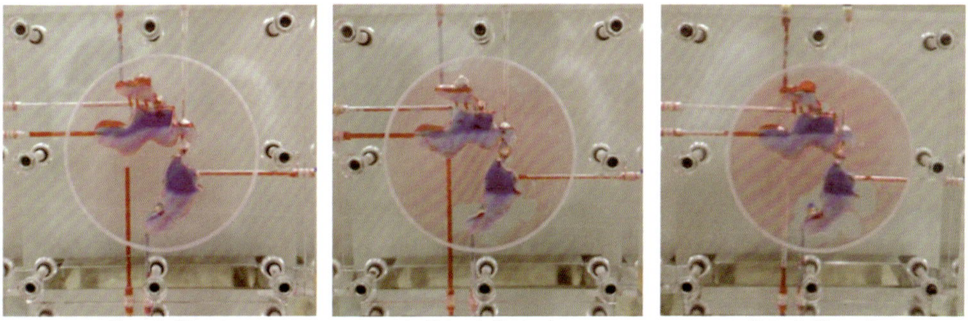

(a) 注2 min停5 min　　(b) 注2 min停10 min　　(c) 注5 min停10 min

图 4-131 对称注水剩余油分布($10^{\#}$ 模型)

层控 3 种模型短注长停注水模式下的水驱剩余油分布特征如图 4-132～图 4-134 所示。① 单体大溶洞类 $3^{\#}$ 模型的剩余油分布与停注时间长短有一定关系,停注时间越长,充填物中的原油重力渗流驱替效果越好,剩余油越少。在注 2 min 停 10 min 模式下,整体剩余油最少,但上部仍存在剩余阁楼油(图 4-132)。② 裂缝-孔洞类 $5^{\#}$ 模型的大部分剩余油以角隅油和阁楼油形式存在,在停注时间段内,注入水可通过重力作用进入连通性较差的孔洞内,尤其是在注 2 min 停 10 min 模式下,可以将连通性最差孔洞内的原油基本都驱替出(图4-133)。③ 裂缝-溶洞类 $10^{\#}$ 模型剩余油分布与停注时间长短有关,注 2 min 停 5 min 与注 2 min 停10 min的阁楼油比注 5 min 停 10 min 模式下要少很多,且注 2 min 停 10 min 比注 2 min 停 5 min 充填物中的剩余油更少(图 4-134)。

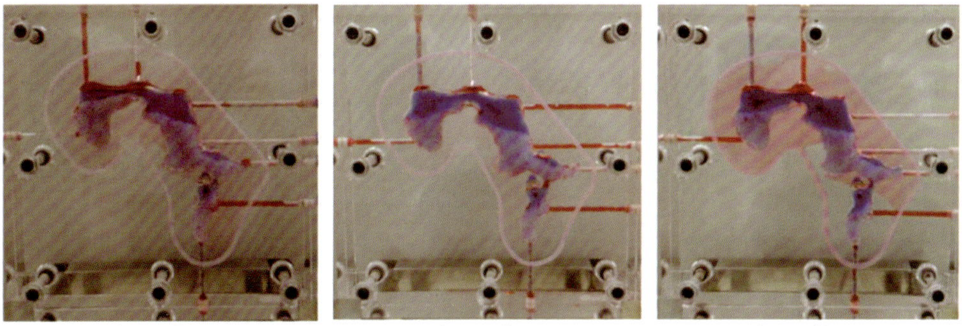

(a) 注2 min停5 min　　(b) 注2 min停10 min　　(c) 注5 min停10 min

图 4-132 短注长停剩余油分布($3^{\#}$ 模型)

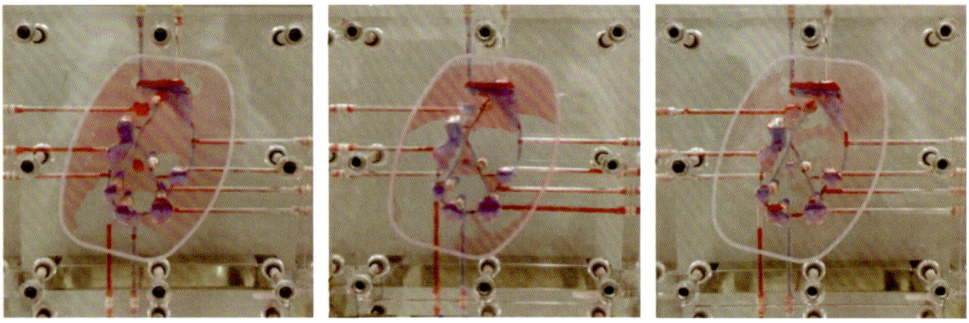

(a) 注2 min停5 min　　(b) 注2 min停10 min　　(c) 注5 min停10 min

图 4-133　短注长停剩余油分布(5# 模型)

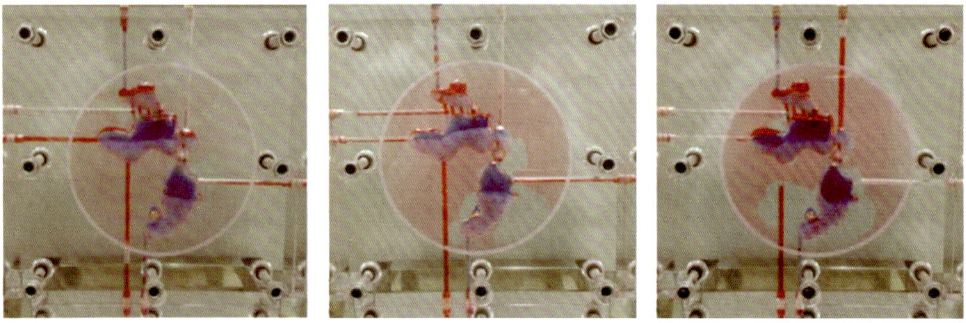

(a) 注2 min停5 min　　(b) 注2 min停10 min　　(c) 注5 min停10 min

图 4-134　短注长停剩余油分布(10# 模型)

层控 3 种模型长注短停注水模式下的水驱剩余油分布特征如图 4-135～图 4-137 所示。① 相比于短注长停,单体大溶洞类 3# 模型在长注短停模式下,充填物中的剩余油明显增多,尤其是注 10 min 停 2 min 剩余油最多,反映了充填物中的原油重力渗流驱替不充分。② 裂缝-孔洞类 5# 模型在长注短停模式时与对称注水剩余油分布类似,仅能少部分动用连通性差的孔洞中的原油。③ 裂缝-溶洞类 10# 模型在长注短停模式下的水驱剩余油量与停注时间长短有关,在注 10 min 停 2 min 模式下,阁楼油和充填物中的剩余油最多,注10 min 停 5 min 模式下充填物中的剩余油最少,注 5 min 停 2 min 模式与注 10 min 停2 min模式剩余的阁楼油差不多(图 4-137)。

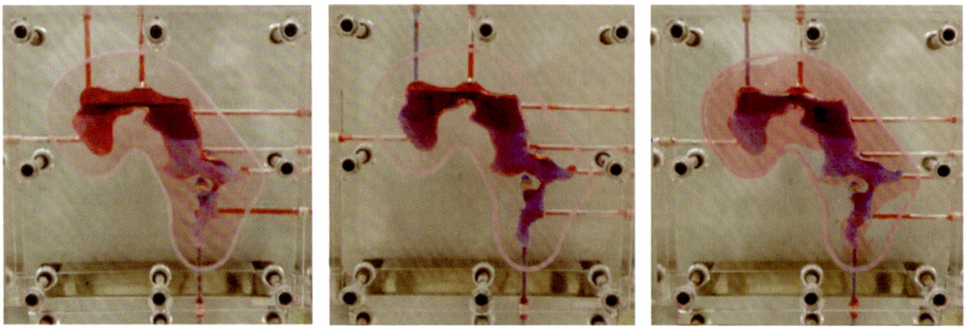

(a) 注5 min停2 min　　(b) 注10 min停2 min　　(c) 注10 min停5 min

图 4-135　长注短停剩余油分布(3# 模型)

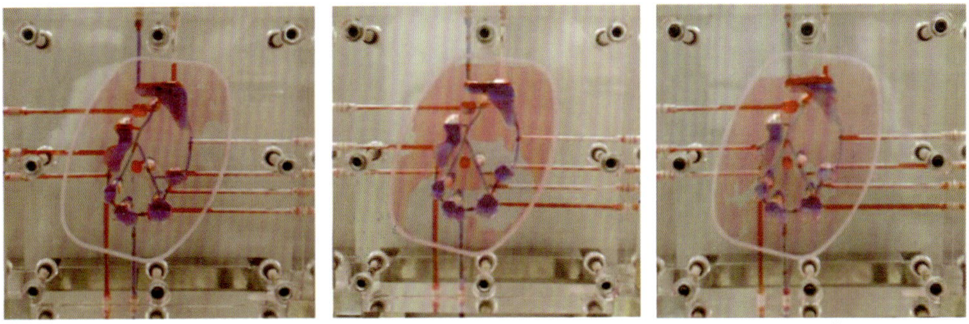

(a) 注5 min停2 min　(b) 注10 min停2 min　(c) 注10 min停5 min

图 4-136　长注短停剩余油分布(5# 模型)

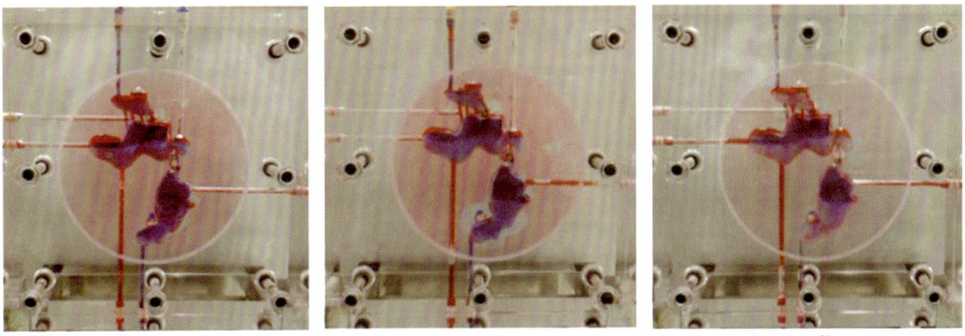

(a) 注5 min停2 min　(b) 注10 min停2 min　(c) 注10 min停5 min

图 4-137　长注短停剩余油分布(10# 模型)

层控 3 种模型脉冲注水模式下的水驱剩余油分布特征如图 4-138 所示。剩余油与周期注水的结果相似，主要存在阁楼油、角隅油和充填物中未驱替的原油。

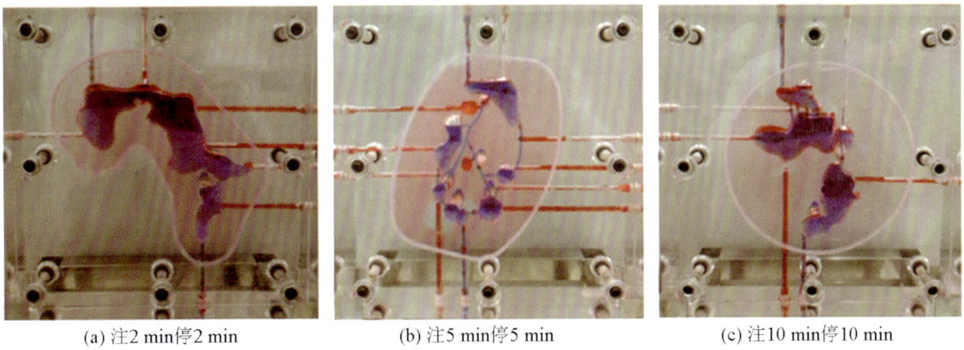

(a) 注2 min停2 min　(b) 注5 min停5 min　(c) 注10 min停10 min

图 4-138　层控 3 种模型脉冲注水剩余油分布

总之，在固定注采位置、注水速度、充填模式等实验条件下，仅改变注水方式时，层控 3 种模型最终的剩余油分布相似。存在较大溶洞的 3# 模型及 10# 模型采用短注长停注水方式，有利于减少剩余油，且停注时间越长，充填物中原油越少。

(2) 断控模型剩余油分布特征。

断控模型不同注水方式下剩余油分布如图 4-139 所示。可以看出：① 最先形成优势流动通道的采出井驱替效果较好，其他受限制的采出井中剩余油较多，主要位于限制井所在断裂顶部和断裂顶部间散落的少量孔洞中；② 5 种注水方式中，连续注水剩余油最多，周期注水居中，脉冲注水最少；③ 对于具有断控特征的正花状和夹心饼状缝洞结构，在后期注水开发中沿断裂合理部署井网对水驱效果的影响有限，但采用周期注水、脉冲注水、高强度脉冲注水等注水方式可扩大波及效率、提高采收率，改善注水开发效果。

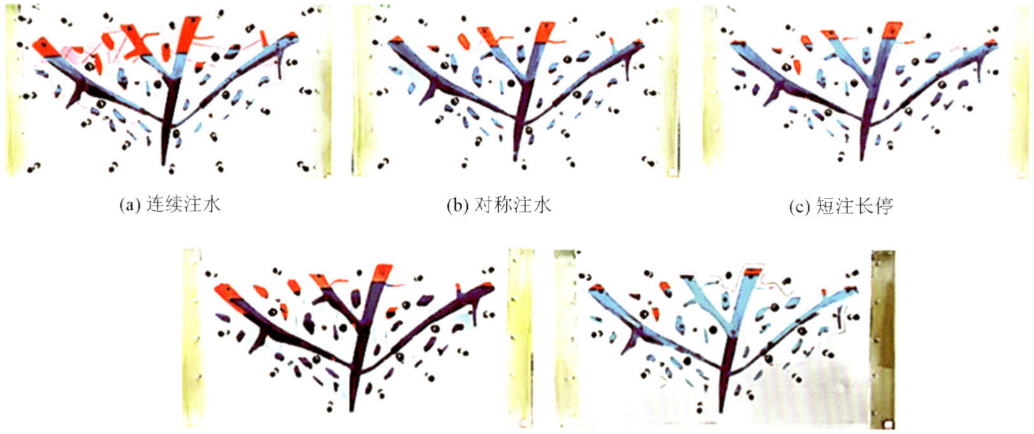

(a) 连续注水　(b) 对称注水　(c) 短注长停

(d) 长注短停　(e) 脉冲注水

图 4-139　断控模型剩余油分布图

4.2.6　不同注采关系实验研究

注采关系是指注采井位所处的洞、孔、缝的相对位置，注采关系不同给水驱开发效果带来的差异很明显，但这方面的研究相对较少。本节利用不同模型，重点研究“缝注洞采、洞注缝采、缝注孔采、孔注缝采、孔注洞采、洞注孔采”6 种注采关系下的注水驱替开发效果。同时为了更好地进行开发效果对比分析，将缝注洞采与洞注缝采、缝注孔采与孔注缝采、孔注洞采与洞注孔采分别采用同一种模型进行研究。在驱替实验过程中，注采数量为“一注一采”，注采部位为“高注高采”，充填程度为半充填，设定相同的总注入体积以及稳定的排量（20 mL/min）。不同注采关系的实验结果可为实际油藏选择合适注采关系提供参考。

1）缝注洞采和洞注缝采

采用 4#、7#、8# 模型对缝注洞采与洞注缝采进行研究，其中缝注洞采的进出井口位置如图 4-140 所示。对于洞注缝采，只需要将进出井口的位置互换即可。

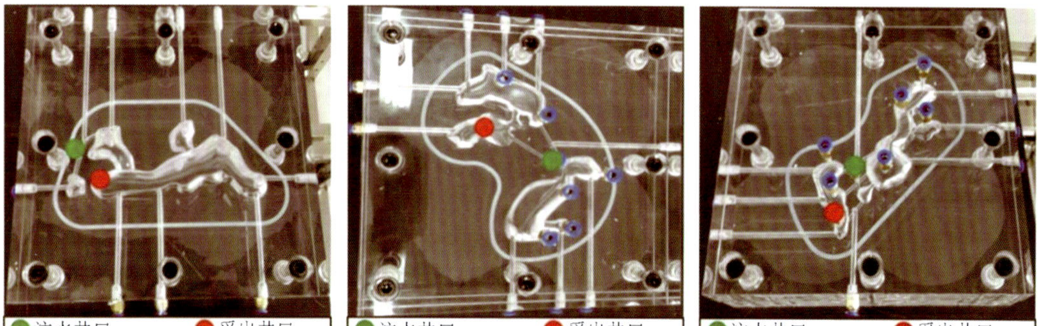

(a) 4#模型　(b) 7#模型　(c) 8#模型

图 4-140　4#、7# 及 8# 模型缝注洞采的进出口位置

(1) 驱替效率。

图 4-141 为 4#,7# 及 8# 模型在缝注洞采和洞注缝采条件下的驱替效率变化曲线。对于 4# 模型,缝注洞采和洞注缝采的最终驱替效率分别为 70.08%和 30.21%,缝注洞采明显优于洞注缝采;7# 模型与 4# 模型类似,2 种注采关系下的最终驱替效率分别为 25.55%和 19.24%,同样缝注洞采在驱替效率方面具有优势;8# 模型与 4#,7# 模型恰好相反,缝注洞采和洞注缝采的驱替效率分别为 13.01%和 24.47%,但在驱替早期(1.0 PV)缝注洞采高于洞注缝采,这对改善缝洞型油藏早期注采驱替效果有利。

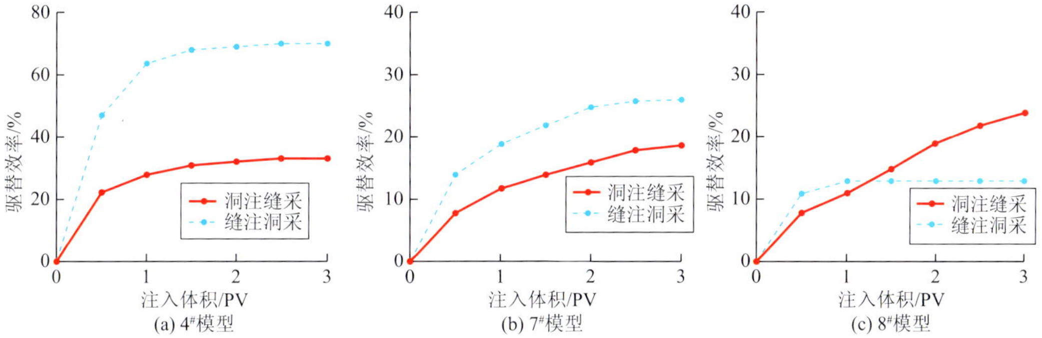

图 4-141　4#,7# 及 8# 模型在缝注洞采和洞注缝采条件下的驱替效率变化对比曲线

(2) 见水时间。

表 4-9 为在缝注洞采和洞注缝采两种注采关系下的见水情况测试结果,缝注洞采的见水时间明显晚于洞注缝采,可对缝洞型油藏的实际开发注采井部署提供参考。

表 4-9　4#,7# 及 8# 模型在缝注洞采和洞注缝采时的见水情况

注采性质		4# 模型	7# 模型	8# 模型
缝注洞采	见水时间/s	345	63	48
	见水总体积/mL	112	11.5	7
洞注缝采	见水时间/s	63	40	38
	见水总体积/mL	10	4	2

(3) 最终剩余油分布。

图 4-142 是 3 种模型在缝注洞采和洞注缝采条件下的最终剩余油分布情况。可以看出:4# 与 7# 模型在缝注洞采条件下充填物中的剩余油得到大量的驱替,而在洞注缝采条件下充填物中仍然残留大量的剩余油;8# 模型在洞注缝采条件下能够动用充填物中的原油。

2) 缝注孔采和孔注缝采

采用 10#,11# 及 12# 模型开展缝注孔采和和孔注缝采实验研究,其缝注孔采的进出井口位置如图 4-143 所示。对于孔注缝采,只需要将进出井口的位置互换即可。

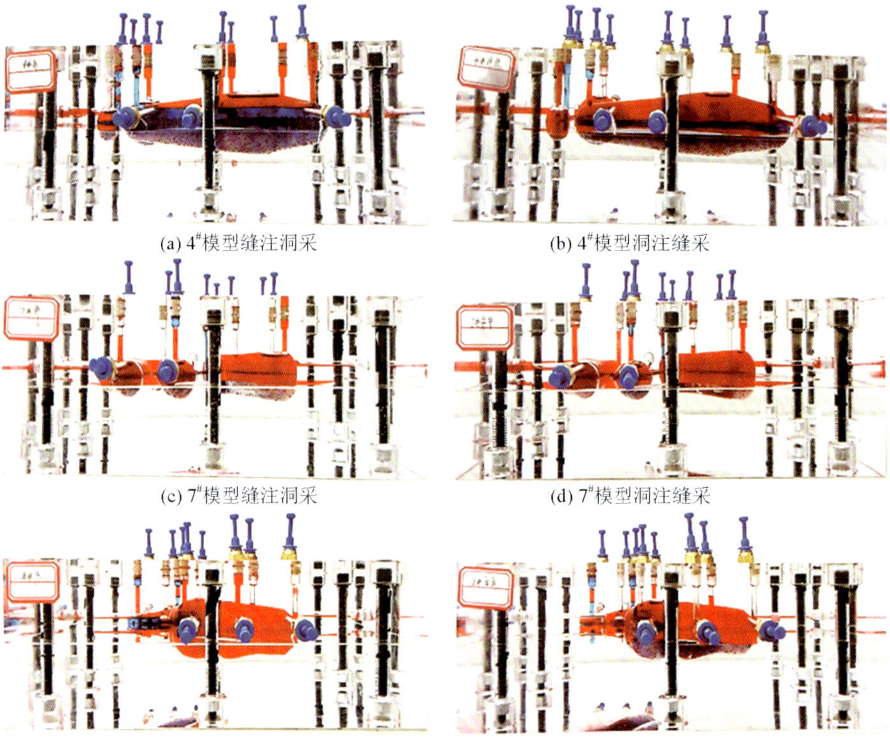

(a) $4^{\#}$模型缝注洞采　(b) $4^{\#}$模型洞注缝采

(c) $7^{\#}$模型缝注洞采　(d) $7^{\#}$模型洞注缝采

(e) $8^{\#}$模型缝注洞采　(f) $8^{\#}$模型洞注缝采

图 4-142　不同注采条件下注水驱替后的剩余油分布情况

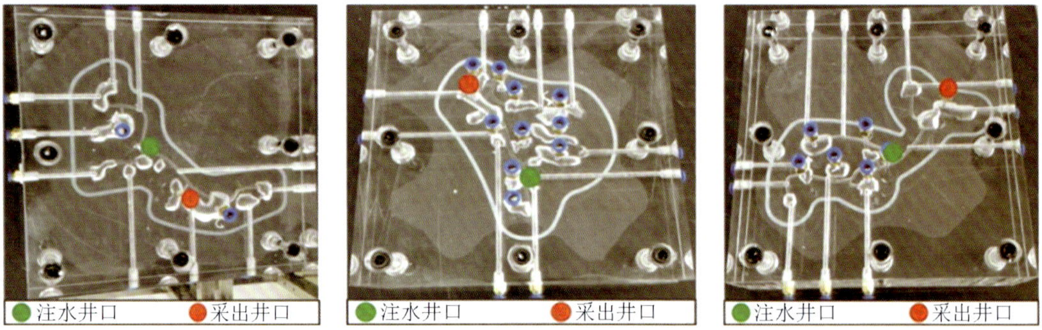

(a) $10^{\#}$模型　(b) $11^{\#}$模型　(c) $12^{\#}$模型

图 4-143　$10^{\#}$、$11^{\#}$ 及 $12^{\#}$ 模型缝注孔采的进出井口位置

(1) 驱替效率。

图 4-144 为 $10^{\#}$、$11^{\#}$ 及 $12^{\#}$ 模型在缝注孔采和孔注缝采条件下的驱替效率变化曲线。$10^{\#}$、$11^{\#}$ 及 $12^{\#}$ 模型在注入体积为 3.0 PV 时的驱替效率依次为 28.38%、26.69% 和 30.31%；而注采性质为孔注缝采时，这 3 个模型的驱替效率分别为 22.93%、24.12%以及 22.11%。可以看出，在驱替效率方面缝注孔采要好于孔注缝采，尽管 $10^{\#}$ 模型在 0.5～2.0 PV 之间是孔注缝采较好，但仅相差 1.9%～3.0%，且在缝注孔采的条件下，在注入体积为 3.0 PV 之前均没有明显的拐点，故缝注孔采相对较好。另外，裂缝-溶洞模型整体驱油效率不高，一旦形成水相优势渗流通道，对整体水驱效果影响较大。

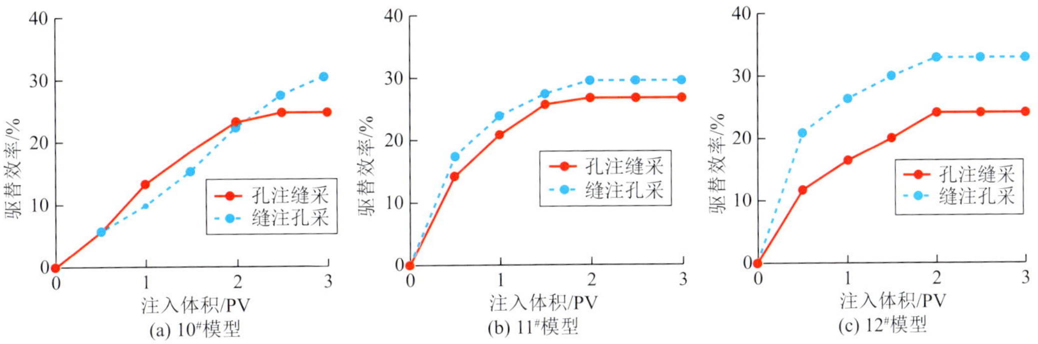

图 4-144　10#、11# 及 12# 模型缝注孔采和孔注缝采的驱替效率变化曲线

（2）见水时间。

表 4-10 为 10#、11# 及 12# 模型在缝注孔采和孔注缝采条件下的见水情况，缝注孔采见水时间晚于孔注缝采，但 3 者普遍见水时间较早。因此，对于裂缝-溶洞型储集体来说，这种差异对实际的开发影响较小，也反映出裂缝-溶洞储集体一旦形成水相优势渗流通道后，对整体水驱效果影响较大。

表 4-10　10#、11# 及 12# 模型在缝注孔采和孔注缝采条件下的见水情况

注采性质	内　容	10# 模型	11# 模型	12# 模型
缝注孔采	见水时间/s	31	71	60
	见水总体积/mL	0.5	15	10
孔注缝采	见水时间/s	31	39	43
	见水总体积/mL	1.5	9	5.5

（3）最终剩余油分布。

图 4-145 是 10#、11# 及 12# 模型在缝注孔采和孔注缝采条件下的最终剩余油分布情况。可以看出：由于优势流动通道的影响，对于裂缝-溶洞型储集体来说，剩余油主要为未驱替的原油，注采井之间形成的水相优势渗流通道本身体积较小，因而被驱替的孔洞剩余油较少。

3）孔注洞采和洞注孔采

采用 2#、4# 及 9# 模型开展孔注洞采和洞注孔采条件下的实验研究，其洞注孔采的进出井口位置如图 4-146 所示。对于洞注孔采，只需要将进出井口的位置互换即可。

（1）驱替效率。

图 4-147 为 2#、4# 及 9# 模型孔注洞采和洞注孔采条件下的驱替效率变化曲线，具有明显的“厂”字形特征。在注采性质为孔注洞采时，2#、4# 及 9# 模型的驱替效率分别为 81.50%、61.88% 和 32.24%，而在洞注孔采时 3 个模型的驱替效率分别为 39.25%、43.26% 和 18.57%，可以看出孔注洞采效果较好。另外，孔洞模型的驱替效率与常规碎屑岩储层具有可比性，说明裂缝-溶孔中的渗流与溶洞中的重力分异综合作用效果良好。

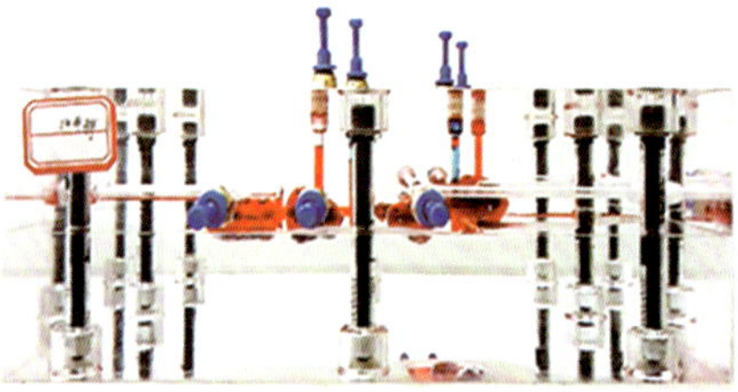

(a) 10#模型缝注孔采

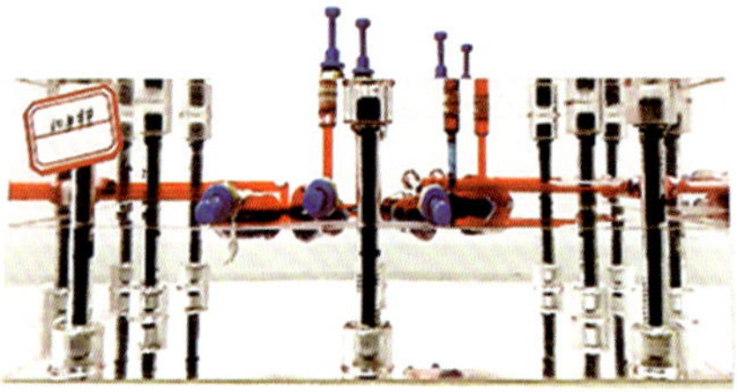

(b) 10#模型孔注缝采

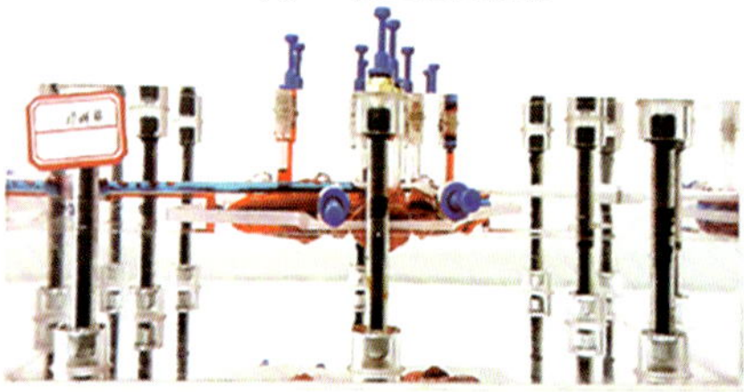

(c) 11#模型缝注孔采

(d) 11#模型孔注缝采

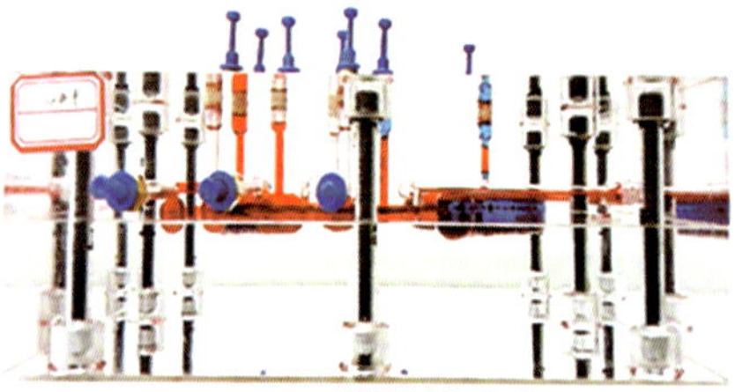

(e) 12#模型缝注孔采

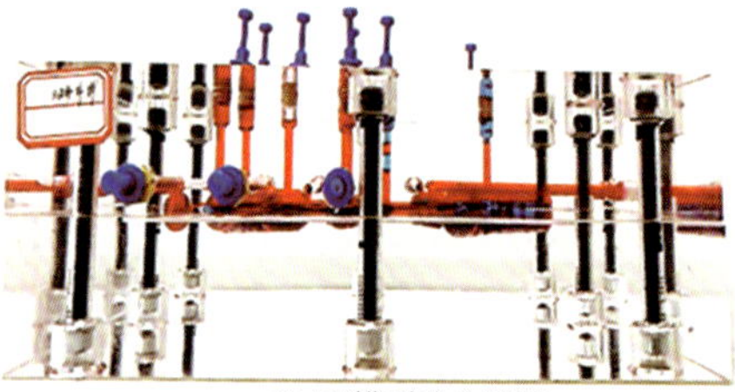

(f) 12#模型孔注缝采

图 4-145　10#，11# 及 12# 模型注水驱替后最终剩余油分布

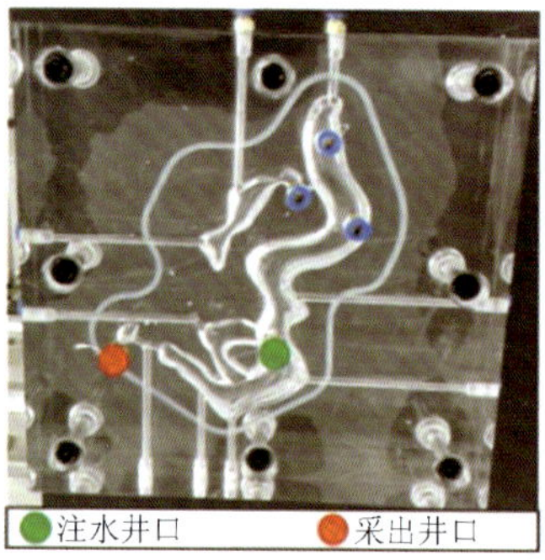

(a) 2#模型

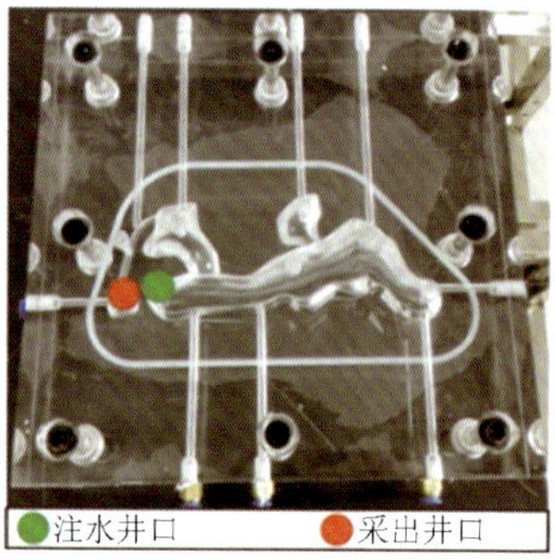

(b) 4#模型

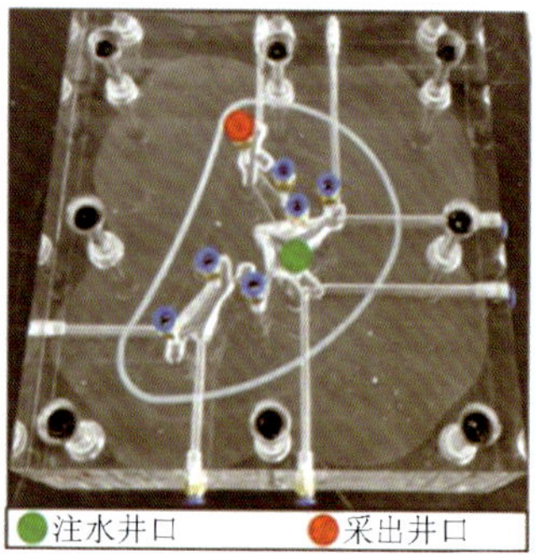

(c) 9#模型

图 4-146　2#，4# 及 9# 模型孔注洞采的进出井口位置

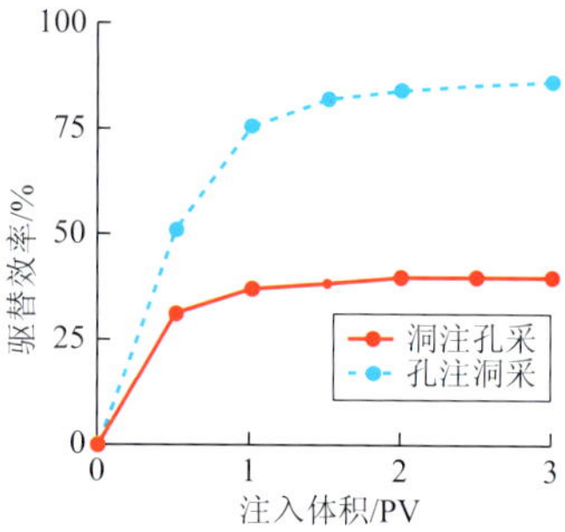

(a) 2#模型

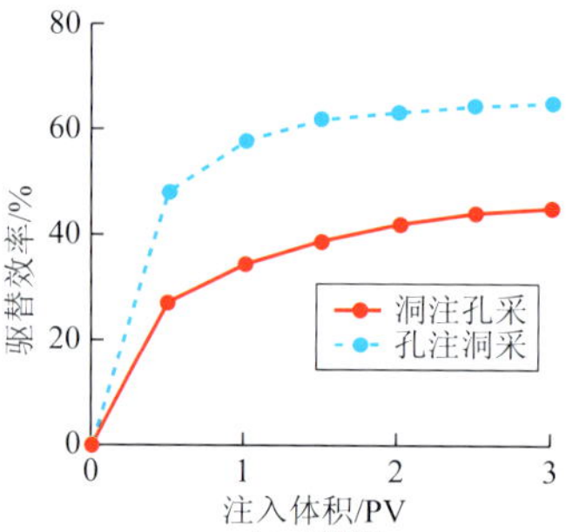

(b) 4#模型

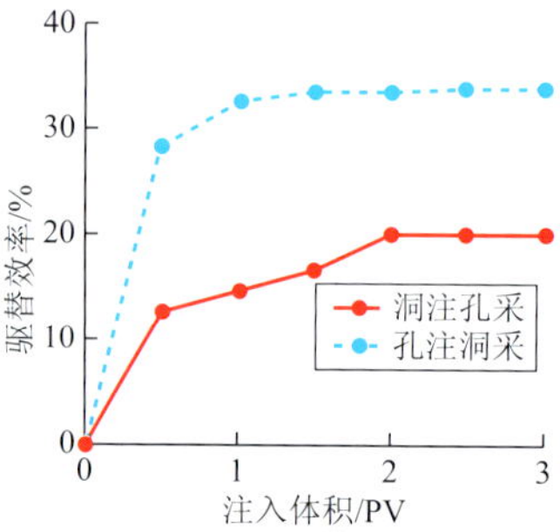

(c) 9#模型

图 4-147　2#，4# 及 9# 模型孔注洞采和洞注孔采的驱替效率变化曲线

（2）见水时间。

表 4-11 为 2[#],4[#] 及 9[#] 模型在孔注洞采和洞注孔采 2 种注采关系下的见水测试结果，孔注洞采的见水时间要晚于洞注孔采，说明采用孔注洞采的方式能够使开发更稳定。因此，对于裂缝（孔洞）-溶洞类的储集体来说，只要能保证裂缝（孔洞）的注水能力满足生产需要，就尽量采用孔注洞采方式，充分利用溶洞内的重力分异驱油作用，提高整体水驱效果。

表 4-11　2[#],4[#] 及 9[#] 模型孔注洞采和洞注孔采时的见水情况

注采性质		2[#] 模型	4[#] 模型	9[#] 模型
孔注洞采	见水时间/s	225	302	65
	见水总体积/mL	132	94.5	12
洞注孔采	见水时间/s	121	82	48
	见水总体积/mL	33	18	8

（3）剩余油分布。

图 4-148 是 2[#],4[#] 及 9[#] 模型在孔注洞采和洞注孔采条件下的最终剩余油分布情况。可以看出：3 个模型的充填物中均有多少不一的剩余油，主要集中在油水界面之上；2[#] 及 4[#] 模型中，孔注洞采动用的充填物中的剩余油明显多于洞注孔采，而 9[#] 模型充填物中的剩余油在 2 种注采方式下分布相当，但油水界面之上的剩余油则是孔注洞采时较少。

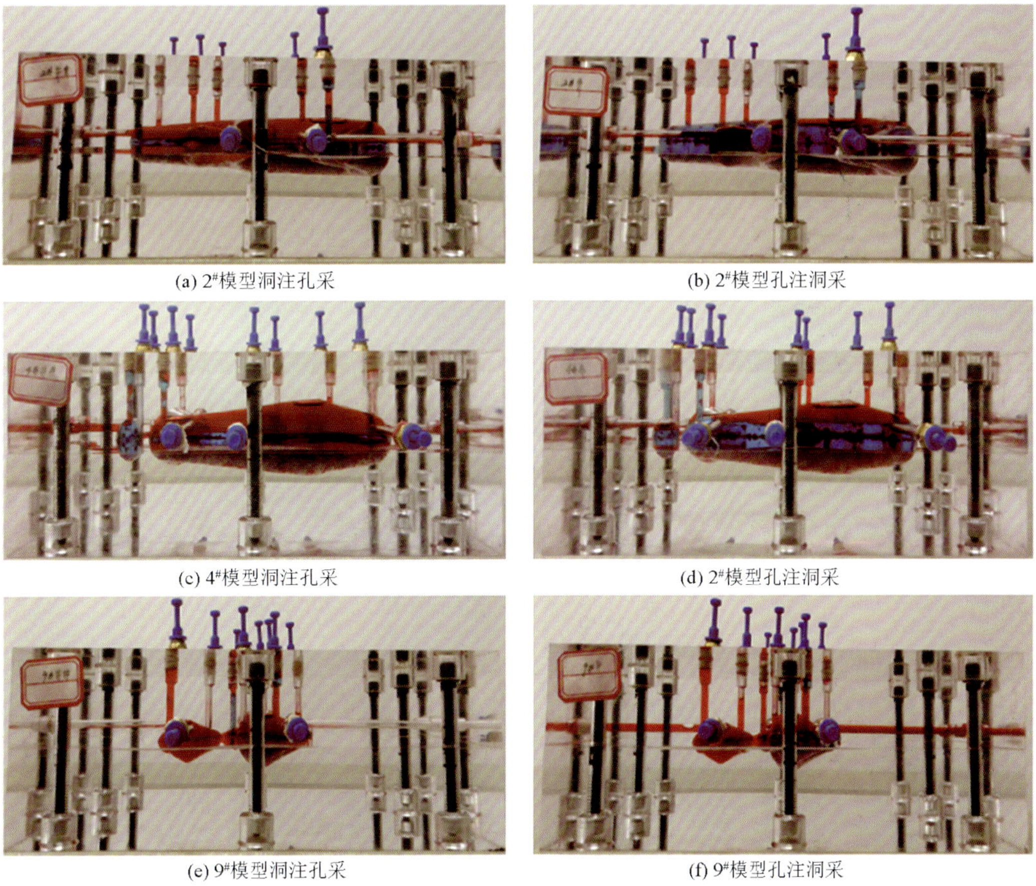

(a) 2[#]模型洞注孔采　(b) 2[#]模型孔注洞采

(c) 4[#]模型洞注孔采　(d) 2[#]模型孔注洞采

(e) 9[#]模型洞注孔采　(f) 9[#]模型孔注洞采

图 4-148　2[#],4[#] 及 9[#] 模型注水驱替后最终剩余油分布

总之，缝洞型油藏注采方式的选取十分重要，不同注采性质具有不同的开发效果。与洞注缝采和洞注孔采相比，缝注洞采（平均驱替效率为 36.22%）和孔注洞采（平均驱替效率为 58.54%）能够获得较高的采收率，具有较长的油水同产时间，能够大量动用充填物中的原油，使油藏保持较稳定开发；而缝注孔采（平均驱替效率为 28.46%）在驱替效率方面具有一定的优势，但在见水时间和剩余油方面差别不大。

第 5 章
缝洞型油藏提高采收率物理模拟实验

塔河油田奥陶系碳酸盐岩油藏属于岩溶缝洞型块状油藏，非均质性极强，基质孔隙度低，基本不具备储油能力，大型洞穴是主要的储集空间，裂缝是主要的渗流通道，流动模式复杂，以溶洞中的管流和裂缝-孔洞中的渗流为主。塔河油田前期主要通过在衰竭开发后注水来缓解能量不足和含水率上升的矛盾，但是随着注水轮次的增加，注水驱油效果越来越差，亟须探索能有效提高采收率的开发方式。基于塔河缝洞型油藏水驱后的剩余油类型主要以缝洞储层内的阁楼油和裂缝-溶孔储层的水驱剩余油形式分布的特点，在借鉴美国碳酸盐岩油藏注气开发成功经验和传统碎屑岩油藏调剖堵水改善水驱开发效果经验的基础上，西北油田分公司通过“十一五”“十二五”及“十三五”的持续研究攻关，形成了以注气和堵水调流为主要手段的采收率提高技术。本章考虑缝洞型油藏的地质特征和塔河缝洞型油藏水驱后的剩余油类型，开展了注气动用阁楼油和堵水调流改善水驱开发效果的提高采收率实验，并分析了提高采收率的机理。

5.1 剖面模型物模注气提高采收率机理实验

针对缝洞储层内的水驱剩余阁楼油，本节应用塔河油田有代表性的 TK412-T402 井组单元大尺度可视化剖面缝洞物理模型(图 5-1)，开展塔河缝洞型油藏水驱后常温常压注 N_2 开采剩余阁楼油机理实验，对注 N_2 开采剩余阁楼油的机理及效果进行评价。

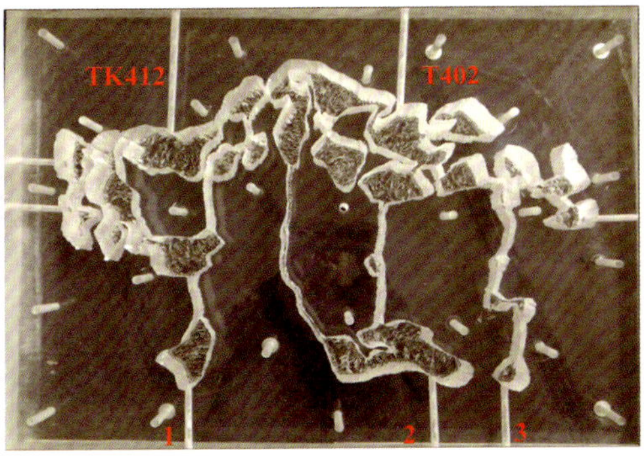

图 5-1 注气物模实验 TK412-T402 井组剖面物理模型图

5.1.1 实验方案

TK412-T402 井组剖面模型包括未充填模型和填砂模型 2 种，设计了底水驱后注气驱剩余阁楼油和注水驱后注气驱剩余阁楼油 2 组共 10 个实验方案，其描述见表 5-1。目的是对比分析不同条件下的驱油效果，明确单元注气驱油效率和驱替机理。

表 5-1 TK412-T402 井组实验内容设计

实验方案	实验内容	备注
方案 1	底部 1#，2#，3# 井同时实施水驱，顶部 TK412 和 T402 井同时采液。当 TK412 井含水率>90%后，TK412 开展连续注气，T402 采液	未填砂
方案 2	底部 1#，2#，3# 井同时实施水驱，顶部 TK412 和 T402 井同时采液。当 TK412 井含水率>90%后，TK412 开展间歇注气，T402 采液	
方案 3	底部 1#，2#，3# 井同时实施水驱，顶部 TK412 和 T402 井同时采液。当 TK412 井含水率>90%后，TK412 开展气水交替注入，T402 采液	
方案 4	底部 1#，2#，3# 井同时实施水驱，顶部 TK412 和 T402 井同时采液。当 T402 井含水率>90%后，T402 开展连续注气，TK412 采液	
方案 5	底部 1#，2#，3# 井同时实施水驱，顶部 TK412 和 T402 井同时采液。当 T402 井含水率>90%后，T402 开展间歇注气，TK412 采液	
方案 6	底部 1#，2#，3# 井同时实施水驱，顶部 TK412 和 T402 井同时采液。当 T402 井含水率>90%后，T402 开展气水交替注入，TK412 采液	未填砂
方案 7	底部 1#，2#，3# 井同时实施水驱，当 TK412 井含水率>90%后，TK412 转注水，当 T402 井高含水后，T412 连续注气	未填砂 低注高采
方案 8	底部 1#，2#，3# 井同时实施水驱，当 T402 井含水率>90%后，当 T402 转注水，当 TK412 井高含水后，T402 连续注气	未填砂 高注低采
方案 9	底部 1#，2#，3# 井同时实施水驱，当 T402 井含水率>90%后，当 T402 转注水，当 T412 井高含水后，T402 连续注气	填砂 高注低采
方案 10	底部 1#，2#，3# 井同时实施水驱，当 TK412 井含水率>90%后，当 TK412 转注水，当 T402 井高含水后，TK412 连续注气	填砂 低注高采

5.1.2 实验步骤

2 种剖面模型的具体实验步骤分别如下：

1）未填充模型水驱油实验方案设计

（1）水驱油过程。实验过程采用恒压驱替，从底部 1#，2# 和 3# 井同时进行水驱，顶部 TK412 和 T402 井采液，TK412 井含水率达 90%以后关井。

（2）注气驱过程。水驱完成后，TK412 井进行连续注气，从 T402 井采液，同时从底部注水。

（3）注采实验数据记录。记录实验过程中的注采数据（注入倍数，测试时间，排出端的油、水量）。同时用摄像机录像/拍摄不同驱替时间的油水分布状态。

（4）气驱结束后，仍然有较多剩余油，有必要继续驱替，重复上述 3 步操作。

（5）注采实验数据处理。

2）填充模型水驱油实验方案设计（填充石英砂）

为了对比研究非均质性（多孔介质特性）对水驱、气驱的驱油效率的影响，将模型充填石英砂，开展实验测试。以方案 9 为例，其实验步骤如下：

（1）水驱油过程。

实验过程采用恒压驱替，底部 3 口井注水，顶部 TK412 和 T402 井采液，在 T402 井出口含水率＞90%后关井。

（2）水驱过程。

底水驱结束后，T402 井转注水，TK412 井采液。

（3）气驱过程。

水驱结束后，T402 井转为注气，TK412 井采液。

（4）注采实验数据记录。

记录实验过程中注采数据（注入倍数，注入压力，测试时间，排出端的油、水量），同时用摄像机录像/拍摄不同驱替时间的油水分布状态。

（5）注采实验数据处理。

对实验数据进行整理和计算，绘制注采动态曲线，进行驱油效果分析。

5.1.3　不同注气方式对提高采收率影响的分析

图 5-2～图 5-4 分别是方案 1、方案 2 和方案 3 驱替过程的可视化物理图，反映了各生产阶段的剩余油分布特征。系统的水驱油过程是裂缝与溶洞中流体在重力分异作用下的驱替过程，如图 5-2(a)、图 5-3(a)及图 5-4(a)所示，大洞穴内的底水几乎为活塞式推进，没有出现黏性指进现象，且连接溶洞和裂缝的孔喉直径较大，毛管力可忽略，在单条裂缝中的微观水驱油也近似为活塞式管流。但缝洞的连通关系对水驱油效果有较大影响，对只有 1 条通道与溶洞连通的模型内部洞（特别是连通缝在溶洞下方时）来说，要采出洞内的原油是很困难的。

TK412 井注气后，前期水驱未波及的原油受气驱影响而得到动用。这是由于 N_2 密度低，N_2 进入缝洞后，在 N_2-油（或水）重力分异作用下，聚集在缝洞体顶部的阁楼油向下移动并聚集成新的气驱前缘富油带，再均匀向构造下部移动而被采出来。

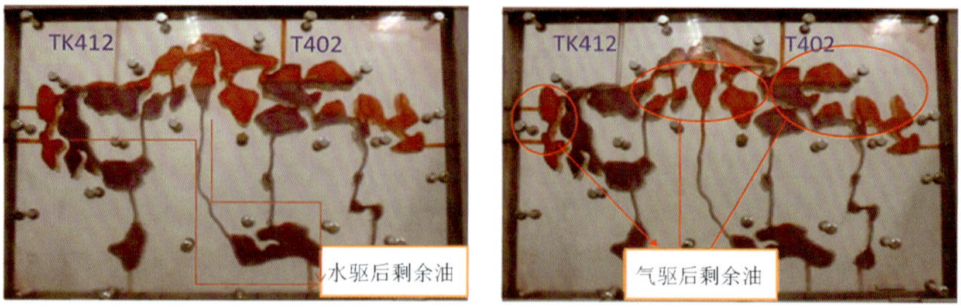

(a) 水驱后模型中剩余油　　(b) 气驱后模型中剩余油

图 5-2　方案 1 气驱前后剩余油分布对比图

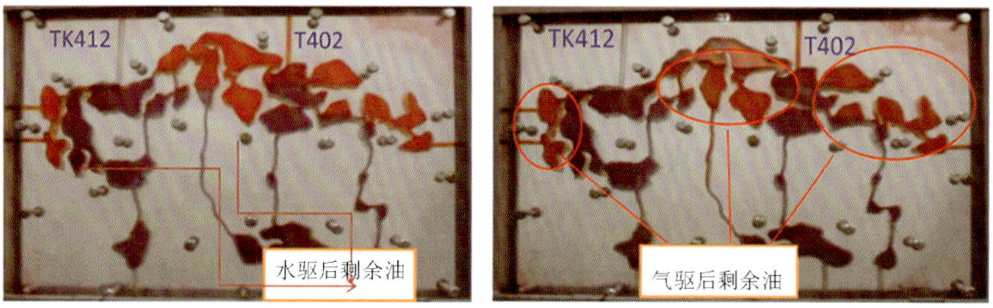

(a) 水驱后模型中剩余油　　(b) 气驱后模型中剩余油

图 5-3　方案 2 气驱前后剩余油分布对比图

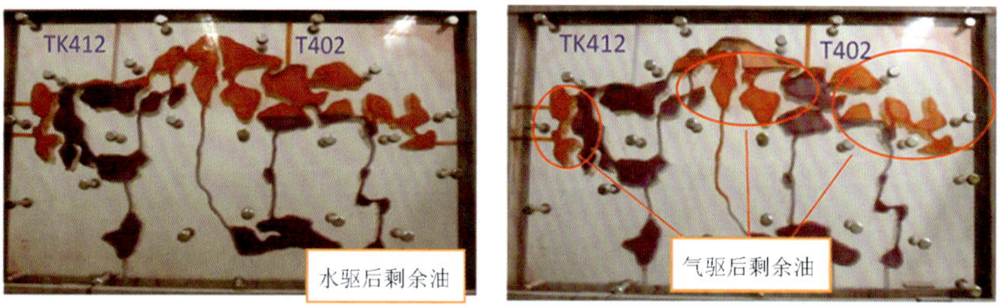

(a) 水驱后模型中剩余油　　(b) 气驱后模型中剩余油

图 5-4　方案 3 气驱前后剩余油分布对比图

3 个方案的原油采出程度、含水率与注入体积的关系曲线如图 5-5～图 5-7 所示。水驱及后期气驱实验结果见表 5-2。

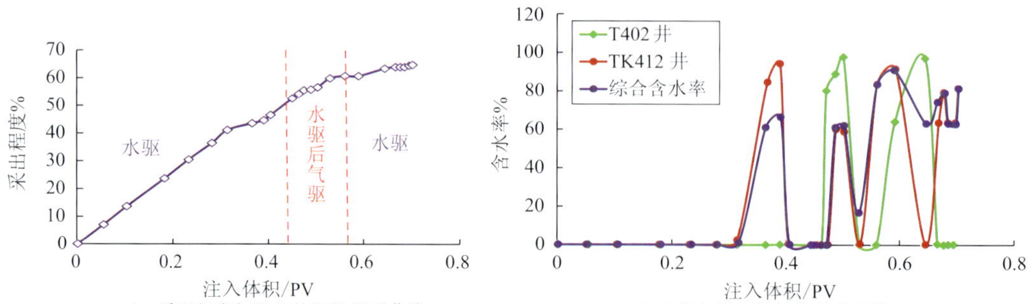

(a) 采出程度与注入体积的关系曲线　　(b) 含水率与注入体积的关系曲线

图 5-5　方案 1 原油采出程度、含水率与注入体积的关系曲线

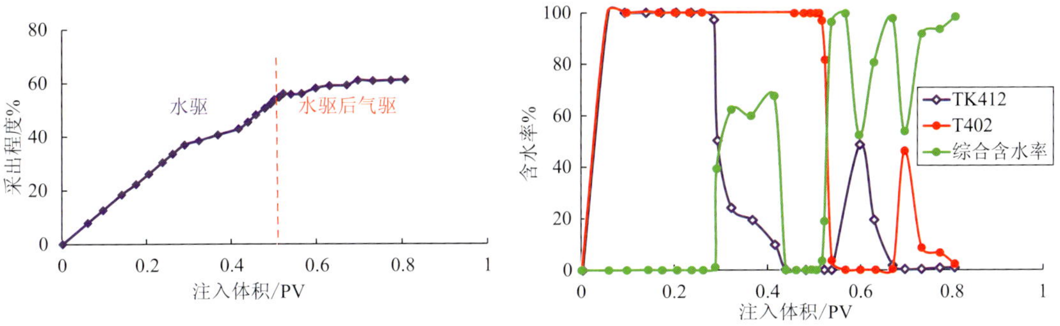

(a) 采出程度与注入体积的关系曲线　　(b) 含水率与注入体积的关系曲线

图 5-6　方案 2 原油采出程度、含水率与注入体积的关系曲线

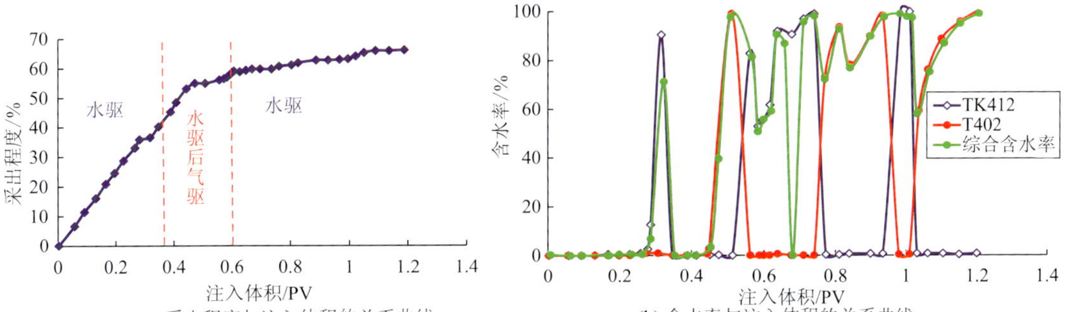

(a) 采出程度与注入体积的关系曲线　　(b) 含水率与注入体积的关系曲线

图 5-7　方案 3 原油采出程度、含水率与注入体积的关系曲线

表 5-2　3 种方案实验结果对比　　单位：%

方　案	水驱采出程度	气驱采出程度	气驱后提高采收率
方案 1	56.40	65.46	9.06
方案 2	52.90	61.50	8.60
方案 3	58.02	66.30	8.28

① 在底水水驱阶段，各井均有一段稳产生产阶段。

② 3 个方案的水驱采出程度存在一定差异，这是由人为操作底水驱动能量分布导致的误差。但气驱增加的采出程度均在 8.5%左右，其中以方案 1 连续注气的增幅略高。这说明在缝洞储层中连续稳定注气可缓慢而稳定地推进驱替，有助于驱替弱势渗流通道中的原油流动，相比间歇式和气水交替注入具有优势，而间歇注气和气水交替注入引起了驱替前缘的不稳定性。

5.1.4　不同注入位置对提高采收率影响的分析

方案 4～6 也是在底水驱后再注气，但注气井为 T402 井，使得注气阶段流体流动方向是相反的，且 T402 井位置比 TK412 井稍高一些。在底水驱阶段，生产井下方裂缝和溶洞油水界面随着原油产出量加大而逐渐抬升。在底水驱结束后，其油水分布位置基本一致，以方案 1 和方案 4 为例，其底水驱后和气驱后的可视化油水分布如图 5-8 和图 5-9 所示。注气驱可将两井之间高部位的阁楼油采出，但气驱后油气分布有一定差异，主要原因是 T402 井右侧连通了溶洞体，注气后通过重力分异将溶洞中的大部分原油顶替出来。同时注入气体位于单元顶部，顶替了顶部阁楼油，使得 TK412 井底部聚集大量原油（图 5-9b）。

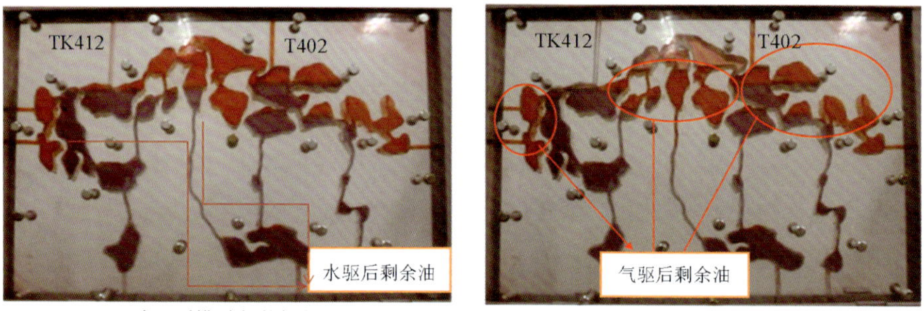

(a) 水驱后模型中剩余油　　(b) 气驱后模型中剩余油

图 5-8　方案 1 水驱后和气驱后剩余油分布可视化图

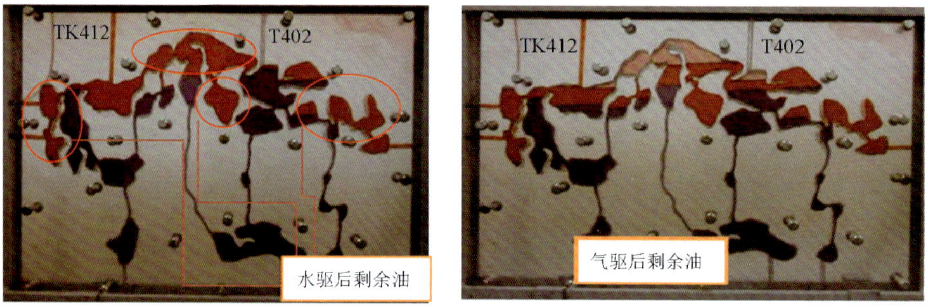

(a) 水驱后模型中剩余油　　(b) 气驱后模型中剩余油

图 5-9　方案 4 水驱后和气驱后剩余油分布可视化图

方案 4～6 的注气采出程度对比见表 5-3。可以看出，水驱结束后，从构造高部位注气有助于将井组单元阁楼油顶替到低部位，从而提高井组单元整体采出程度。同时，对比方案 1～3 和方案 4～6 气驱实验结果可以看出，高部位注气对提高整体开发效果更好。

表 5-3　方案 4～6 的注气采出程度对比　　单位：%

方案	水驱采出程度	气驱采出程度	气驱提高采收率
方案 4	41.52	55.80	14.27
方案 5	37.15	50.70	13.55
方案 6	48.65	62.72	14.07

5.1.5　填充对提高采收率的影响分析

方案 7～10 对比研究了模型填充石英砂对注气驱替效果的影响。

由于溶洞几何尺度远大于毛细管几何尺度，未充填石英砂的缝洞在驱替过程中受重力分异作用明显，水驱油界面推进平稳，水驱结束后仅在缝洞单元顶部存在阁楼油（图 5-10a），在重力分异的继续作用下，气驱能够有效动用这部分阁楼油（图 5-10b）。

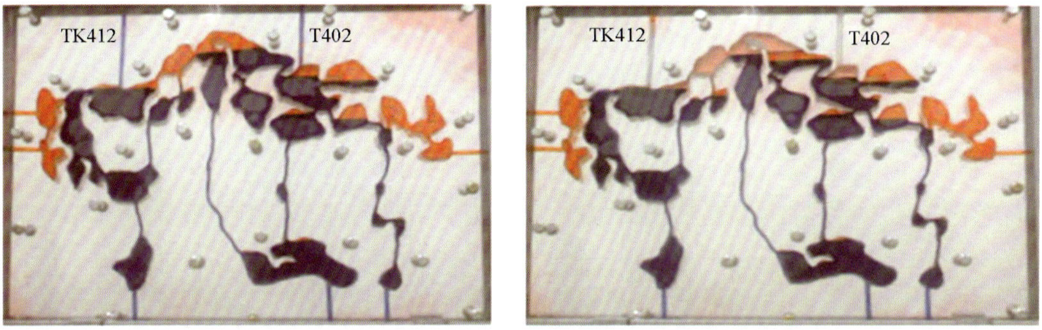

(a) 未填砂实验水驱后剩余油分布　　(b) 未填砂实验气驱后剩余油分布

图 5-10　未填砂实验驱替后剩余油分布图

填充石英砂模型的非均质性明显增强，且与压差渗流相比，重力分异作用贡献较小，驱油效率受驱替压差（或注采速度）影响严重，当注采速度较快时，出现水锥、气锥现象，驱替前缘不会活塞式均匀推进。在驱替过程中，无论是水驱还是气驱，注入流体总是优先沿着渗流阻力最小、渗透率最大的方向和部位快速推进，而在低渗方向和部位推进较慢，造成驱替前缘非均衡推进而影响波及效率，如图 5-11(a)所示。优势窜流通道一旦形成，则后续注入流体会主要沿着该优势窜流通道流动，降低波及效率和采油率（图5-11b）。

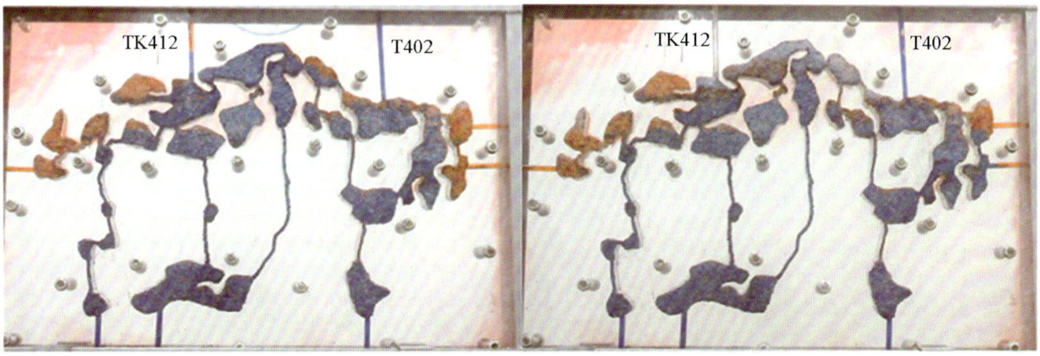

(a) 填砂实验水驱后剩余油分布　　(b) 填砂实验气驱后剩余油分布

图 5-11　填砂实验驱替后剩余油分布图

方案 7～10 的实验结果见表 5-4。① 未填充石英砂（方案 7、方案 8）的水驱采出程度为 53.44%～60.57%，高于填充了石英砂（方案 9、方案 10）的水驱采出程度（38.58%～43.32%）；② 未填充石英砂（方案 7、方案 8）气驱后的采出程度为 62.16%～67.34%（提高采收率 6.77%～8.72%），高于填充了石英砂（方案 9、方案 10）气驱后的采出程度（42.63%～48.13%，提高采收率 4.05%～4.81%）。显然，填充石英砂之后的实验较符合实际生产状况，也与常规碎屑岩储层的开发情况类似。

表 5-4　方案 7～10 的实验结果

方案	注入方式	地质情况	采出程度/%		
			水驱采出程度	气驱采出程度	总采出程度
方案 7	低注高采	未填充石英砂	53.44	8.72	62.16
方案 8	高注低采	未填充石英砂	60.57	6.77	67.34
方案 9	高注低采	填充石英砂	43.32	4.81	48.13
方案 10	低注高采	填充石英砂	38.58	4.05	42.63

5.2　缝洞型油藏高压注气提高采收率物模实验

矿场注氮气吞吐实验取得良好增油效果，验证了注氮气吞吐在一定程度上可以提高塔河油田缝洞型油藏的采收率。本节介绍高温高压缝洞型全直径岩芯水驱后注气替油实验及结果，分析注氮气前后剩余油变化规律及提高采收率的作用机理。

5.2.1　实验设备

高温高压注气驱替油实验装置是由加拿大产 Hycal 长岩芯驱替装置改装而成。整套驱替实验装置内有一个 60 cm 长的三轴岩芯夹持器。

该实验装置主要由驱替系统、全直径岩芯夹持器、回压调节器、压差表、控温系统、液体馏分收集器、气量计和气相色谱仪组成。其中，全直径岩芯夹持器（图 5-12）是驱替装置中的关键部分，主要由岩芯外筒、胶皮套和轴向连接器组成。

图 5-12　全直径岩芯夹持器

① 全直径岩芯夹持器（压力范围：0～70 MPa；温度范围：室温～200 ℃；岩芯长度：0～25 cm）。

② 驱替系统：Ruska 全自动泵（工作压力：0～70 MPa；工作温度：室温；速度精度：0.001 cm^3/s）。

③ 回压调节器（工作压力：0～70 MPa；工作温度：室温～200 ℃）。

④ 压差表（最大工作压差：34 MPa；工作温度：室温）。

⑤ 控温系统（工作温度：室温～200 ℃；控温精度：0.1 ℃）。

⑥ 气量计（计量精度：1 cm^3）。

⑦ 气相色谱仪（日本岛津 GC-14A 和美国 HP6890 气相色谱仪）。

5.2.2　模型准备

应用塔河缝洞型油藏全直径岩芯样品，首先对全直径岩芯进行对半剖分，然后对照 TK404 井的储集体轮廓分别在岩芯断面上进行刻蚀，用塑料薄衬垫嵌合还原为圆柱状岩芯，制备成 TK404 井全直径岩芯，如图 5-13 和图 5-14 所示。应用该岩芯模型，可以对高温高压条件下注气驱替油的效率及影响因素开展实验模拟与分析。

图 5-13　全直径岩芯视图

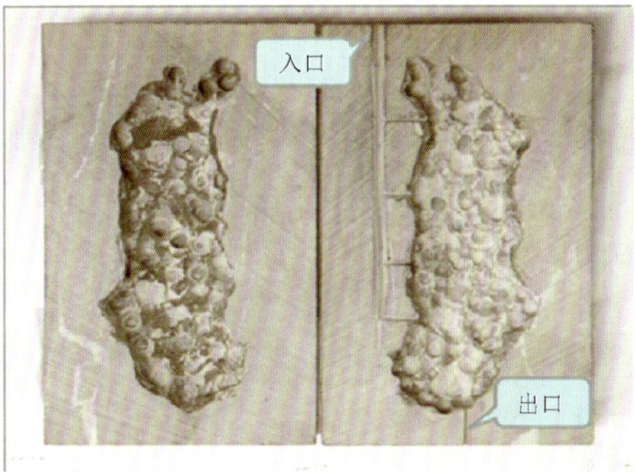

图 5-14　全直径岩芯溶洞模型剖面

全直径岩芯具体参数见表 5-5。

表 5-5　全直径岩芯参数

岩芯长度/cm	直径/cm	孔隙体积/cm^3	刻蚀深度/cm
17	10	155.6	2

5.2.3　注入气与地层油的相态特征

塔河油田水驱后的剩余油主要包括溶洞体内的阁楼油、裂缝-溶洞储层内的剩余未波及油以及充填物中的水驱剩余油 3 类，因此高温高压注气的驱替效果与重力分异作用的程度有关，也与注入气与地层油的相态特征有关，而可用的注入气类型包括 N_2、CO_2、天然气和空气。

1）不同注入气体对地层原油饱和性质的影响

图 5-15 是在地层温度下，不同溶解气体（N_2、CO_2、天然气和空气）的摩尔分数与原油饱和压力的关系曲线。在地层压力条件下，CO_2 在原油中的溶解能力最强，天然气次之，N_2 和空气最小（二者基本相同）。

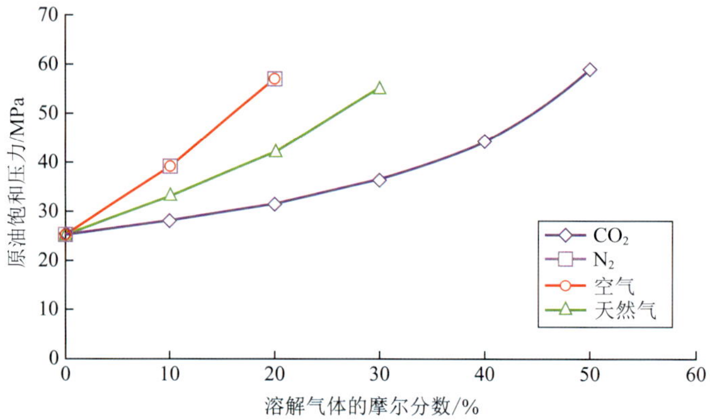

图 5-15　4 种注入气体对 TK-01 井原油饱和压力的影响

2）不同注入气体对地层原油膨胀系数的影响

溶解度的差异导致不同气体使地层原油的膨胀系数差异很大（图 5-16）。在地层压力下，CO_2 使原油膨胀系数增加最大，天然气次之，N_2 和空气的影响最小（二者基本相同）。

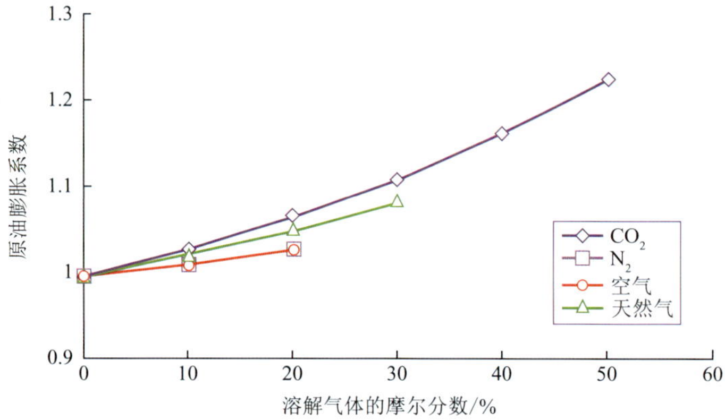

图 5-16　4 种注入气体对 TK-01 井原油膨胀系数的影响

3）不同注入气体对地层原油黏度的影响

随着注入气体量的增加，地层原油黏度趋于降低，但不同气体溶解度的差异导致地层原油黏度降低的幅度存在明显差异。

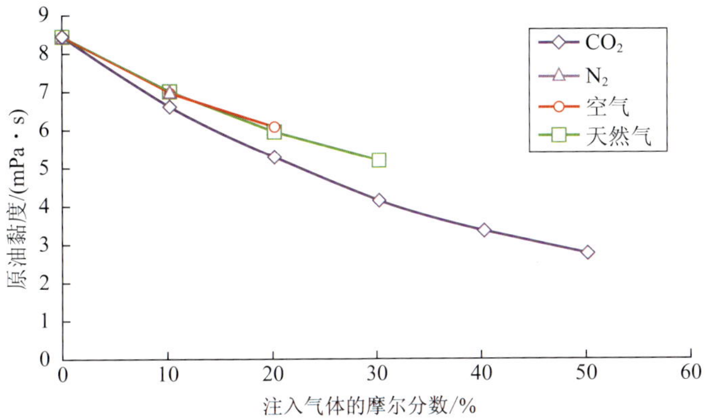

图 5-17　饱和压力下 4 种气体注入量与原油黏度的关系

5.2.4　注 N_2 吞吐实验方案设计

从注入气体与地层原油的相态特征不难看出，向地层注入 N_2、CO_2、天然气和空气较难实现混相驱，考虑到安全性、气源及腐蚀等问题，实际生产中可采用的气源应该以 N_2 和空气为主。这里以注 N_2 为例，设计了地层温度下高压(55 MPa)注 N_2 吞吐替油实验方案(表 5-6)。前 3 组模型设计的注入速度、焖井时间以及吞吐次数都相同，旨在对比不同地层条件下注 N_2 吞吐替油的过程。第 4 组模型设计不同的吞吐次数与压力变化范围，主要用来分析二者对吞吐效果的影响。

表 5-6　高温高压注 N_2 吞吐替油实验方案

模型	是否饱和束缚水	注入速度/(m^3·min^{-1})	焖井时间/h	吞吐次数	压力变化/MPa
未填充石英砂模型	否	4	4	3	55～50～45～40
填充石英砂模型(一)	否	4	4	3	55～47～40
填充石英砂模型(二)	是	4	4	3	55～47～40
填充石英砂模型(三)	是	4	4	4	55～52～49～46～43～40

5.2.5　注 N_2 吞吐实验结果分析

(1) 实验参数设计。

采用复配地层原油样品，饱和压力 21.89 MPa，黏度 0.815 mPa·s，密度 0.917 4 g/cm^3，气油比 63.96 m^3/t，实验用水是按地层水矿化度配制的模拟地层水。

实验按照先水驱，然后开展三轮次 N_2 吞吐，最后水驱的流程开展，各阶段压力和注 N_2 量见表 5-7。

(2) 实验结果分析。

实验过程中各阶段的采油量和采液量见表 5-7，根据实验结果统计数据绘制各阶段采油量和采液量对比柱状图、吞吐周期与周期采出程度增幅的关系图，如图 5-18、图 5-19 所示。

表 5-7 实验结果统计

实验阶段	注 N_2 量/PV	压力范围/MPa	采液量/cm^3	采油量/cm^3	采出程度/%
水驱	0	40	94.85	54.38	34.95
第一轮吞吐	0.051	55～40	7.70	1.21	0.77
第二轮吞吐	0.057	55～40	9.80	8.02	5.15
第三轮吞吐	0.065	55～40	8.33	6.88	4.42
水驱	0	40	57.85	26.22	16.85
累积	0.173	—	178.53	96.70	62.15

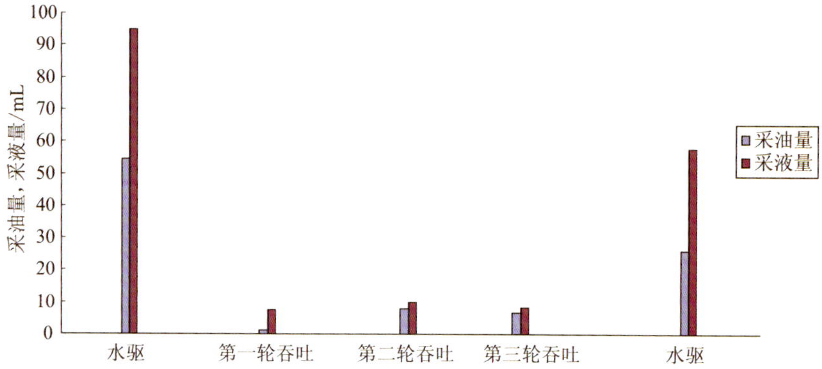

图 5-18 各阶段采油量和采液量柱状图

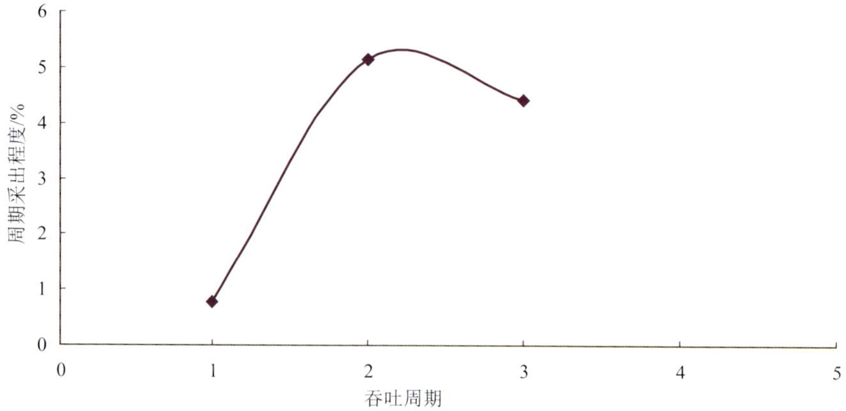

图 5-19 吞吐周期与周期采出程度增幅的关系

从图 5-18 可知，与 N_2 吞吐相比，注水驱替采油量和采液量更大。

单独分析三轮次 N_2 吞吐结果可知，第二轮吞吐采出程度最高、采油量最大，第三轮吞吐次之，第一轮吞吐采出程度最低、采油量最少。

5.2.6　改善注气效果物理模拟实验

针对注气后期效果变差问题，并考虑实际生产过程中可能采用的改善注气效果的方法，讨论反向注气、周期注气、脉冲注气 3 种注气动态调整物理模拟实验及其效果。

1）反向注气实验研究

(1) 实验方案设计。

在 60 ℃下进行稀油（黏度 24 mPa·s）反向注 N_2 驱替实验（高注低采），具体方案：① 底水驱（流速 10 mL/min）至某一口井含水率至 98%；② 此口水窜井转注水（速度 5 mL/min），同时底水流速减小至 6 mL/min，至某口井水窜；③ 将高部位井 TK614 转注气（速度 5 mL/min），同时底水流速减小至 4 mL/min，直至其余 4 口井水窜或气窜。

(2) 高部位注 N_2 时各井生产特征。

根据上述实验方案，稀油注 N_2 驱实验过程现象如下：① 底水驱（流速 10 mL/min）阶段，TK664 井水窜；② TK664 井转注水（速度 5 mL/min），同时底水流速减小至 6 mL/min，注入 0.43 PV 时 TK626CX 井水窜；③ 高部位 TK614 井转注气（速度 5 mL/min），同时底水流速减小至 4 mL/min，注入 0.69 PV 时水窜井 TK664 井含水率降低至 77%，同时 TK630，TK626，TK626CX 井稳定生产；④ 注入 1.01 PV 时 TK630 井气窜；⑤ 保持步骤③，TK630 井关井，注 1.19 PV 时 TK626 井气窜；⑥ 保持步骤③，TK626 井关井，注入 1.63 PV 时 TK626CX 井气窜；⑦ 保持步骤③，TK626CX 井关井，注入 1.82 PV 时 TK664 井气窜。具体各井生产动态如下：

① TK614 井。TK614 井在转注气前的生产动态如图 5-20 所示。因为 TK614 井是高部位井（深度最浅），距离底水最远，底水驱及转注水驱过程中无法形成水窜通道，因此整个生产过程中含水率为 0，采出程度稳定上升，直至该井转注气前，最终的采出程度为 11.91%。

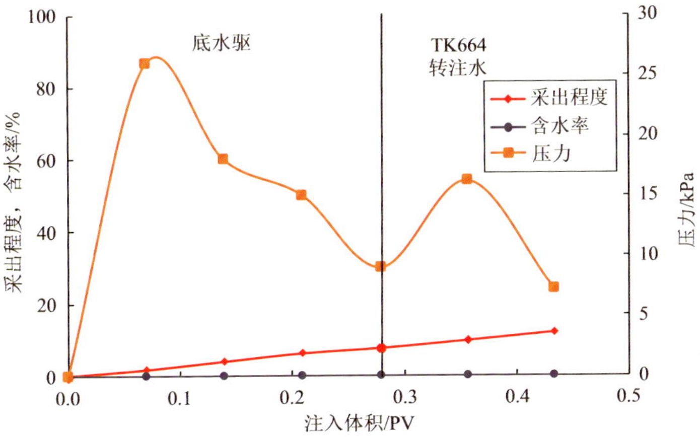

图 5-20　高部位 TK614 井 N_2 驱生产动态

② TK630 井。TK630 井从底水驱生产阶段到生产至气窜的生产动态如图 5-21 所示。TK630 井是仅次于 TK614 井的高部位井，在底水驱和转注水驱的过程中，产油量稳定增加；当 TK614 井转注气后，在重力分异的作用下，N_2 向模型顶部运移形成气顶，油气界面从

顶部开始向下移动。因为 TK630 井距离底水最远，在油气界面下降至 TK639 井底前，无法形成水窜通道，所以 TK630 井最先气窜，而在生产全过程中含水率始终为 0。

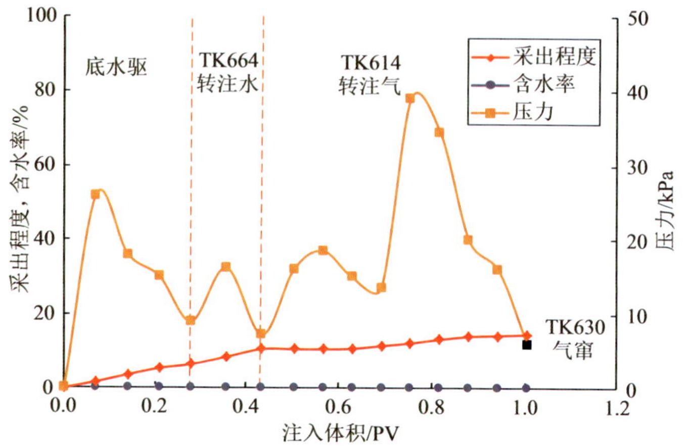

图 5-21　高部位 TK630 井 N_2 驱生产动态

③ TK626 井。TK626 井的生产动态如图 5-22 所示。底水驱注入 0.28 PV 后 TK664 井水窜，然后转注水，水驱注入 0.43 PV 后 TK626CX 井水窜，最后 TK614 井转注气驱，注入 1.01 PV 后 TK630 井气窜，关闭 TK630 井后继续生产，当注入 1.19 PV 后，TK626 井气窜。整个生产过程中，含水率始终为 0，这是因为底水与 TK664 井形成水窜通道，水全部从 TK664 井产出，注入气体在模型顶部形成气顶，随着注入气体的增加，油气界面逐渐向下移动，最终到达 TK626 井，形成气窜。

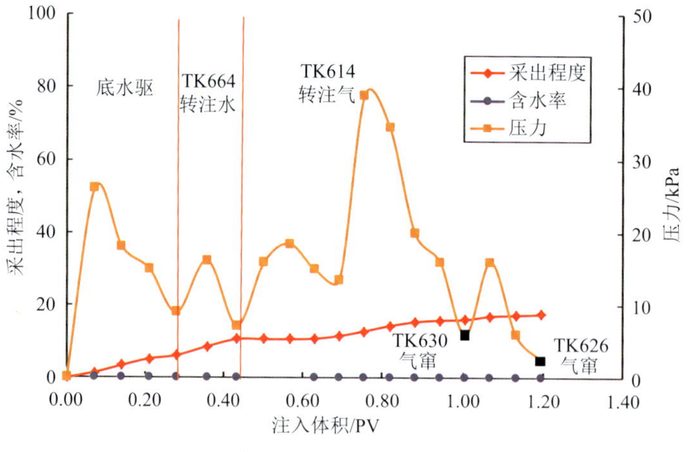

图 5-22　高部位 TK626 井 N_2 驱生产动态

④ TK626CX 井。TK626CX 井生产动态如图 5-23 所示。在底水驱阶段，含水率为 0，采出程度为 0.45%，可见 TK626CX 井与底水的连通性较差。在 TK664 井转注水 0.15 PV 后，TK626CX 井水窜，因此 TK626CX 井与 TK664 井的连通性较好。在 TK614 井转注气生产过程中，注入气因为重力分异形成气顶，油气界面逐渐下降，油井由高到低依次气窜；而底水与 TK626CX 井的连通性较差，在气顶的作用下，油水界面逐渐降低，含水率开始下降，最终变为 0。

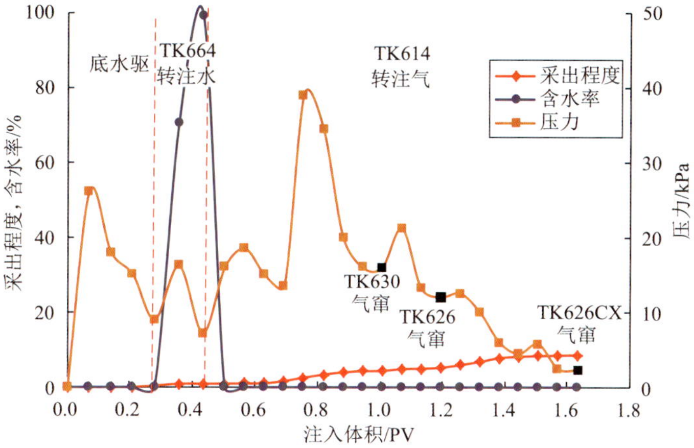

图 5-23　高部位 TK626CX 井 N_2 驱生产动态

⑤ TK664 井。TK664 井的生产动态如图 5-24 所示。底水驱阶段注入 0.28 PV 后，TK664 井水窜，表明 TK664 井与底水的连通性好。TK614 井转注气阶段，TK664 井的含水率始终很高，在转注气驱生产的整个过程中，TK664 井的产水量始终大于底水的注入量，表明注入的底水全部经 TK664 井产出，模型内部的水也是经 TK664 井产出，因此在整个生产过程中模型的油水界面始终在 TK664 井至 TK626CX 井之间，并随着气体注入量的增加，油水界面逐渐由 TK626CX 井降至 TK664 井附近，最终水气同产。

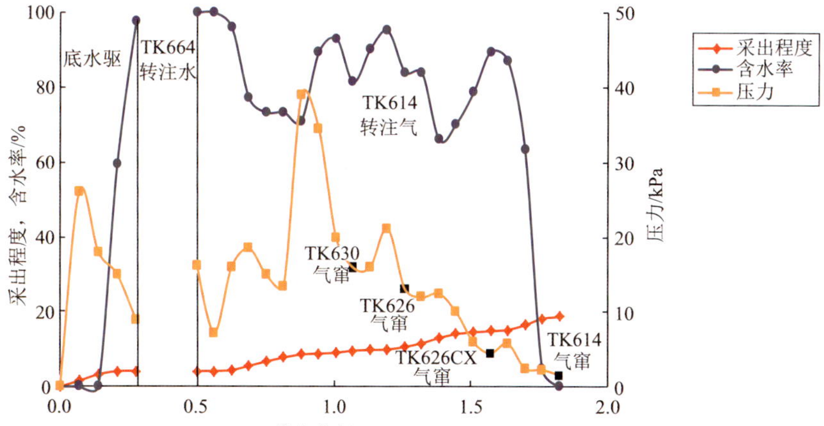

图 5-24　高部位 TK664 井 N_2 驱生产动态

注气生产过程中各井气油比（体积比，下同）变化过程如图 5-25 所示，各井采出程度对比如图 5-26 所示，底水驱过程中 TK664 井最先水窜，此时整体采出程度为 24.80%。当 TK614 井转注 N_2 后，TK664 井直接产水，且含水率没有明显的下降；TK630 井、TK626 井、TK626CX 井依次气窜，这是因为底水与 TK664 井形成水窜通道，底水全部经 TK664 井产出，TK630 井、TK626 井、TK626CX 井依靠注入气产生的气顶能量生产。与注水井转注气相比，高部位井注气抑制底水的作用非常显著，而且最终的采出程度达到了 71.45%，实验效果非常好。

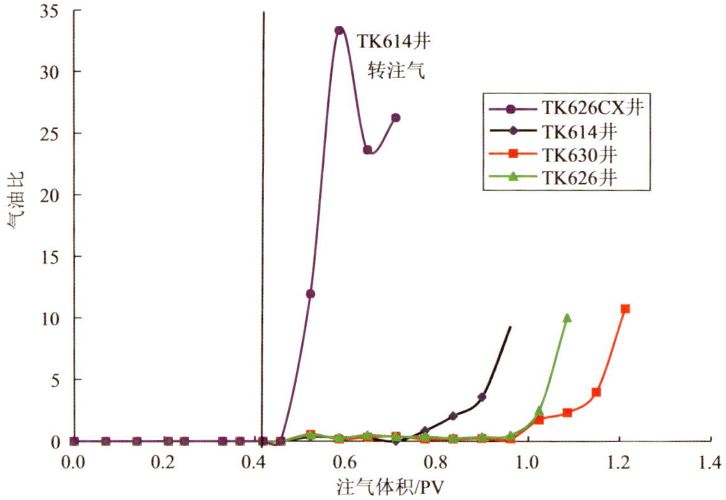

图 5-25　注气过程各井气油比变化过程

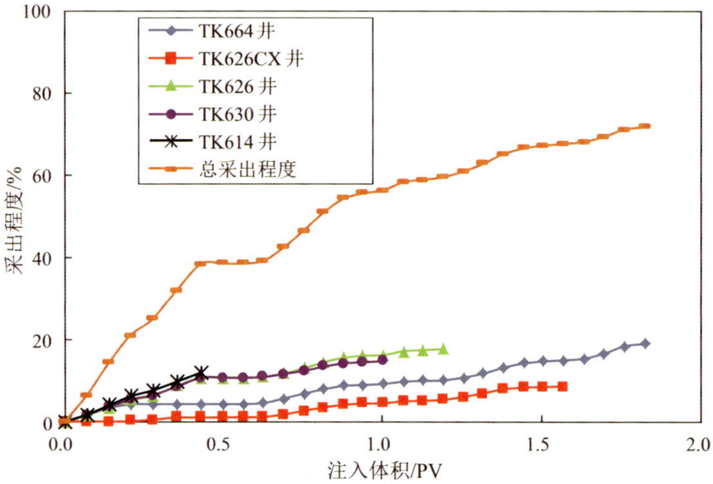

图 5-26　各井采出程度对比

2）周期注气实验研究

（1）实验方案设计。

在 60 ℃下进行稀油（黏度 24 mPa・s）高部位井 TK614 周期注 N_2 驱替实验（高注低采），具体方案见表 5-8。实验步骤：① 底水驱（流速 10 mL/min）至某口井含水率 98%；② 此口水窜井转注水（速度 5 mL/min），同时底水流速减小至 6 mL/min，至某口井水窜；③ 将高部位井 TK614 转注气（速度 5 mL/min），同时底水流速减小至 4 mL/min，注气 60 min，停注 60 min，依次循环直至其余 4 口井水窜或气窜。

表 5-8　周期注 N_2 实验方案

编号	注气方式	注入速度及其示意图	
A	周期注气	5 mL/min×60 min+停注 60 min	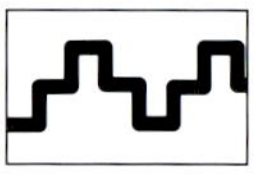

(2) 高部位各井周期注 N_2 生产特征。

根据上述实验方案，周期注气实验过程如下：① 底水驱（流速 10 mL/min）阶段，TK664 井水窜；② TK664 井转注水（速度 5 mL/min），同时底水流速减小至 6 mL/min，注入体积为 0.38 PV 时 TK626CX 井水窜；③ 高位井 TK614 转注气，同时底水流速减小至 4 mL/min，注入体积为 0.96 PV 时 TK630 井气窜，在此期间 TK626 井稳定生产，注入体积为 1.45 PV 时 TK626 井见水，注入体积为 2.11 PV 时 TK626 井水窜。在整个注气过程中，TK626CX 井和 TK664 井含水率没有明显下降，只表现为阶段性微弱下降，因此周期注气不能使低部位井含水率下降。各井生产动态如下：

① TK614 井。TK614 井生产动态如图 5-27 所示。由于 TK614 井为高部位生产井，底水驱及转注水驱阶段不产水。实验中底水驱阶段的注入速度为 10 mL/min，转注水后底水注入速度为 6 mL/min，注水速度为 5 mL/min，即总的注入速度为 11 mL/min，但是在这 2 个生产阶段油井的产油速度稳定，因此 TK614 井受底水能量及转注水能量变化的影响较小。最终在转注气前，该井的采出程度为 8.19%。

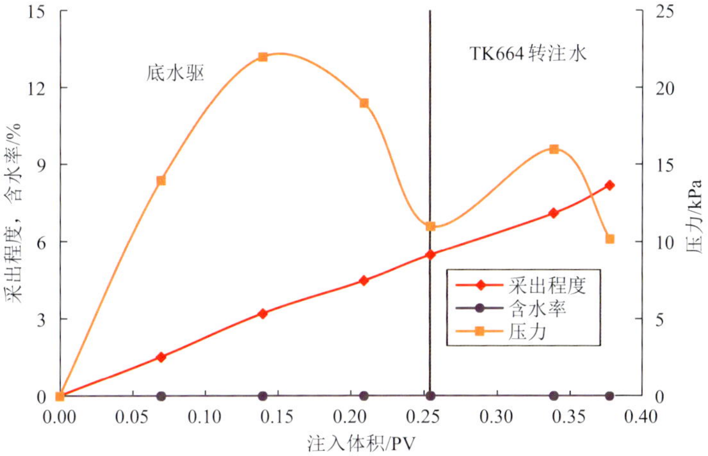

图 5-27　周期注 N_2 驱 TK614 井生产动态

② TK630 井。TK630 井生产动态如图 5-28 所示。首先，TK630 井在整个生产阶段的含水率为 0，这是因为 TK630 井为仅低于 TK614 井的高部位生产井，距离底水较远。在注入体积 0.72 PV 之前，TK630 井的产油速率较为稳定，但是在注入体积达 0.72 PV 之后，产油速率有明显下降，这是因为在注入体积达 0.72 PV 时，停止注气，此时只有底水能量来驱动油井生产。在底水注入 0.06 PV，再次开始注气，在继续注入 1.8 PV 后 TK630 井产油量没有回升，直至 TK630 井气窜（图 5-28）。

③ TK664 井。TK664 井生产动态如图 5-29 所示。TK664 井为最深的井，因此该井距离底水最近，在底水驱阶段最先水窜。在转注气前，TK664 井已经水窜，因此在转注气开始时 TK664 井产出的是水，且含水率很高。与连续反向注气相比，TK664 井在注入 3 个周期后关井，从生产动态曲线上可以看出，在 TK614 井转注气后，TK664 井的采出程度没有增加，且含水率一直很高，因此在注入 3 个周期后将其关闭。

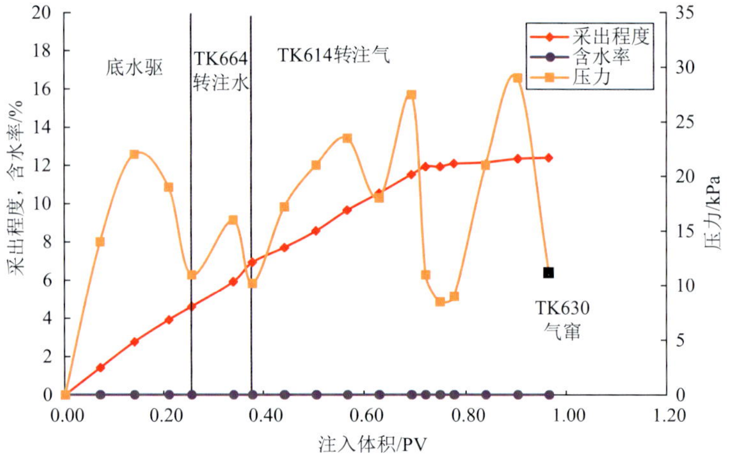

图 5-28　周期注 N_2 驱 TK630 井生产动态

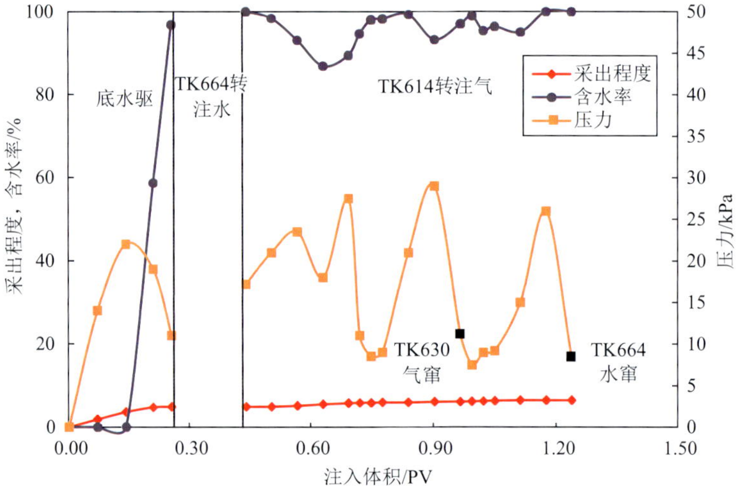

图 5-29　周期注 N_2 驱 TK664 井生产动态

④ TK626CX 井。TK626CX 井生产动态如图 5-30 所示，可以看出，在底水驱和转注水驱阶段，其生产规律与反向注气相比差别不大。在转注水末期，TK626CX 井水窜。但是在 TK614 井开始转注气后，TK626CX 井的含水率开始下降，在 TK664 井水窜关井后，TK626CX 井的含水率开始逐渐上升，最终在注入体积为 1.72 PV 后水窜。在转注气的过程中，TK626CX 井的采出程度上升缓慢，且不受注气周期的影响，因此生产的主要能量来自底水。在 TK664 井水窜时，采出程度只提高了 2.82%，从 TK664 井水窜到 TK626CX 井水窜，采收率只上升了 0.61%。这是因为在 TK664 井水窜关井后，油水界面开始上升，迅速达到 TK626CX 井底，导致 TK626CX 井快速水窜。

⑤ TK626 井。TK626 井生产动态如图 5-31 所示。TK626 井为中部位井，因此在底水驱及转注水阶段没有发生水窜，且产油速率始终很稳定。TK614 井在注气阶段的前期采油速率较大，在停注阶段很小，受注气周期的影响较大；在周期注气后期，这种影响变小，这是因为底水的上升削弱了注气的作用。当注入 1.38 PV 后，含水率开始上升，说明油水

界面已经达到了 TK626 井的底部，此时 TK626CX 井还未水窜。这是因为在第三层至第六层填充了细砂，延缓了油水分离，产生了水锥，导致 TK626 井含水率上升。在 TK626CX 井水窜后，TK626 井含水率迅速上升，直至水窜。

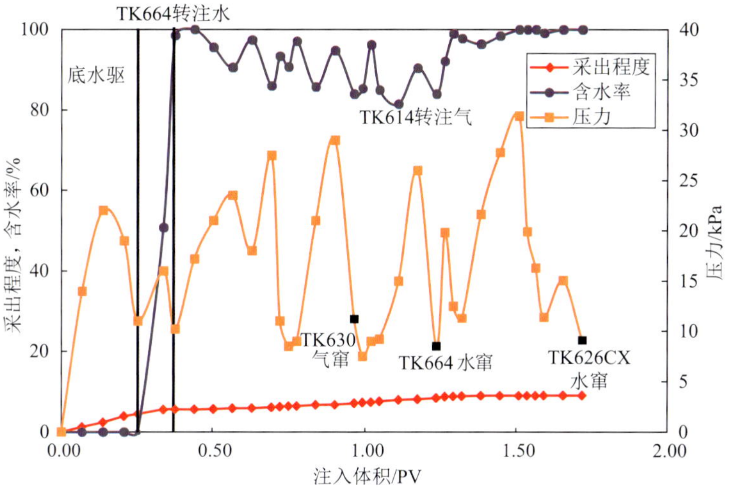

图 5-30　周期注 N_2 驱 TK626CX 井生产动态

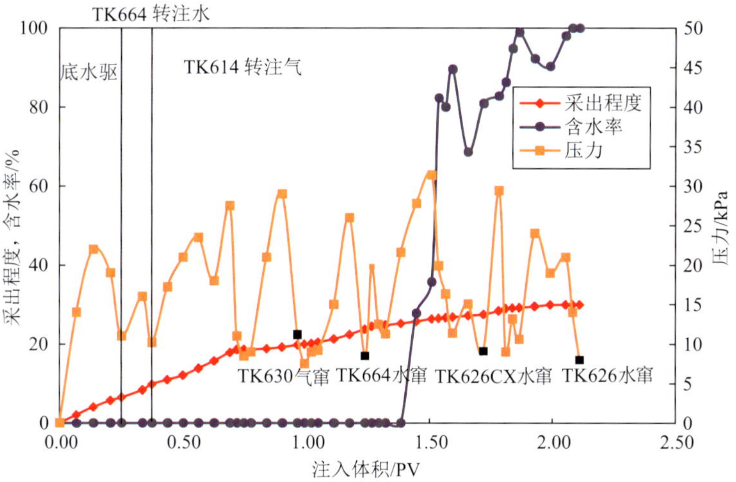

图 5-31　周期注 N_2 驱 TK626 井生产动态

周期注气生产过程中各井气油比变化如图 5-32 所示，各井采出程度对比如图 5-33 所示。从各口井的生产动态可以看出，在底水驱和转注水阶段没有特殊的现象。在周期注气阶段，TK630 井首先气窜，但同时它也是唯一的气窜井，这是因为第一个注气周期时间较长，TK630 井也是高部位井。其余各井从低部位到高部位依次水窜，且 TK664 井和 TK626CX 井的含水率没有下降，由此分析，相比于连续注气，周期注气没有很好地起到抑制底水锥进的作用，同时周期注气也没有形成有效的气顶。另外，周期注气过程中，高部位井产油速率受注气周期的影响较大，而低部位生产井受底水能量的影响较大。

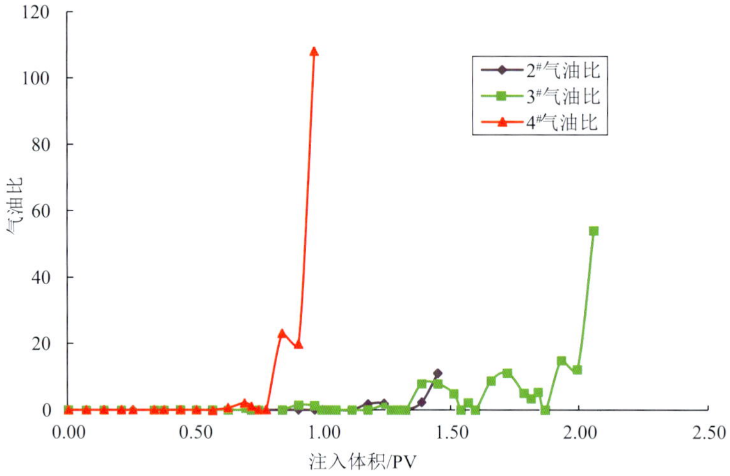

图 5-32　周期注气过程各井气油比变化

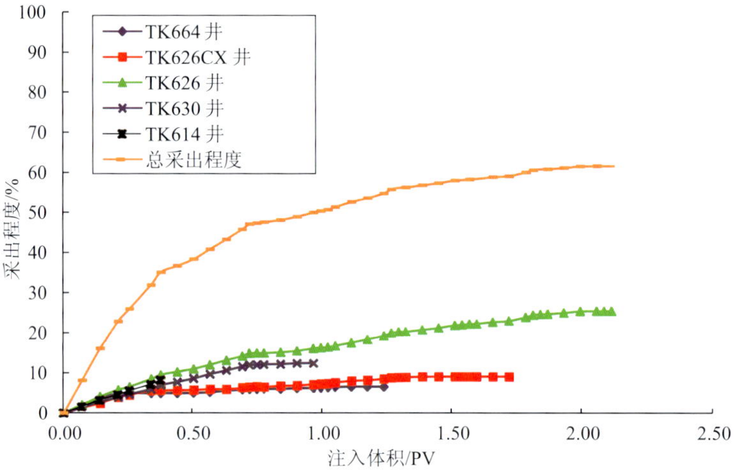

图 5-33　周期注气各井采出程度对比

3）脉冲注气实验研究

（1）实验方案设计。

在 60 ℃下进行稀油（黏度 24 mPa・s）高部位 TK614 井脉冲注 N_2 驱替实验（高注低采），具体方案见表 5-9。步骤：① 底水驱（10 mL/min）至某一口井含水率 98%；② 此口水窜井转注水（5 mL/min），同时底水流速减小至 6 mL/min，至某口井水窜；③ 将高部位 TK614 井转注气（2～5～2 mL/min），同时底水流速减小至 4 mL/min，依次循环注气，直至其余 4 口井水窜或气窜。

表 5-9　脉冲注 N_2 实验方案

编　号	注气方式	注入速度及其示意图	
B	脉冲注气	2～5～2 mL/min 每个流速段为 30 min	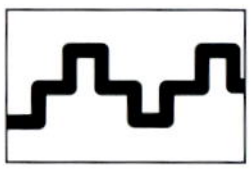

(2) 高部位脉冲注 N_2 各井生产特征。

根据上述实验方案，脉冲注气实验过程如下：① 底水驱(10 mL/min)阶段，TK664 井水窜；② TK664 井转注水(5 mL/min)，同时底水流速减小至 6 mL/min，注入 0.39 PV 时 TK626CX 井水窜；③ 高部位 TK614 井转注气，当底水流速减小至 4 mL/min，注入 1.29 PV 时 TK630 井气窜，在此期间 TK626 井稳定生产，当注入体积 0.97 PV 时 TK626 井见水，TK630 井气窜时 TK626 井含水率为 28%，当注入体积为 1.48 PV 时 TK626 井水窜。在整个注气过程中，TK626CX 和 TK664 井含水率阶段性微弱下降，脉冲注气控水稳油效果不明显。各井生产动态如下：

① TK614 井。TK614 井生产动态如图 5-34 所示。TK614 井为高部位生产井，距离底水远，且与 TK664 井连通性差，因此在底水驱和转注水驱阶段，TK614 井产油速率稳定且不产水。

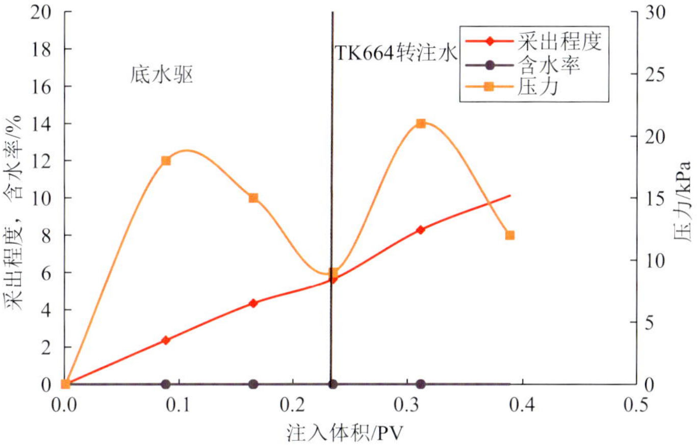

图 5-34　脉冲注 N_2 驱 TK614 井生产动态

② TK630 井。TK630 井生产动态如图 5-35 所示。TK630 井也是高部位生产井，在 TK614 井转注气前，TK630 井和 TK614 井的生产动态相似，有稳定的产油速率且不产水。在转注气生产到气窜阶段，TK630 井的含水率始终为 0。这是因为 TK630 井也属于高部位生产井，距离底水较远，因此受底水影响较小，同时也距离气顶最近、最先气窜。

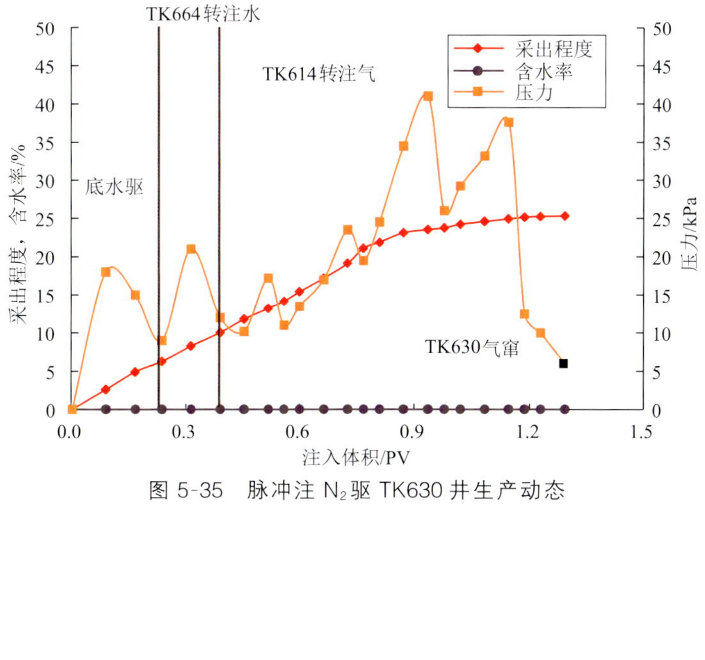

图 5-35　脉冲注 N_2 驱 TK630 井生产动态

③ TK626 井。TK626 井生产动态如图 5-36 所示。TK626 井在连续注入 0.93 PV 后开始产水，在注入 1.48 PV 后水窜。TK626 井在水窜前采油速率较稳定，在见水后产油速率开始降低。在注入 0.92 PV 后 TK626 井见水，表明油水界面已经到达中部位井的井底，脉冲注气没有抑制底水的锥进。油井见水后，产油速率降低，这是由于产出液中含有产出水，产油效率降低。

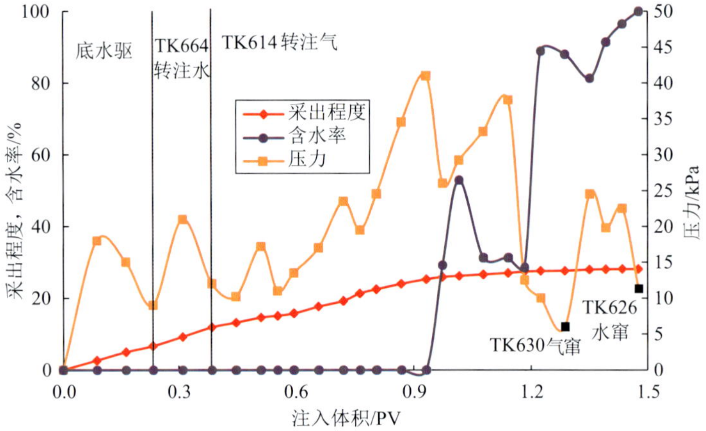

图 5-36 脉冲注 N_2 驱 TK626 井生产动态

④ TK626CX。TK626CX 井生产动态如图 5-37 所示。在 TK664 井转注水阶段，当注入 0.31 PV 时 TK626CX 井见水，在注入 0.39 PV 时水窜。在转注气阶段，已经水窜的 TK626CX 井的含水率没有下降，始终处于高含水阶段。在转注气之后，TK626CX 井的采出程度也没有明显的提升。分析认为，TK626 井水窜表明其与 TK664 井连通性好，形成了水窜通道。从 TK626CX 井的高含水可以看出，脉冲注气没有抑制底水。此时 TK626CX 井周围的可动油已经在转注水阶段产出，剩余油很少，导致采出程度没有明显提升。

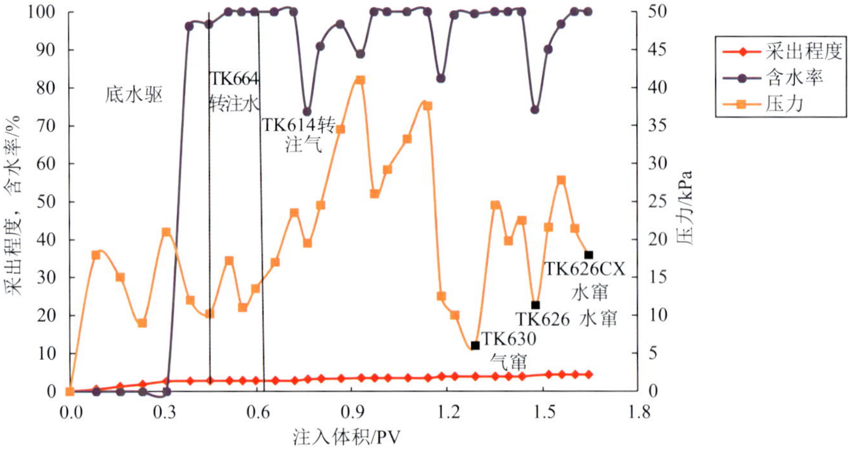

图 5-37 脉冲注 N_2 驱 TK626CX 井生产动态

⑤ TK664 井。TK664 井生产动态如图 5-38 所示。TK664 井在底水驱阶段，在注入 0.23 PV 时最先水窜。在 TK614 井转注气后，TK664 井始终产水，采出程度没有升高。分

析认为，TK664 井为低部位井，距离底水最近，因此底水驱时最先水窜。在 TK664 井转注水阶段，油水界面已经达到 TK626CX 井底，当 TK614 井转注气后，TK664 井处于底水层，因此一开始就产水。因为脉冲注气没有起到抑制水锥的作用，因此油水界面没有降低，所以 TK664 井只产水，不产油，采出程度也没有变化。

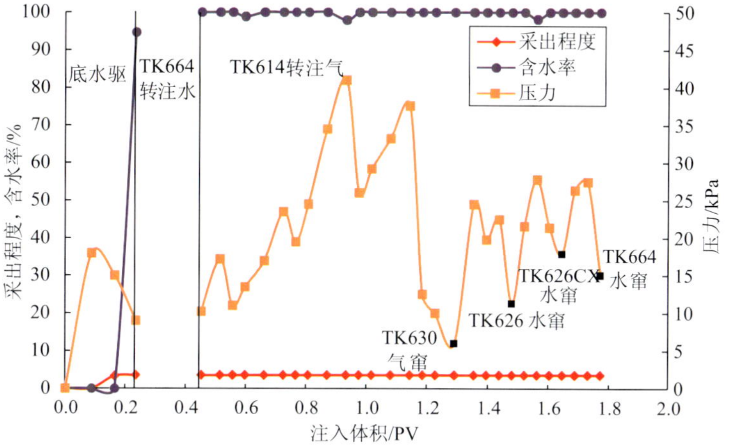

图 5-38 脉冲注 N_2 驱 TK664 井生产动态

脉冲注气生产过程中各井气油比如图 5-39 所示，各井采出程度对比如图 5-40 所示。在转注气阶段 TK630 井与 TK626 井有气体产出，TK626CX 井与 TK664 井没有气体产出，这是因为气体从高部位 TK614 井注入，由于重力分异作用，气体从顶部开始向底部移动，在到达 TK630 井时就已气窜。与连续注气和周期注气相比，脉冲注气形成的气顶能量较弱，无法抑制底水，转注气阶段 TK664 井和 TK626CX 井始终产水，被底水淹没。脉冲注气总的采出程度为 64.36%，效果优于周期注气（采出程度为 61.55%），但是比反向注气 71.60% 的采出程度要差很多。

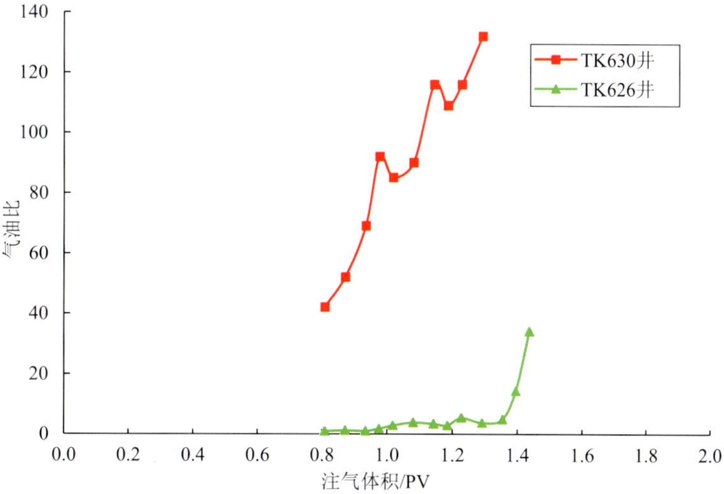

图 5-39 脉冲注气过程中各井气油比

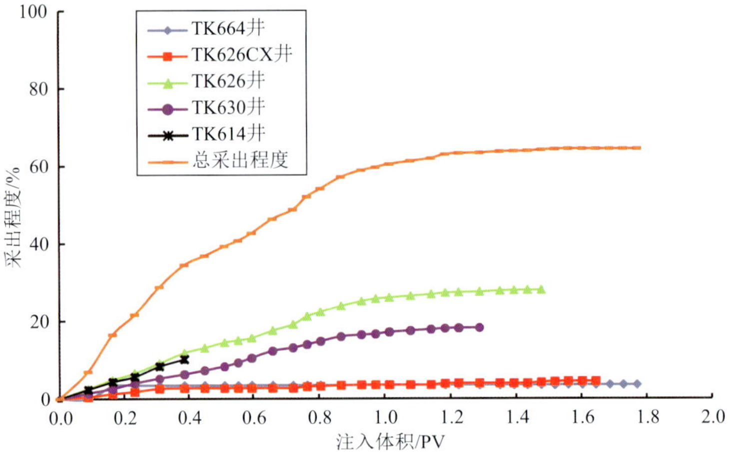

图 5-40　脉冲注气过程中各井采出程度对比

5.3　缝洞型油藏改善注水效果物理模拟实验研究

对注水开发油藏而言,改善注水开发效果是低油价条件下降本增效的有效手段。借鉴碎屑岩油藏改善注水开发效果的成功经验,本节介绍碳酸盐岩缝洞型油藏堵水和调流改善注水效果物模实验,分析堵水和调流后剩余油的变化及提高采收率的机理。

5.3.1　化学堵水可视化实验

利用裂缝-溶洞模型实验装置(图 5-41)开展化学堵水实验。使用常温下成胶性能较好的堵水体系进行堵水实验,体系成分为(0.3%~0.4%)HPAM+0.8%交联剂+0.3%促进剂+0.1%添加剂。实验中模拟油用油溶红染成红色。将裂缝-溶洞模型水平或垂直放置,分别研究堵水后纵向上缝洞中剩余油及平面上井间剩余油的变化。

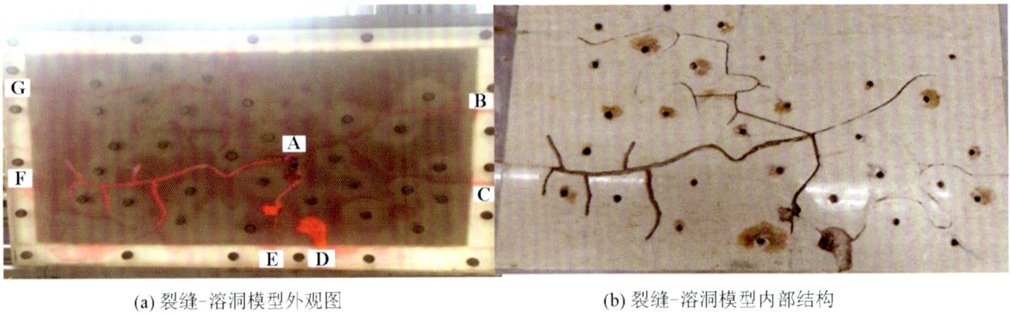

(a) 裂缝-溶洞模型外观图　　(b) 裂缝-溶洞模型内部结构

图 5-41　裂缝-溶洞模型

1）堵水提高纵向上裂缝-溶洞模型的原油采收率

将裂缝-溶洞模型竖立放置,模拟纵向上钻遇多条裂缝(或储集体)的油井在天然水驱、人工注水和天然水驱并存条件下的堵水效果。

(1) 天然水驱。

实验模拟油井在纵向上分别钻遇两条沟通底部溶洞的裂缝 B 和 C，如图 5-41(a)所示。储集体底部的大溶洞通过高角度裂缝沟通底水 D，且底水驱动能量稳定。

实验中可观察到底水驱动时，底水进入模型下部溶洞，溶洞中被驱替的原油经裂缝 B 和 C 流入井中并采出。底水驱替形成的油水界面达到一定位置后不再上升，驱替水从 C 首先突破，并导致油井快速水淹。剩余油主要分布在高部位裂缝、溶洞以及低部位溶洞的顶部。

油井水淹后，向 C 注入凝胶堵剂进行堵水，模拟封堵低部位裂缝。重新开井生产后，C 不再产液，底水驱替剩余油沿 B 所在的裂缝通道产出，天然水驱后的剩余油在堵水后得到有效动用。

实验总饱和油量 135 mL，各阶段的产液量和采收率见表 5-10。堵水后采收率在天然水驱的基础上提高了 33.3%。

表 5-10　各阶段的产液量和采收率

驱替阶段	累积产油量/mL	累积产水量/mL	累积产液量/mL	采收率/%
前期水驱阶段	41.7	3.4	45.1	30.9
堵水后水驱阶段	45	19.2	64.2	33.3
整个阶段	86.7	22.6	109.3	64.2

(2) 人工注水和天然水驱并存。

模拟一口油井钻遇上下两套储集体，上部为裂缝储集体 B，下部为裂缝-溶洞储集体 C，存在一持续底水 D 和一较高部位的注水井 G。

模拟高部位水井 G 注水和底水驱替，模型中 B 和 C 分别模拟一口采油井在不同的深度生产。实验中观察到，注入水流向低部位的溶洞方向，在注入水和底水的共同作用下，低部位溶洞中的油首先沿 C 沟通的裂缝产出。直至该位置完全产水时，剩余油分布如图 5-42 所示，此时形成了低部位溶洞中的阁楼油。在低部位油井 C 注入凝胶封堵其沟通的裂缝，然后进行后续水驱。

堵水后的剩余油分布如图 5-43 所示。堵水后油水流动方向发生改变，低部位水窜通道被凝胶堵塞后不再产液，高部位油井 B 开始产液。直至水驱结束后，大小溶洞中的剩余油几乎全部被驱替出来。

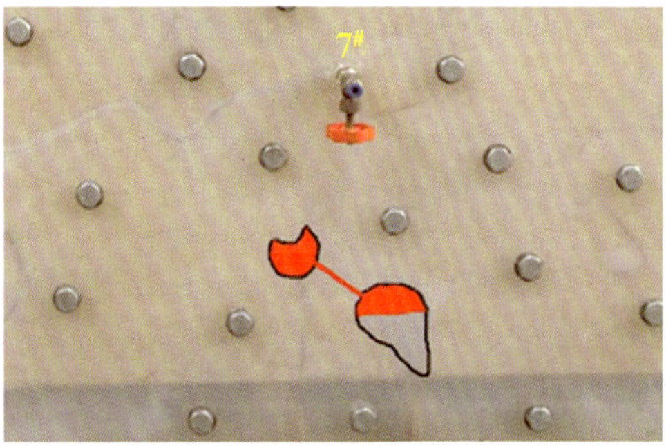

图 5-42　水驱结束后剩余油分布

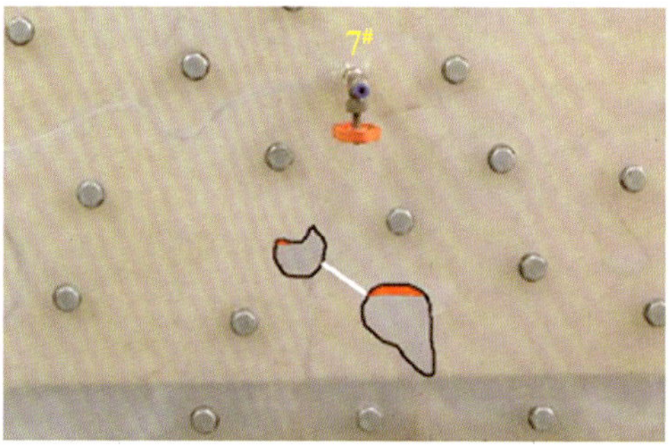

图 5-43　堵水后的剩余油分布

实验时饱和油量 128 mL,各阶段的产液量和采收率见表 5-11。

表 5-11　各阶段的产液量和采收率

驱替阶段	累积产油量/mL	累积产水量/mL	累积产液量/mL	采收率/%
前期水驱阶段	59.2	6.8	66.0	46.3
堵水后水驱阶段	30.2	10.2	44.4	23.6
整个阶段	89.4	17.0	110.4	69.9

由实验结果可知,当油井纵向上钻遇多条沟通底水的裂缝时,通过对低部位裂缝进行堵水,可控制油井产水并有效动用位于构造高部位的剩余油,从而改善注水开发效果,提高采收率。

2) 堵水提高平面上井间缝洞的原油采收率

将裂缝-溶洞模型水平放置,模拟一注四采的 5 点注水开发井网。模型中 A 模拟注入井进行注水,B、C、F 和 G 模拟 4 口采油井进行产油。水驱过程中 B 先产液,之后水淹,即模型中注水时的水窜方向为 B 井方向。

在 B 井注入凝胶堵剂封堵裂缝,之后继续从 A 井注水驱替,可观察到 B 井不再产水,F 和 G 井大量产液。待 F 和 G 完全产水时进行第二阶段堵水,然后继续水驱,可观察到 C 有剩余油产出。实验总饱和油 116 mL,各阶段的产液量和采收率见表 5-12。

表 5-12　各阶段的产液量和采收率

驱替阶段	累积产油量/mL	累积产水量/mL	累积产液量/mL	采收率/%
前期水驱阶段	3.6	10.2	13.8	3.10
第一阶段堵水后水驱	20.4	21.2	41.6	17.59
第二阶段堵水后水驱	17.8	10.2	28	15.34
整个阶段	41.8	41.6	83.4	36.03

实验结果表明,对于平面上存在裂缝沟通的缝洞单元,通过堵水可以改变裂缝中的水驱方向,扩大波及系数,启动井间裂缝-溶洞中的剩余油。此外,通过调整注采关系,可以控制缝洞油藏含水上升速度,达到控水稳油的目的。采用间歇式生产或周期注水方式可以延长油井产油时间,防止油井过早水淹。对于纵向上存在钻遇多条沟通底水裂缝的油井,封堵位于低部位的裂缝可以控制油井产水,改变水驱方向,使油藏上部储量得到动用。对于平面上存在裂缝窜流的井,封堵引起窜流的裂缝可以改善平面水驱效果,提高原油采收率。

5.3.2　流道调整可视化缝洞模型实验

1) 实验流程及步骤

利用加工的可视化缝洞模型(图 5-44)开展调流实验研究。

实验步骤如下:

(1) 饱和水。

将模型密封好并连接实验流程。之后打开注入井，接入管线并注入污成蓝色的水，开泵，以 10 mL/min 的速度驱替，打开模拟生产井的井口，检验模型是否漏水并测定出水量，当注采平衡时视为饱和水结束，计算注入量与采出量之差并计入模型饱和水量。

(2) 饱和油。

饱和水完成后，再连通装有原油的中间容器，打开用平板模型模拟的注入井，接入管线并注油(油用油溶红染成红色)，开泵，流量为 10 mL/min，打开模拟采油井的井口，直至其持续产纯油(不产水)后关闭，此时泵入的原油量即为模型中饱和的油体积。饱和油后的模型如图 5-45 所示。

(3) 一次水驱。

打开用平板模型模拟的注入井，接入管线并注水，开泵，流量 10 mL/min，打开模拟采油井的井口并记录产出油体积，每注入 0.1 PV 用量筒计量出液情况，及时分别计算瞬时含水率，待含水率稳定于 98%时关闭注水井的井口，停泵。一次水驱后模型中的油水含量如图 5-46 所示。

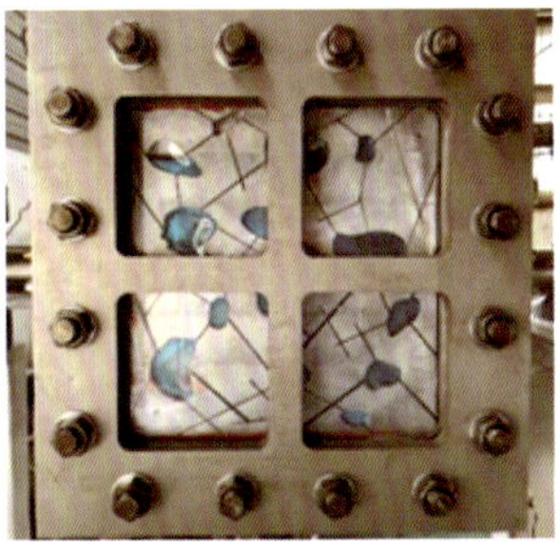

图 5-44　可视化缝洞模型饱和水示意图

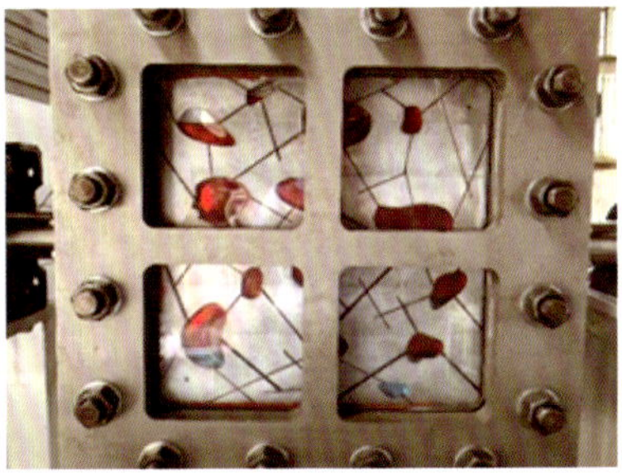

图 5-45　可视化缝洞模型饱和油示意图

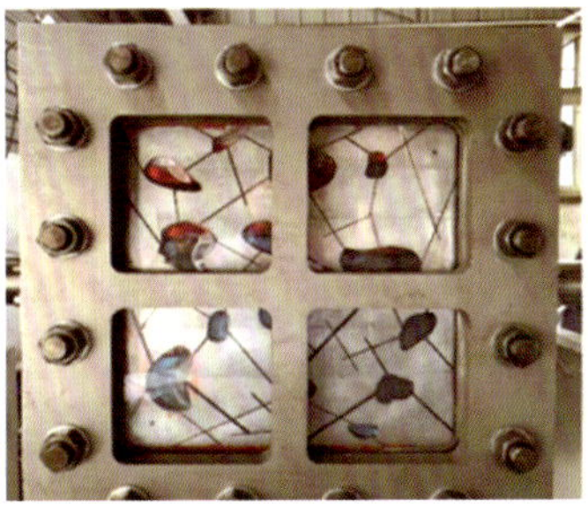

图 5-46　可视化缝洞模型一次水驱后模型中的油水含量

(4) 注入调流体系。

连通装有调流剂的中间容器，打开平板模型注入井，接入管线注入调流体系并记录采油井产出油的体积，每注入 0.1 PV 后用量筒计量出液情况，注入 0.3 PV 调流剂后，停泵，候凝。

(5) 后续水驱。

待含水率稳定于 98%时关闭注水井的井口，停泵。

2) 颗粒类流道调整剂的作用机理

在向可视化模型中注入低密度颗粒调整流道的过程中，可以观察到，颗粒的调流机理主要是充填堆积和分叉堆积两种模式，如图 5-47 和图 5-48 所示。

从图 5-47 中低密度颗粒对流道的调整情况可以看出，低密度颗粒的充填堆积模式主要是颗粒充填在洞顶部及大裂缝中，封堵大孔洞及其裂缝，进行流道调整，从而使后续水驱过程中的水流改变流动路径，进入未动用的小裂缝和溶洞，启动其中的剩余油。

由图 5-48 中低密度颗粒对流道的调整情况可以看出，低密度颗粒的分叉堆积模式主要是颗粒充填裂缝和孔洞交叉处，以及裂缝与裂缝交叉处，在裂缝的分叉处形成堵塞，从而堵塞主流通道，实现流道调整。

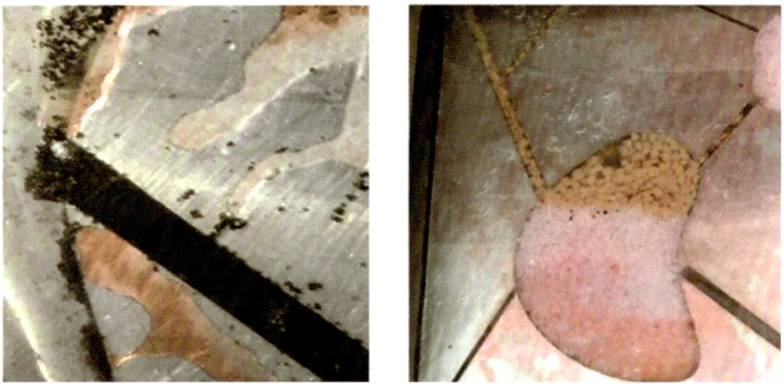

(a) 裂缝中充填　　(b) 溶洞中充填

图 5-47　充填堆积调流

(a) 裂缝-溶洞分叉　　(b) 裂缝-裂缝分叉

图 5-48　分叉堆积调流

3）颗粒类流道调整用剂控制水窜的效果

颗粒类流道调整用剂在控制水窜的过程中，在缝洞模型中主要分为缝洞无填充控制水窜和缝洞有填充控制水窜两种模式。可视化缝洞模型水窜形成过程如图 5-49 所示。

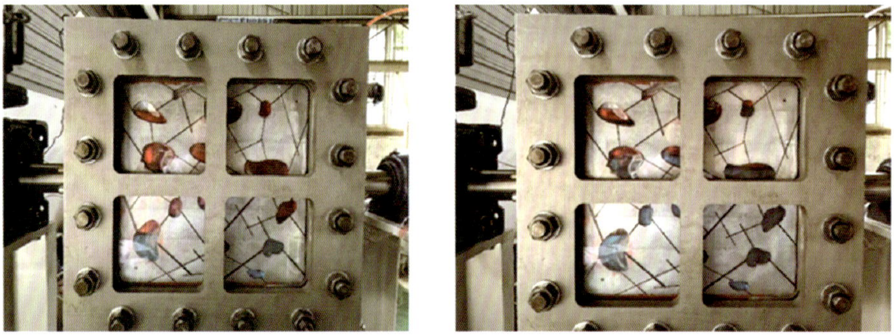

(a) 一次水驱至含水40%　　(b) 一次水驱至含水90%

图 5-49　可视化缝洞模型水窜形成过程

在一次水驱过程中，注入水沿底部大裂缝窜流现象十分明显，可以看到，剩余油主要分布于模型上部溶洞及其裂缝中。

再以 10 mL/min 的速率将 2%的颗粒注入模型，进行流道调整。

流道调整过后，后续水驱过程中顶部剩余油明显被驱动，如图 5-50 所示。

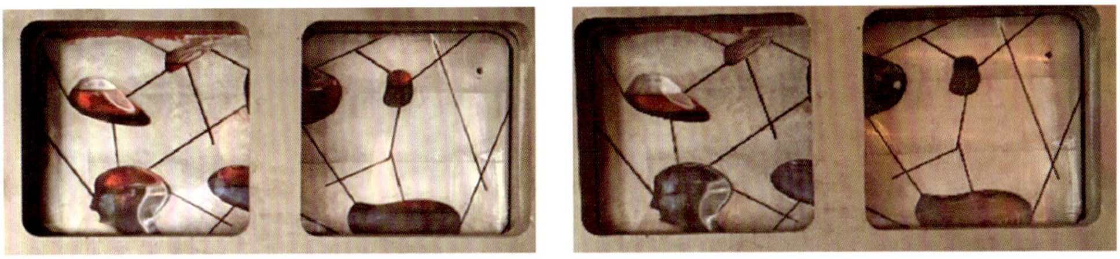

(a) 后续水驱前　　(b) 后续水驱后

图 5-50　调流前后剩余油分布对比

调流过程中的压力曲线、含水率曲线及采收率曲线如图 5-51 所示。

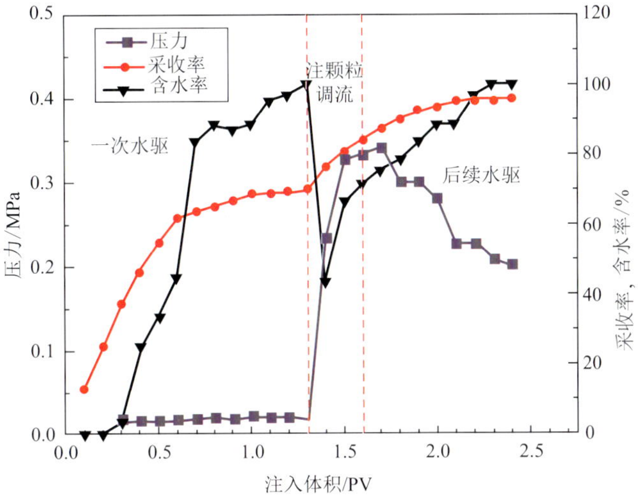

图 5-51　调流过程中的压力曲线、含水率曲线及采收率曲线

从图 5-51 实验结果可以看出，注入颗粒进行流道调整时，颗粒在裂缝中形成堆积和堵塞，抑制了水窜，使注入压力上升，含水率明显下降。在一次水驱达到经济极限后，流道调整可进一步提高采收率（在水驱基础上约提高 26.04%），可见流道调整控制水窜效果显著。

第 6 章
缝洞型油藏连通性评价物理模拟实验研究

受储层静态连通关系认识局限性的影响，塔河缝洞型油藏实施注水开发以来，不同缝洞型油藏注水开发效果差异大，影响了注水开发工作的开展和改善水驱效果措施的实施。如何评价不同类型缝洞单元连通性及连通关系，并针对性地开展注采调整工作，成为改善水驱效果的关键。本章通过对比分析不同类型连通状况条件下的现场示踪剂与物理模拟实验研究用示踪剂的产出特征，建立了示踪剂特征曲线，形成了通过示踪剂分析连通关系的方法，用以指导对单元连通性的认识和单元注采参数的调整。

6.1　塔河缝洞型油藏示踪剂优选

井间示踪及其解释技术最早由美国斯坦福大学 Brigham 教授提出。该项技术引入中国以后在砂岩油藏非均质性研究中得到了广泛的应用，而在碳酸盐岩缝洞型油藏中的应用目前还处于初步探索阶段。碳酸盐岩缝洞油藏储层发育特征为：具有很强的非均质性，洞穴、裂缝广泛发育，储层厚度大小不一，横向分布不稳定，连通性及注水波及情况复杂。

本节设计制作了缝洞单元模型，通过室内注示踪剂物模实验对示踪剂产出特征和连通性之间的关系进行研究。

塔里木盆地塔河油田下奥陶统碳酸盐岩储集体属于表生岩溶作用形成的喀斯特缝洞系统。以灰岩岩溶为主控因素、以溶蚀缝洞为主要储集空间的复杂碳酸盐岩缝洞型油气藏，碳酸盐岩基质物性较差，基本不具有储渗意义，只能作为有效储集空间的封堵体来分隔各类储集空间。塔河油田储层埋深 5 400～6 600 m，高温（140 ℃），高矿化度（240 000 mg/L）。塔河油田示踪测试主要应用在多井缝洞单元中，对注水井注示踪剂的目的是确定井间连通方向和连通程度。在此类油藏使用的示踪剂须满足以下要求：

① 本底低，分析灵敏度高；

② 足够的化学、生物特性及热稳定性，并与被跟踪的流体特性相似，配合性好；

③ 在碳酸盐岩地层中吸附滞留量少；

④ 与地层矿化水不发生反应；

⑤ 同时使用几种示踪剂时，彼此间无干扰，能满足定量监测要求；

⑥ 货源广，价廉，无毒、副作用，对测井无影响，安全环保。

基于以上对塔河油田缝洞型油藏的特殊环境和条件的考虑，对选用的示踪剂做必要的筛选。目前常用的几种示踪剂的技术指标、安全环保指标和经济指标见表 6-1～表 6-3。

表 6-1　常用示踪剂的技术指标

示踪剂品种	氚　水	硫氰酸铵	溴化钾	BY 显光物	备　注
检测极限	0.37 Bq/L	1.0 mg/L	0.5 mg/L	10^{-3} mg/L	
适应温度	50～150 ℃	50～90 ℃	60～100 ℃	40～130 ℃	
滞留量	10%	12%～15%	20%	15%	
技术性评价	可行	温度不够	温度不够	可行	

表 6-2　常用示踪剂的安全环保指标

示踪剂品种	氚　水	硫氰酸铵	溴化钾	BY 显光物	备　注
放射性、人身危害	有	一般	无	无	^{3}H 半衰期 12.3 年
环保影响	有	一般	无	无	
环保、公安批证	必须	一般	无	无	批证只限本省使用
安全环保评价	不好	许可	许可	许可	

注：化学类示踪剂中硝酸铵也必须由公安机关备案审批。

表 6-3　常用示踪剂的经济指标

示踪剂品种	氚　水	硫氰酸铵	溴化钾	BY 显光物	备　注
每井组投加量	30～120 Ci	20～50 t	10～30 t	15～30 kg	
原材料估价/万元	12.0	40.0	30.0	6.0	
经济评价	价高	价高	价高	适中	

注：1 Ci=3.7×10^{10} Bq。

综合技术指标、安全环保指标、经济指标以及现场操作的便利性等各方因素，认为 BY 显光物是目前最适合塔河油田的井间示踪剂。

研究过程中对塔河以往示踪测试资料进行了统计，59 个井组中共有 55 个井组采用了 BY 系列的微量示踪剂，统计结果见表 6-4。

表 6-4　示踪剂类型统计

示踪剂类型	BY-1	BY-2	BY-3	BY-4	硫氰酸铵	氚　水	溴化钾	合　计
采用井组数/个	23	12	17	3	1	2	1	59

进一步对 BY 系列各示踪剂在地层中的背景浓度和产出峰值浓度数据进行统计，结果见表 6-5。

表 6-5　BY 系列示踪剂浓度统计

示踪剂	BY-1	BY-2	BY-3	BY-4
井　数	86	40	70	9
背景浓度平均值/cd	45.3	16.0	72.3	20.4
产出峰值浓度平均值/cd	585	175.8	744.7	273.8

由统计结果可知，BY-1 和 BY-3 在地层中的背景浓度处于较高水平，相应地产出峰值浓度也处于较高水平；而 BY-2 和 BY-4 背景浓度和产出峰值浓度均处于较低水平。由于背景浓度和产出峰值浓度将会对测试结果的准确性产生较大的影响，因此在测试前应该首先分析测试目标区域地质情况，选用合适的显光示踪剂。

6.2　连通性物理模拟实验条件及流程

考虑不同连通类型、注入速度等因素，应用研制的二维可视化缝洞模型，进行了室内注示踪剂物模实验。在示踪剂吸附实验基础上，通过物模实验研究示踪剂在不同连通状况下的产出特征参数，包括突破时间、见峰时间、峰值/背景值、推进速度、回采率等，并研究浓度和累积采出量与时间的关系曲线特征，包括不同连通状况下的产出规律、曲线形态等。

6.2.1　实验材料及设备

碳酸盐岩缝洞模型是根据塔河油田地震资料解释所得到的缝洞体特征，采用 90 cm×60 cm×1.5 cm 大理石板进行裂缝、溶洞网络刻蚀而得到的。实验所需的仪器、设备和材料包括紫外分光光度计、平流泵、采样瓶、吸管、蒸馏水、KBr 溶液等。

6.2.2　实验流程

实验流程如图 6-1 所示，实验设备和图 6-2 所示。

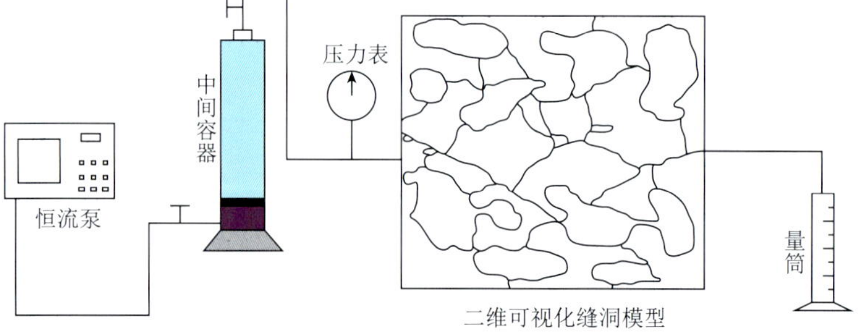

图 6-1　缝洞油藏注示踪剂物模实验流程示意图

图 6-2　缝洞油藏注示踪剂物模实验设备图

6.2.3　实验步骤

实验前先配制不同质量浓度的 KBr 溶液，应用分光光度计对不同质量浓度溶液的吸光度进行测定，建立 KBr 溶液质量浓度-吸光度关系曲线。

示踪物模实验步骤如下：

① 连接好实验流程装置；

② 配置质量浓度为 300 mg/L 的 KBr 示踪剂溶液；

③ 用恒流泵向模型中注水，直到模型空间充满为止，在此过程中在各出口端取样(图 6-3、图 6-4)，用分光光度计(图 6-5)测背景吸光度。

④ 向注水井模型中注入质量浓度为 300 mg/L 的示踪剂溶液 5 mL。

⑤ 以 0.5 mL/min 的速度向模型内注水，同时在相应的出口端以 90 s 为间隔取样。

用分光光度计测试各个样品溶液吸光度变化，根据前面测得的质量浓度-吸光度关系曲线反算各个样品中的 KBr 质量浓度，得到示踪剂产出质量浓度随时间变化的曲线。根据示踪剂的产出质量浓度和对应的取样体积，计算不同时刻示踪剂的累积产出质量。

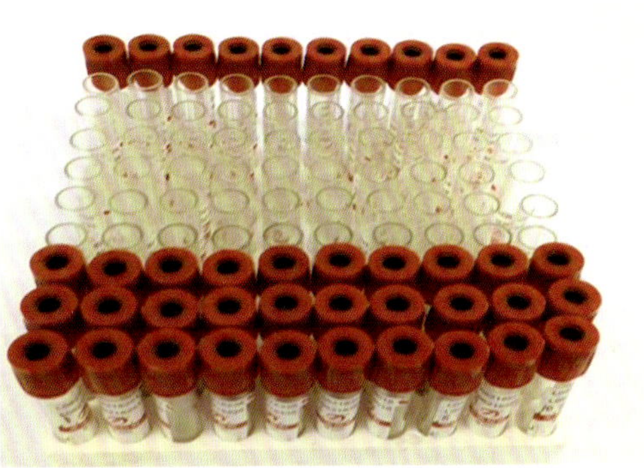

图 6-3　取样瓶(3 mL)

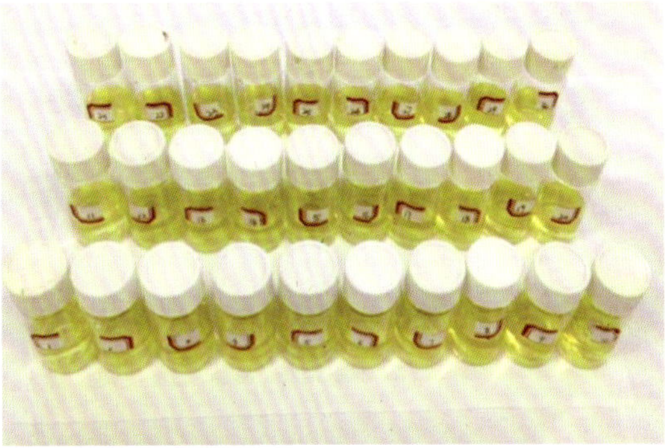

图 6-4　测试样品

图 6-5　UV-1800 分光光度计

6.3 连通性评价的示踪实验研究

缝洞油藏示踪监测的首要目标是判断井间缝洞连通类型。仅采用产出质量浓度-时间曲线判断缝洞连通类型在实际应用中存在很大的不足：由于注采井间距离差异较大和流体流速存在差异，导致具有同类连通方式的注采井测得的质量浓度-时间曲线上示踪剂突破和形成峰值的位置差异很大，或者示踪曲线形态基本一致的井可能存在不同的连通方式。

基于典型的缝洞结构物理模型开展示踪实验可得到示踪特征曲线，包括质量浓度-时间曲线和累积产出质量-时间曲线。为便于与矿场示踪测试结果做对比，可对室内和矿场示踪剂的累积产出质量-时间曲线均采取无量纲化处理，得到无量纲累积产出质量-时间关系曲线。通过室内典型缝洞结构的示踪物模实验得到特征曲线，用矿场测试得到示踪曲线，根据示踪曲线形态特征可评价矿场注采井间的连通性质。本节介绍缝洞模型井间不同连通类型的示踪特征曲线，以及示踪剂注入速度、底水、注采方式等因素对示踪曲线形态的影响。

6.3.1 不同连通类型实验研究

采用研制的可视化二维缝洞模型模拟不同连通类型的注示踪剂过程，对示踪曲线形态进行描述与分析。

模拟以下连通类型：① 单一短裂缝（宽 1 mm，长 15 cm）；② 单一长裂缝（宽 1 mm，长 40 cm）；③ 并联管道（宽度分别为 3 mm 和 6 mm）系统；④ 裂缝（宽 1 mm）-溶洞（直径 50 mm）并联系统；⑤ 管道（宽 6 mm）-溶洞（直径 100 mm）串联系统。

(1) 单一短裂缝（宽 1 mm，长 15 cm）。

模型如图 6-6 所示，注采井之间由 1 mm 宽的缝连通，注示踪剂，监测产出示踪剂的质量浓度曲线和无量纲累积产出质量曲线，如图 6-7 和图 6-8 所示。

图 6-6　单一短裂缝模型

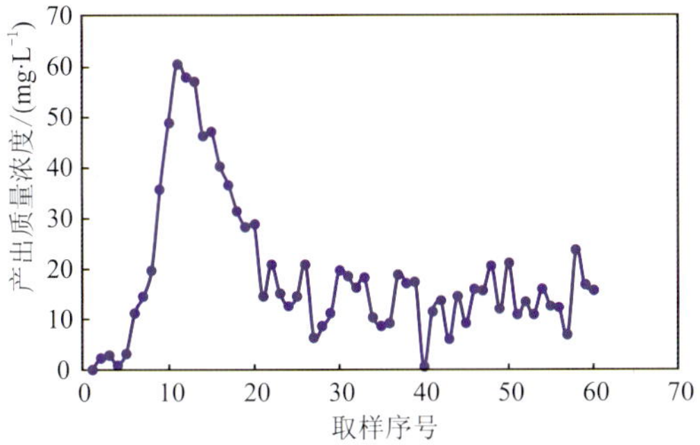

图 6-7　单一短裂缝示踪剂的产出质量浓度曲线

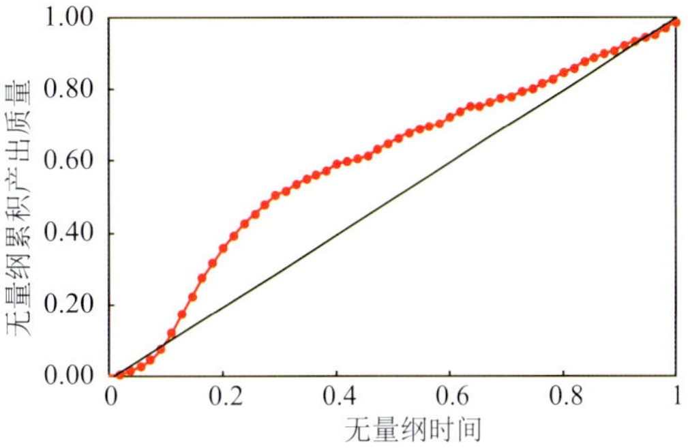

图 6-8　单一短裂缝无量纲累积产出质量曲线

单一短裂缝条件下示踪曲线存在一个明显的单峰，示踪剂段塞注入后很快突破，峰值浓度出现在整个监测过程的早期。在无量纲累积产出质量曲线上，曲线前半段上升较快，后半段上升平缓，曲线位于 $y=x$ 线的上部，呈上凸形。

(2) 单一长裂缝(宽 1 mm，长 40 cm)。

模拟单一长裂缝注示踪剂过程，模型如图 6-9 所示，其产出质量浓度曲线和无量纲累积产出质量曲线分别如图 6-10 和图 6-11 所示。

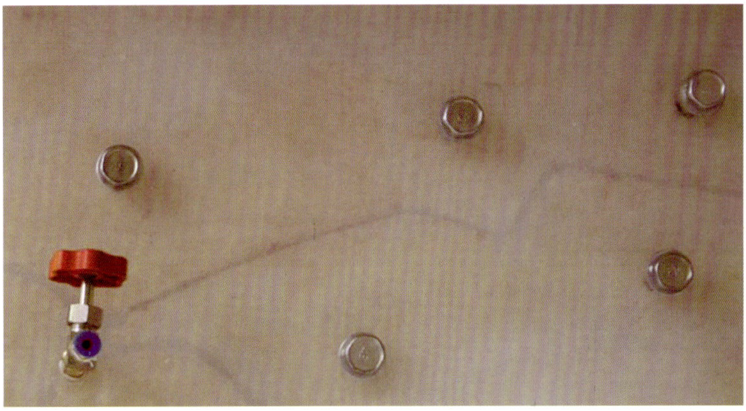

图 6-9　单一长裂缝模型

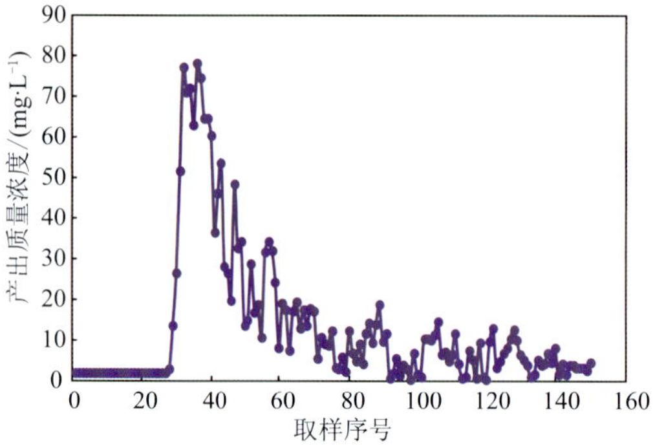

图 6-10　单一长裂缝示踪剂产出质量浓度曲线

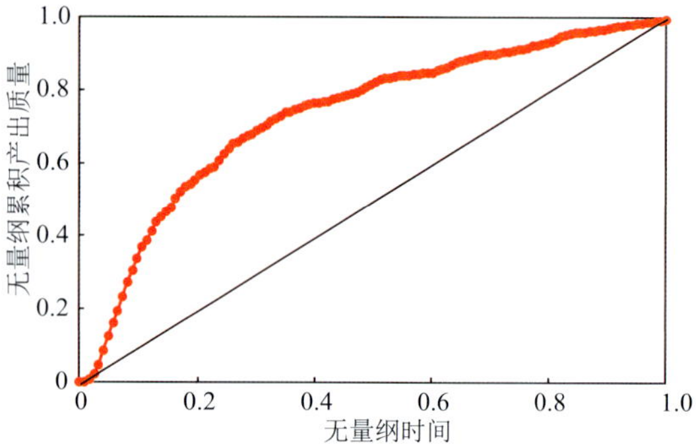

图 6-11　单一裂缝示踪剂无量纲累积产出质量曲线

由监测曲线可知，单一长裂缝模型注入示踪剂后的突破时间比单一短裂缝模型所需时间长，裂缝突破后质量浓度迅速增至峰值，监测过程只有一个波峰。无量纲累积产出质量曲线前半段上升较快，曲线位于 $y=x$ 上部，呈凸形。

(3) 并联管道(宽度分别为 3 mm 和 6 mm)系统。

模拟并联管道系统注示踪剂过程，模型如图 6-12 所示。

实验结果如图 6-13 和图 6-14 所示。

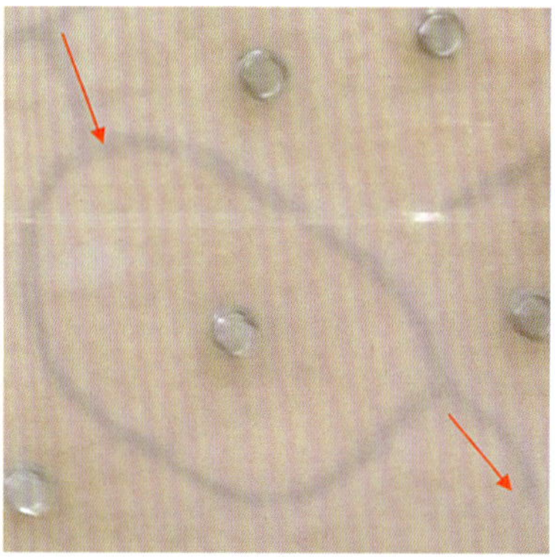

图 6-12　并联管道系统模型

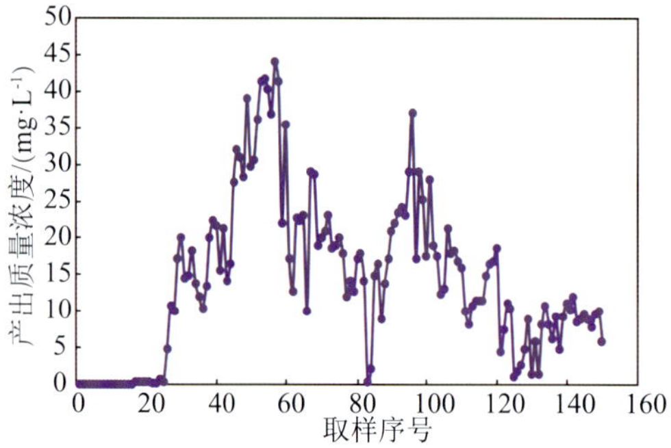

图 6-13　并联管道系统示踪剂产出质量浓度曲线

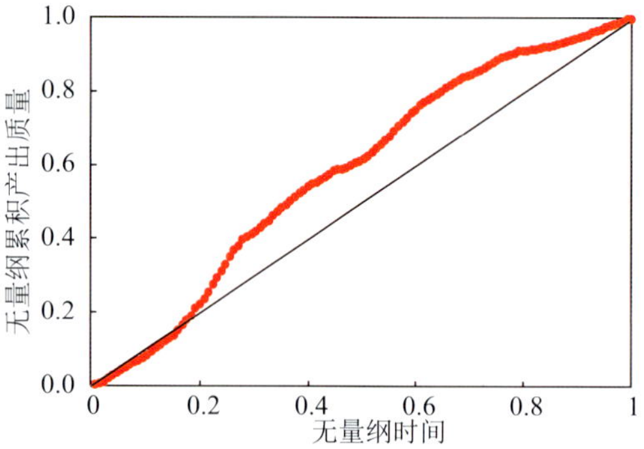

图 6-14　并联管道系统示踪剂无量纲累积产出质量曲线

并联管道系统示踪剂产出质量浓度曲线在突破前是较低质量浓度的本底曲线，突破所需时间较长，突破后存在两个波峰。由于管道的分流，两个波峰对应的峰值质量浓度不高。对应的无量纲累积产出曲线上存在两段上凸线。

(4) 裂缝(1 mm)-溶洞(直径 50 mm)并联系统。

模拟裂缝与溶洞并联情况下的注示踪剂过程，模型如图 6-15 所示。

实验结果如图 6-16 和图 6-17 所示。

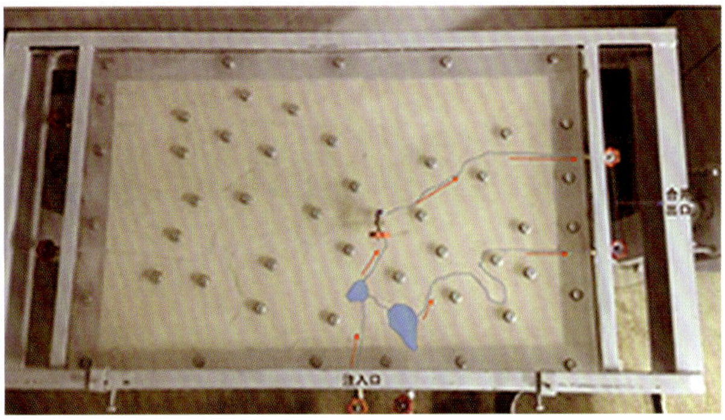

图 6-15　裂缝-溶洞并联系统模型

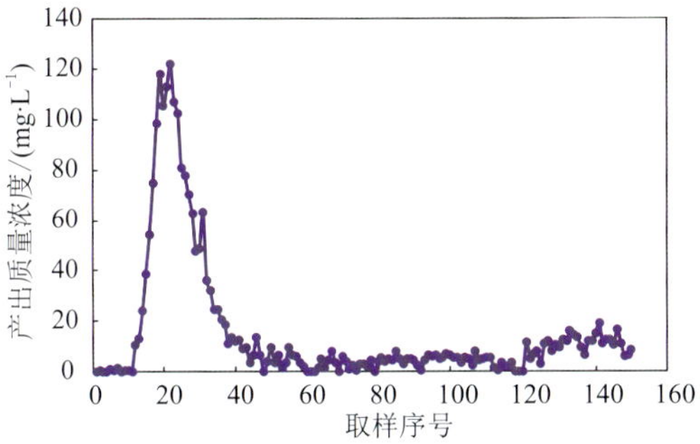

图 6-16　裂缝-溶洞并联系统
示踪剂产出质量浓度曲线

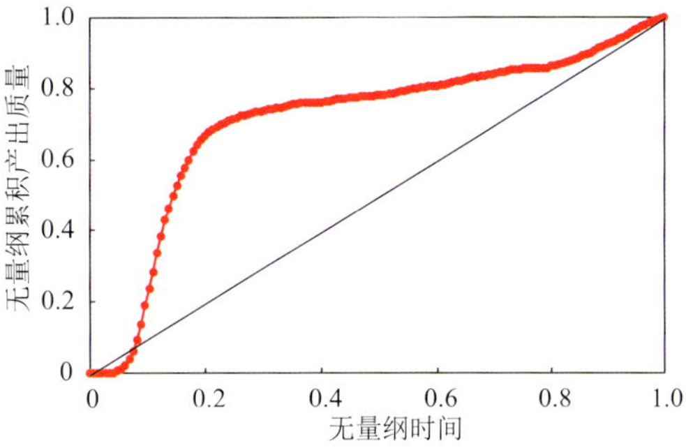

图 6-17　裂缝-溶洞并联系统示踪剂
无量纲累积产出质量曲线

裂缝(1 mm)-溶洞(直径 50 mm)并联系统注入的示踪剂首先沿裂缝突破，相应的产出质量浓度曲线表现为注入示踪剂后很快突破并形成一个陡峭尖峰，达到峰值质量浓度后急剧下降，直到监测后期溶洞中的示踪剂再次突破后形成第二个低而平缓的波峰，相应的无量纲累积产出质量曲线表现为存在两个累积产出质量快速上升段，其中第一个波峰对应的上升幅度较大，第二个波峰对应的无量纲累积产出质量曲线上升幅度较小。

(5) 管道(宽 6 mm)-溶洞(直径 100 mm)串联系统。

管道-溶洞串联系统模型如图 6-18 所示，由管道一侧注入示踪剂，在溶洞部位产出。

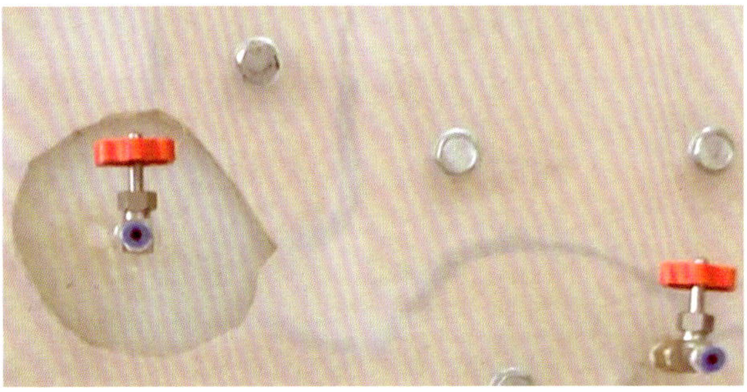

图 6-18　管道-溶洞串联系统模型

实验结果如图 6-19 和图 6-20 所示。

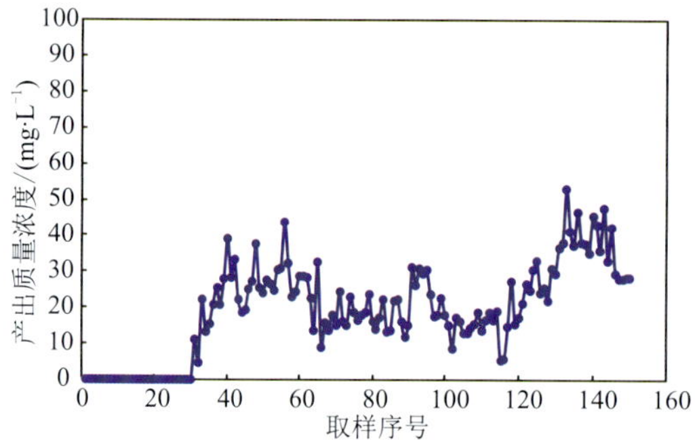

图 6-19　管道-溶洞串联系统示踪剂产出质量浓度曲线

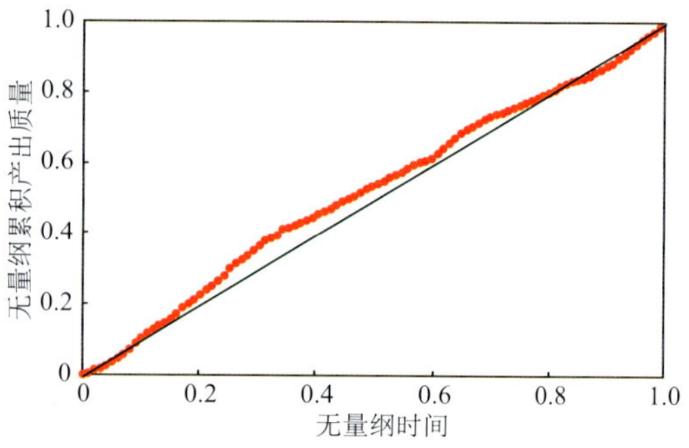

图 6-20　管道-溶洞串联系统示踪剂无量纲累积产出质量曲线

示踪剂突破时间较长，监测过程存在一个平缓的波峰，至监测过程末期仍有较高浓度的示踪剂产出。无量纲累积产出质量曲线基本重合于 $y=x$ 直线。取样端收集到的示踪剂占总注入量的 70.8%，说明示踪剂在洞中由于扩散作用而存在大量滞留。

6.3.2　不同示踪剂注入速度实验研究

分别研究裂缝、并联管道和管道-溶洞串连方式不同示踪剂注入速度(0.5 mL/min 和 0.8 mL/min)下示踪剂产出质量浓度曲线形态和无量纲累积产出质量曲线的变化。

(1) 裂缝。

裂缝(宽 1 mm)模型如图 6-9 所示。实验所测得的质量浓度曲线和无量纲累积产出质量曲线如图 6-21 和图 6-22 所示。

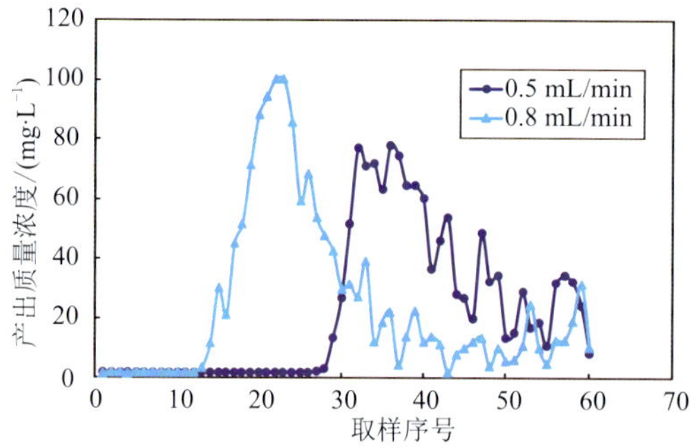

图 6-21　裂缝的示踪剂产出质量浓度曲线

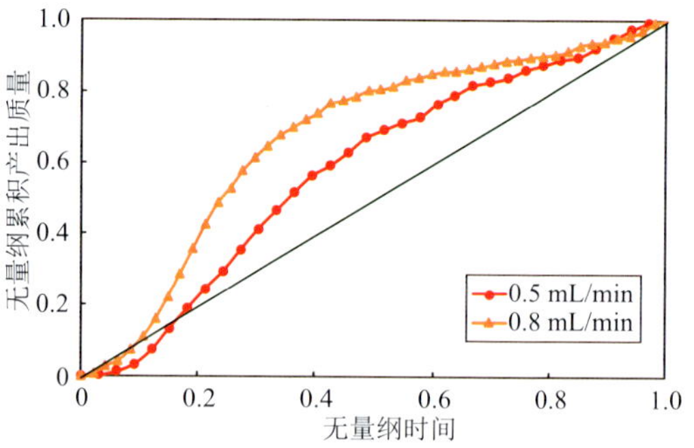

图 6-22　裂缝的无量纲累积产出质量曲线

注入速度对裂缝示踪曲线波峰数量无影响，对波峰形态具有显著的影响。示踪剂注入速度增大时，突破时间加快，波峰前移，峰值质量浓度增大，原因为注入速度加快后示踪剂段塞质量浓度稀释作用减弱，使质量浓度曲线具有更高的峰值。注入速度增大后无量纲累积产出质量曲线前半段变陡，与 $y=x$ 线所围面积增大。

(2) 并联管道。

并联管道(宽度分别为 3 mm 和 6 mm)模型如图 6-12 所示。实验所测得的质量浓度曲线和无量纲累积产出质量曲线如图 6-23 和图 6-24 所示。

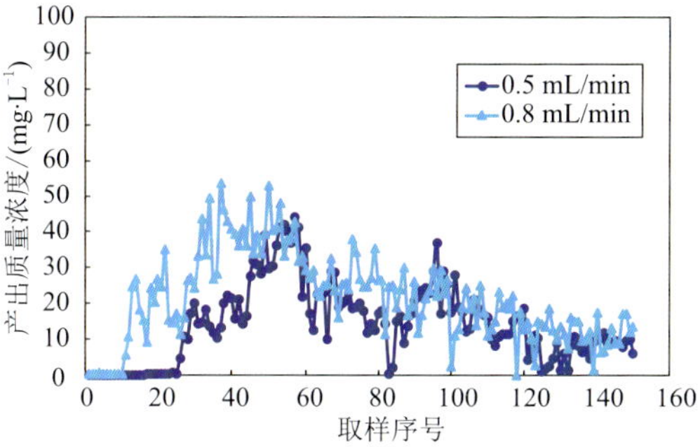

图 6-23　并联管道的示踪剂产出质量浓度曲线

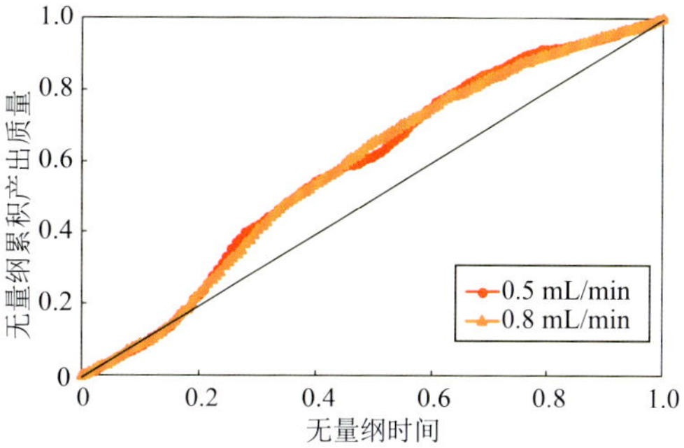

图 6-24　并联管道的无量纲累积产出质量曲线

注入速度增大后并联管道系统示踪剂突破时间缩短，在低速下原来具有两个明显的波峰，现在变得不再明显。示踪剂峰值质量浓度比低速下大，原因为注入速度增大后示踪剂在两管中的分配比例发生显著变化，整体流速加快，示踪剂质量浓度曲线主要反映主流通道特征。无量纲累积产出质量曲线在低速下原具有两个弧，在注入速度增大后整体变为一个弧。

(3) 管道(宽 6 mm)-溶洞(直径 50 mm)串联。

管道(宽 6 mm)-溶洞(直径 50 mm)串联模型如图 6-25 所示。实验所测得的质量浓度曲线和无量纲累积产出质量曲线如图 6-26 和图 6-27 所示。

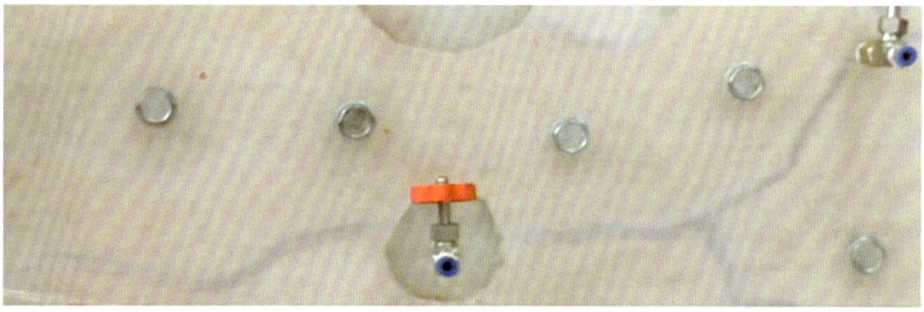

图 6-25　管道-溶洞串联模型图

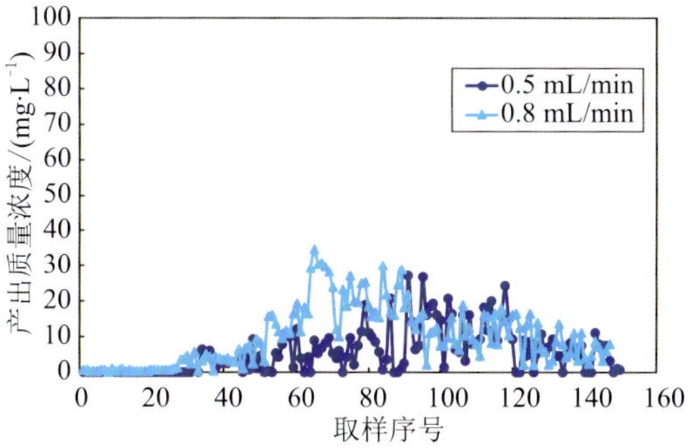

图 6-26　管道-溶洞的示踪剂产出质量浓度曲线

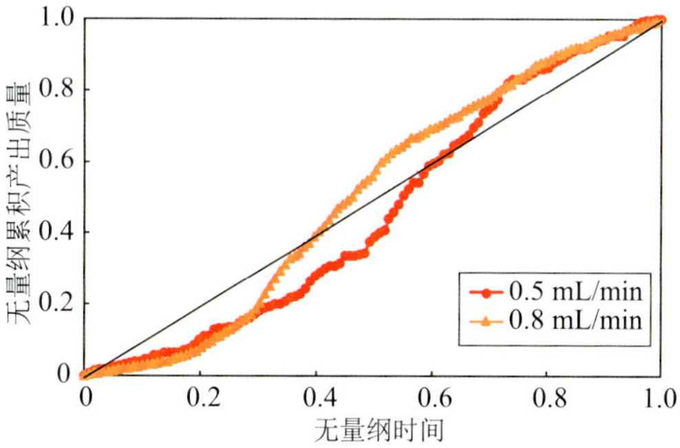

图 6-27　管道-溶洞的无量纲累积产出质量曲线

在管道-溶洞系统中，注入速度从 0.5 mL/min 增至 0.8 mL/min 时，突破时间缩短，峰值质量浓度明显增加，波峰整体前移。其原因是由于溶洞中流体的存在，注入速度增加后示踪剂在溶洞中的扩散作用降低。无量纲累积产出质量曲线表现为高于 $y=x$ 的部分增加，低于 $y=x$ 的部分减少。

6.3.3 有无底水实验研究

室内模拟无底水和有底水(流速 0.2 mL/min)情况下注示踪剂测试的过程,模型如图 6-28 所示。

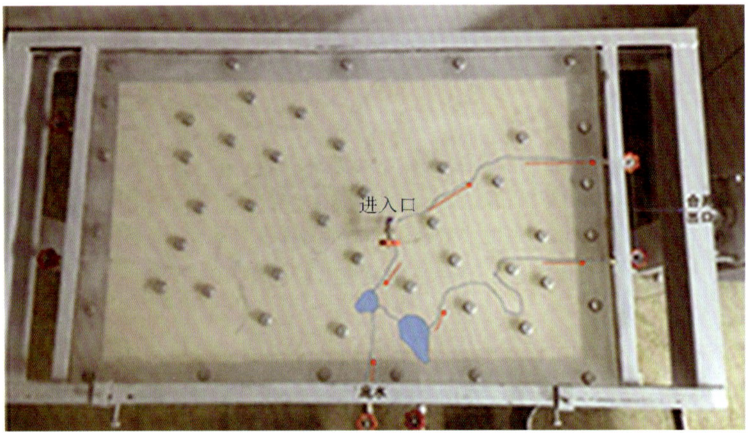

图 6-28 底水实验模型

示踪剂注入速度均为 0.5 mL/min。实验测得无底水和有底水情况下的产出质量浓度曲线和无量纲累积产出质量曲线,如图 6-29 和图 6-30 所示。

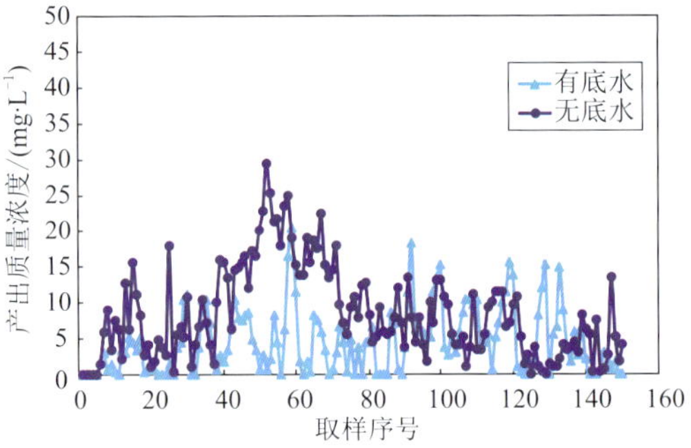

图 6-29 有无底水实验示踪剂产出质量浓度曲线

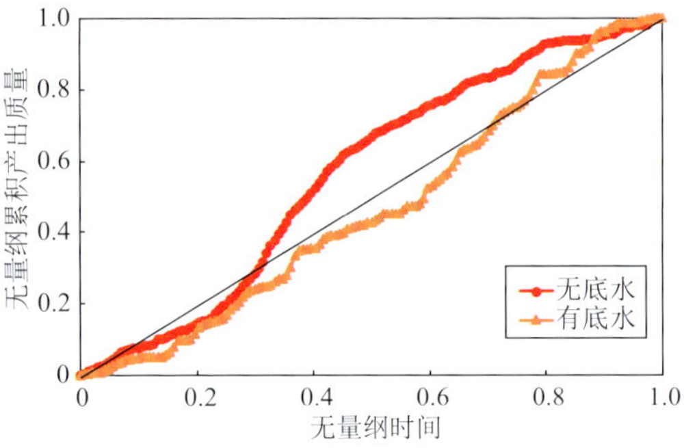

图 6-30 有无底水实验无量纲累积产出质量曲线

底水的存在能显著影响示踪曲线的形态。有底水情况下测试得到的示踪曲线突破时间变化不明显,但产出液质量浓度受到底水的稀释,质量浓度曲线整体低于无底水情况,同时有底水存在情况下无量纲累积产出质量曲线整体向 $y=x$ 线下方偏移,表现出明显的稀释特征。

6.3.4 不同注采方式实验研究

塔河油田缝洞油藏注采方式主要有缝注洞采和洞注缝采。在其他条件相同的情况下,室内模拟倾角 60°、不同注采方式下的注示踪剂测试过程。测试模型如图 6-31 所示。

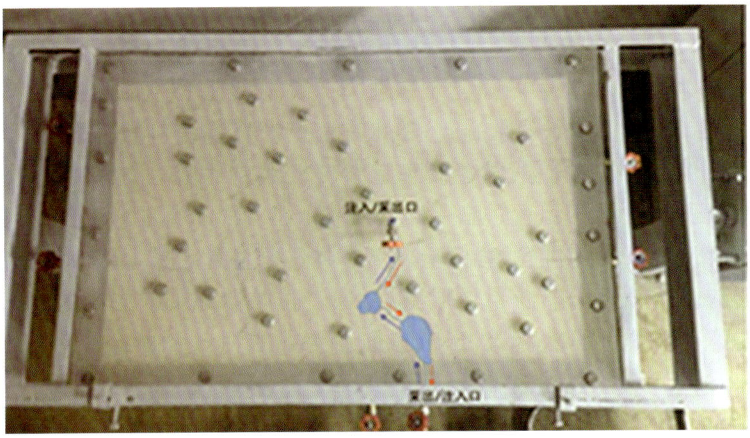

图 6-31 不同注采方式模型

测试结果如图 6-32 和图 6-35 所示。

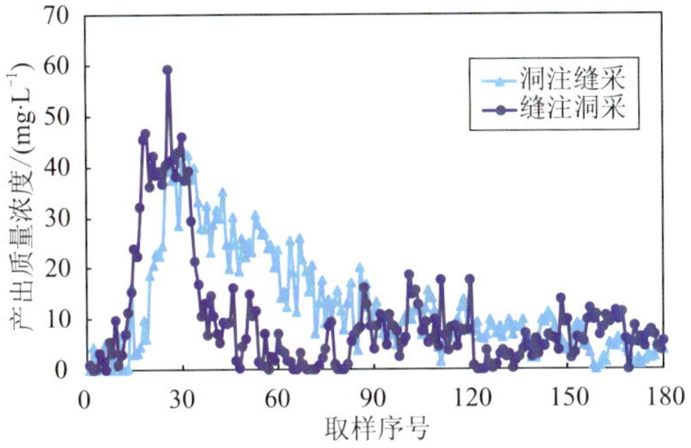

图 6-32 不同注采方式实验示踪剂产出质量浓度曲线

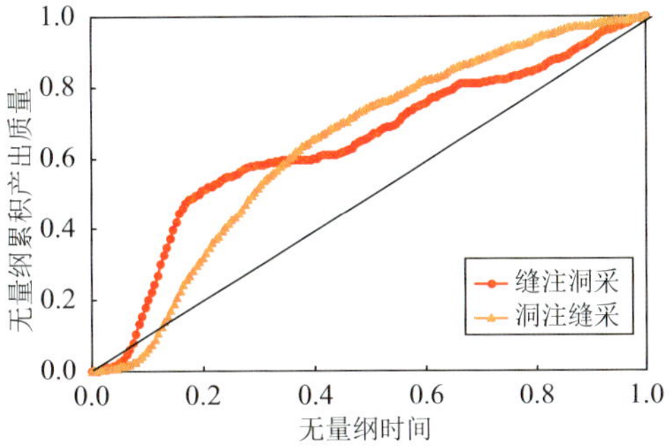

图 6-33 不同注采方式实验无量纲累积产出质量曲线

由测试结果可得，两种注采方式下示踪剂突破时间相差较小，反映出示踪剂段塞突破前缘具有相同的流速。缝注洞采情况下，示踪剂突破后快速形成一个尖而窄的波峰，然后保持一个较低质量浓度的产出过程；洞注缝采情况下，从示踪剂突破到形成波峰需要的时间较长，之后波峰缓慢下降，质量浓度整体高于缝注洞采情况，并且持续整个过程。这反映出不同注采方式下示踪剂在流道内的扩散能力存在较大差异。

6.4 基于示踪特征曲线的缝洞连通结构分类

根据物模实验得到的典型连通结构的特征曲线，对塔河油田缝洞油藏现场测试得到的示踪剂产出质量浓度曲线和无量纲累积产出质量曲线进行聚类特征分析，对井间连通性进行综合分类与评价。按照连通结构特征，将塔河油田缝洞油藏注采井间连通结构分为单一通道和复合通道两大类，又分为多个亚类，见表 6-6。

表 6-6　缝洞连通结构类型

主缝洞连通类型	亚类	次缝洞类型	地质模型	产出质量浓度理论特征曲线	累积产出质量特征曲线	示踪特征描述	典型区块	典型井组
单一通道	单一裂缝	—	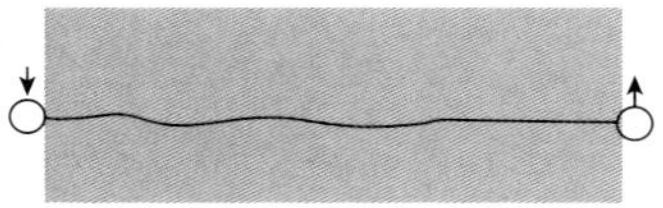	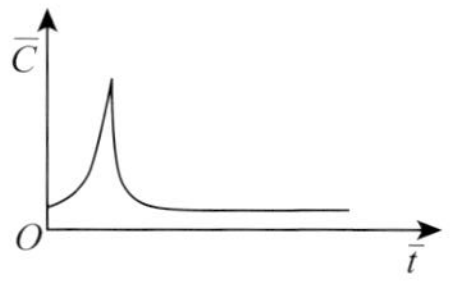	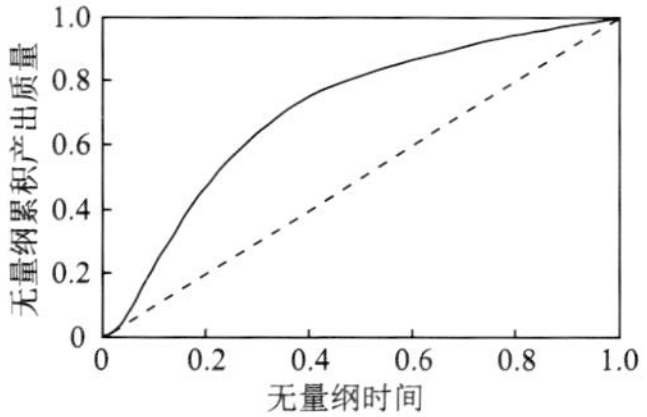	规则尖峰； 响应时间 2～6 d； 推进速度大于 100 m/d	四区	TK425-S48
	管道	小管道	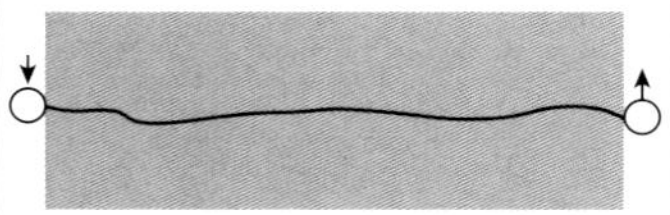	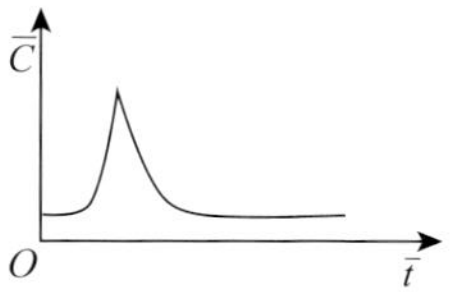	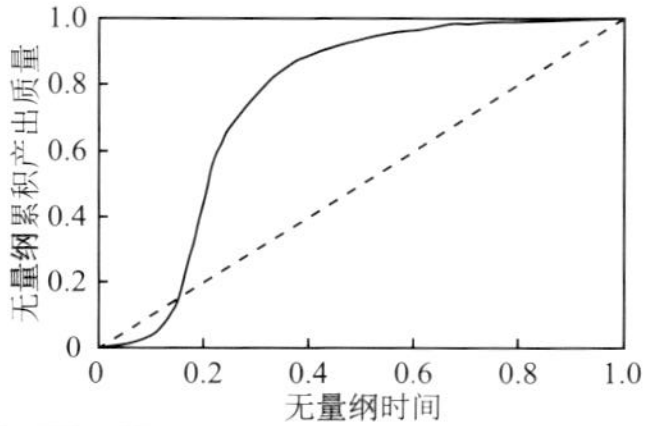	规则尖峰； 响应时间 5～10 d； 推进速度大于 60 m/d	二区	TK237-TK255
		大管道	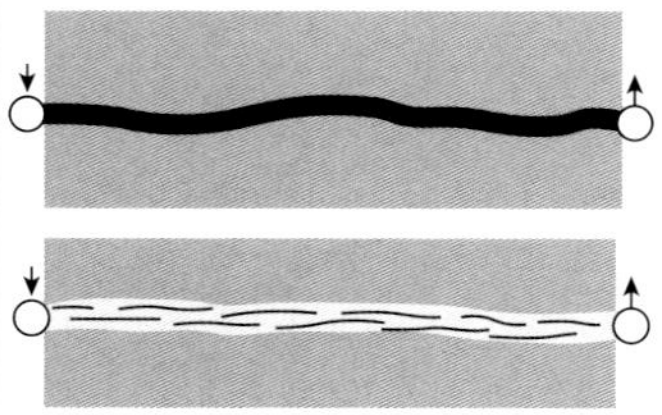	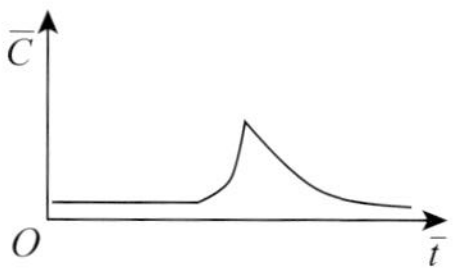	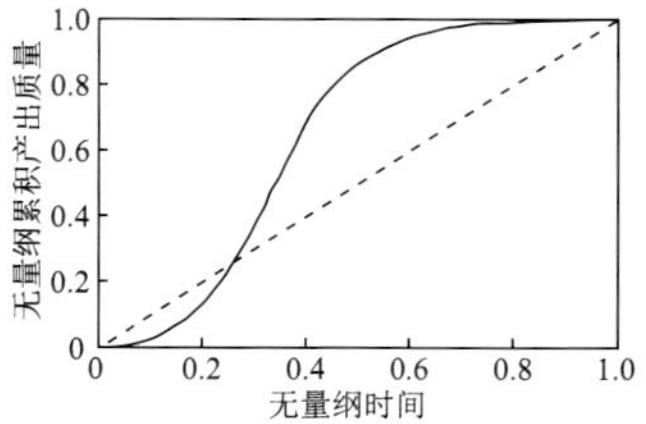	下降缓慢的规则宽峰； 响应时间 8～20 d； 推进速度 20～60 m/d	四区	TK403-TK410
	管道-溶洞	—	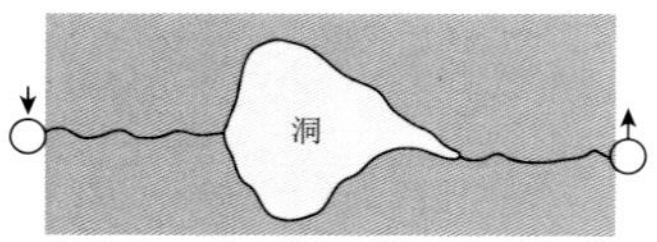	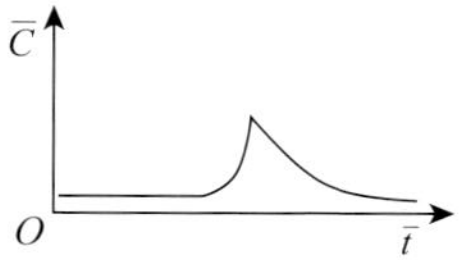	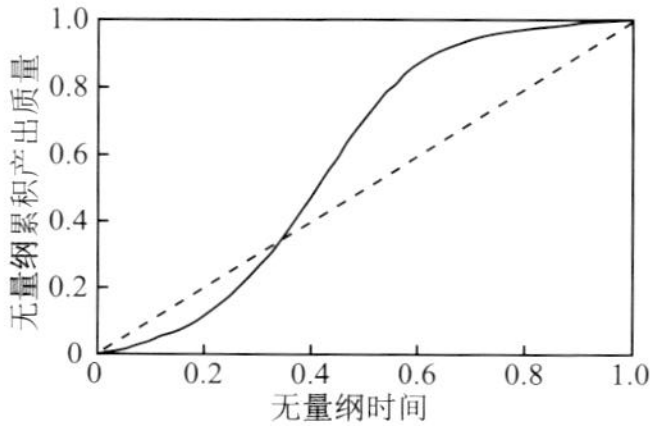	下降缓慢的规则宽峰； 响应时间 20～60 d； 推进速度 11～30 m/d	四区	T403-TK457H、TK426CH-TK468CH

续表 6-6

主缝洞连通类型	亚类	次缝洞类型	地质模型	产出质量浓度理论特征曲线	累积产出质量特征曲线	示踪特征描述	典型区块	典型井组
单一通道	大型溶洞	—	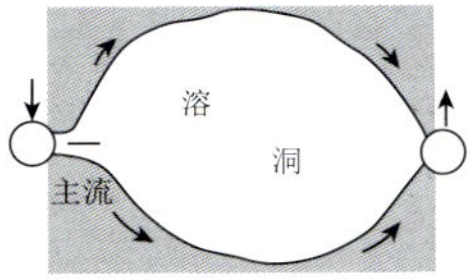	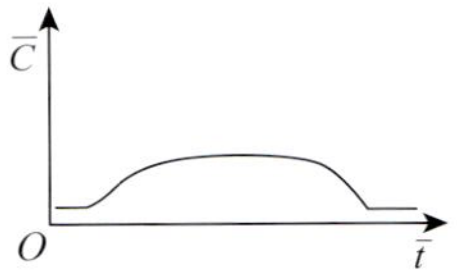	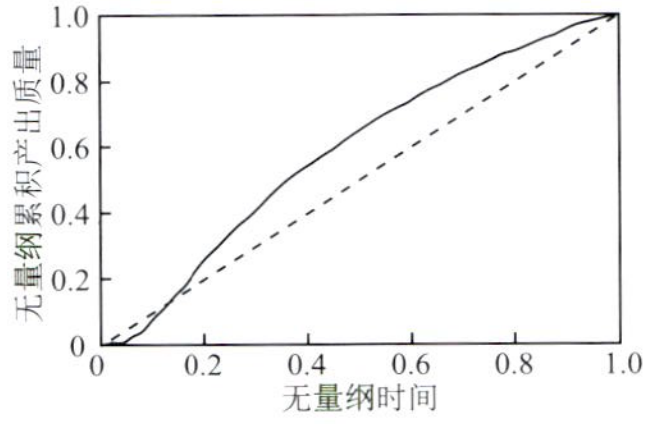	顶部具有跳跃点的持续长时间的平峰； 响应时间 40～80 d； 推进速度 4～25 m/d	二区	TK221-TK258
复合通道	管道(并联)	—	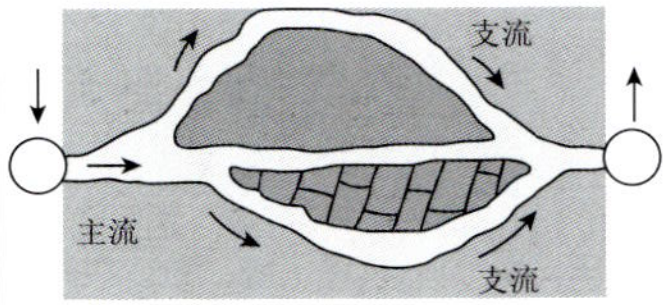	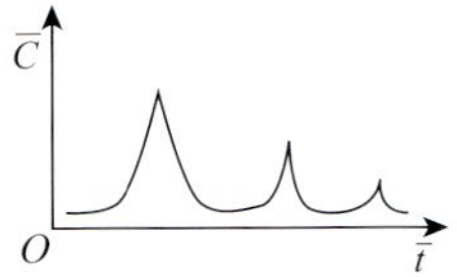	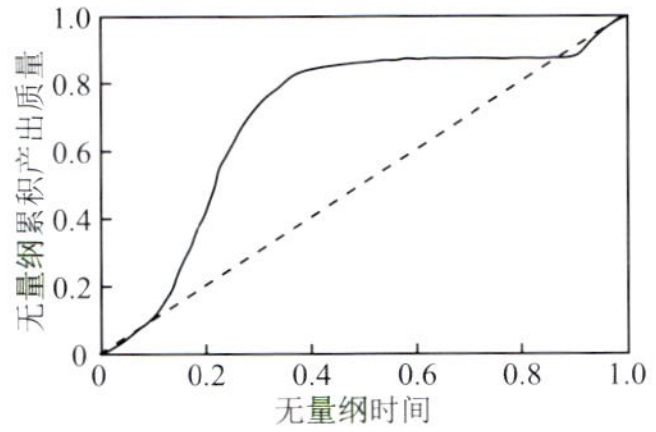	井间由有限通道并联，规则多峰； 主通道流速 20～30 m/d	二区	TK221-TK214
	风化壳	网状裂缝型	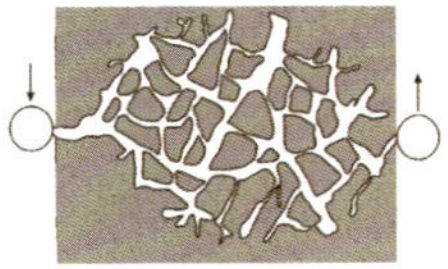	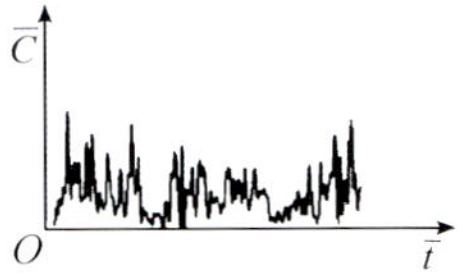	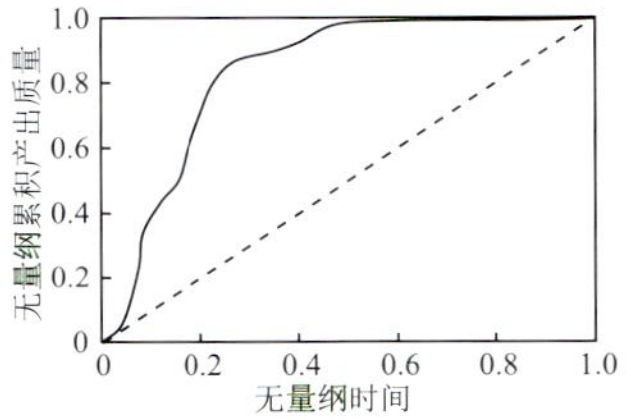	井间由裂缝、溶孔网状连通而成； 1～3 d 内突破，曲线多锯齿形小波峰； 主通道流速大于 200 m/d； 无因次质量曲线整体与单一裂缝类似，但局部多拐点	六区	S74-TK612

续表 6-6

主缝洞连通类型	亚类	次缝洞类型	地质模型	产出质量浓度理论特征曲线	累积产出质量特征曲线	示踪特征描述	典型区块	典型井组
复合通道	风化壳	并联管串联溶洞	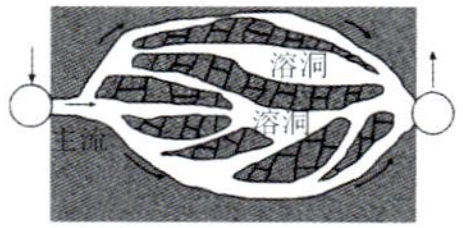	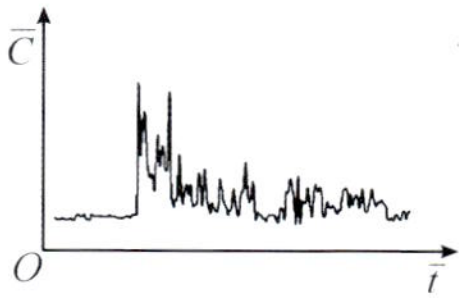	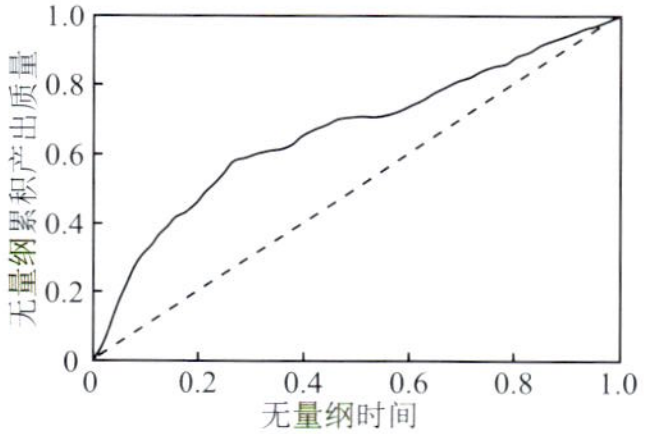	井间由并联管道和溶洞串联，整体可看作一个大风化壳； 突破时间较长，多锯齿状小波峰； 主通道流速 20～100 m/d	六区	TK634-S80
		管道并联溶洞	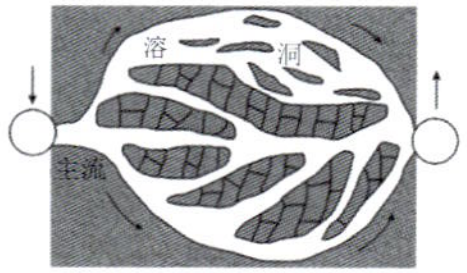	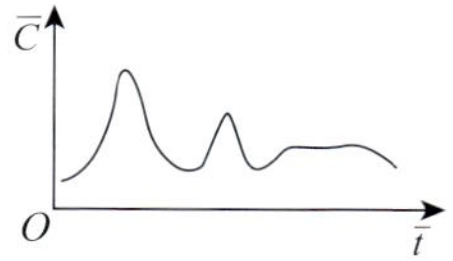	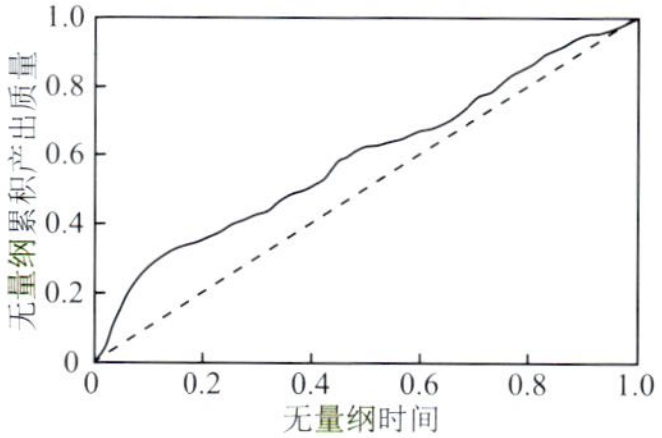	多跳跃点，主峰跳跃； 尖峰和平缓峰并存，主流道是管道时尖峰在前，主流道是溶洞时平峰在前； 管道流速 60 m/d 以上	六区	TK634-TK711
		溶洞	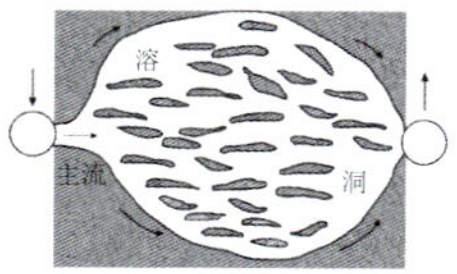	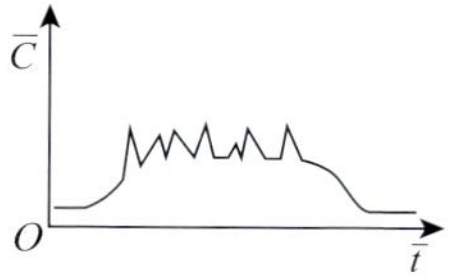	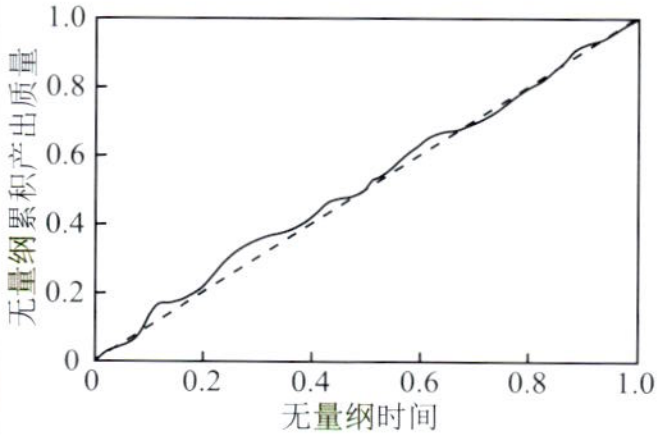	主空间内存在大小不一的填充物，形成多流道 监测期内示踪剂持续产出，曲线波峰整体平缓并持续整个监测期，波峰上存在小型锯齿状子波峰； 流速：个别高通道流速每天 20 m 至数百米不等	七区	TK712CH-TK747

第7章 现场应用

物理模拟研究的目的是指导矿场生产，更好地做好油藏开发调整工作。塔河油田在开发历程中开展了大量矿场生产调整测试分析和应用效果评价工作，进一步丰富和完善了室内研究认识。从严格意义上讲，这些矿场生产调整测试分析工作属于大型的物理模拟实验，但二者存在两方面的差异：一是矿场生产调整测试无法像室内物理模拟实验那样对实验模型有精准的认识和描述；二是矿场生产调整测试属于不可再现的一次性试验。本章对塔河油田开展的各类现场生产调整测试工作进行分类总结，并结合注水、注气和连通性物理模拟实验研究与认识结果，分析评价油田开展的各类现场生产调整与测试工作的应用效果，为有效指导塔河油田缝洞型油藏后期注水和注气开发工作奠定重要基础。

7.1 典型井组注水、注气方式

在室内物模研究中，重点开展了不同注水和注气方式下的驱替差异对比实验，总结形成了不同地质条件下的最优注入方式。而在现场应用中，根据储集体规模和缝洞连通特点，实施了包括不稳定注水、连续注水、间歇注水、周期注气、脉冲注气等多种井组注水、注气方式，同时根据不同驱替阶段的受效特征，进行了注入方式的转换，以持续保证注水驱替的增油效果。

7.1.1 不稳定注水方式

在常规砂岩油藏的注水开发中，不稳定注水也叫周期注水，作为一种主要的改善驱替效果的注水方式得到了全面的应用，其利用渗吸机理同时配合注采井网分布，可极大地提高水驱采收率。在非均质性极强的缝洞型油藏中，注水时主要利用重力驱替和横向压差驱替原理实现增油；在缝洞型油藏构建不规则井网，井间复杂的缝洞空间连接关系导致注水波及效果差异较大。

室内物理模拟实验研究证实，缝洞型油藏采取不稳定注水方式也具有较好的改善驱替效果的作用。不稳定注水方式采用不稳定注水量、不稳定注水周期和注采方式相结合，不考虑缝洞结构的分布差异程度，均能动态改变水驱波及范围和强度，提高连通缝洞内的剩余油驱替效率（参见第4.2节相关物理模拟实验）。

TK836CH-S86 为断控岩溶地质背景下次级断裂发育区的注采井组，受北西向断裂控制，沿断裂方向发育多条交叉的裂缝，井区形成多条连通的通道，类似断溶体的物理模型。TK836CH-S86 井组高含水停产后实施单元注水，早期试注采取 250 m^3/d 连续注水方式，S86 井立刻见效，含水率从 70%下降到 20%。S86 井含水率从 20%逐步回升到 50%后，为了控制受效井含水上升速度，转为不稳定注水方式，日注水量采取 100 m^3/d，注水时间和停注时间一致；当 S86 井含水出现明显波动的时候，转换为注水时间和停注时间不一致的短注长停不稳定注水。在注水方式的组合下，注水受效的 S86 井在相对稳定的含水率下生产 4 年，保持了较好的注水驱替增油效果(图 7-1)。

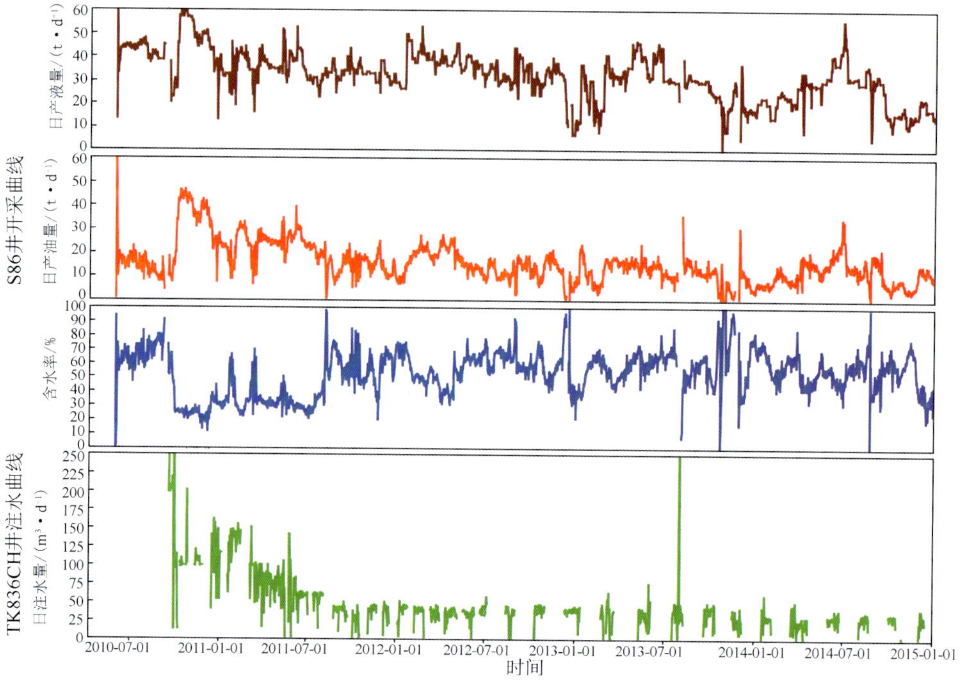

图 7-1　TK836CH-S86 注采井组生产曲线

TK435-TK455 为古暗河岩溶上叠加风化壳岩溶形象的复合岩溶模式下的注采井组。该井组位于同一条深部暗河系统上，浅层缝洞与深部暗河系统连通，TK435 井钻遇深部暗河，TK455 井在浅层风化壳岩溶投产。在注水早期 TK435 井采取 120 m^3/d 对称注采的不稳定注水，TK455 井快速见效，日产油量从 0 恢复到 13 t/d；为了保持稳定的驱替效果，注水量降低为 80 m^3/d，后期注停方式从对称注采逐渐调整为短注长停，TK455 井保持 685 d 不含水稳定生产，阶段累积增油量 1.4×10^4 t(图 7-2)。

与物模实验中不稳定注水实验分析认识一致，不稳定注水波及的范围更大，对连通性较差的孔洞内的原油基本都可以实现驱替，短注长停比长注短停的驱替效果更好。

7.1.2　连续注水方式

TK636H-TK611 注采井组为风化壳岩溶地质背景，井点发育孔洞型储集体，井间以裂缝型储集体为主要通道，类似于裂缝-溶洞型的物理模型。根据室内物理模拟实验研究综合认识，风化壳岩溶背景下的裂缝-溶洞结构早期适合采取连续注水的方式。

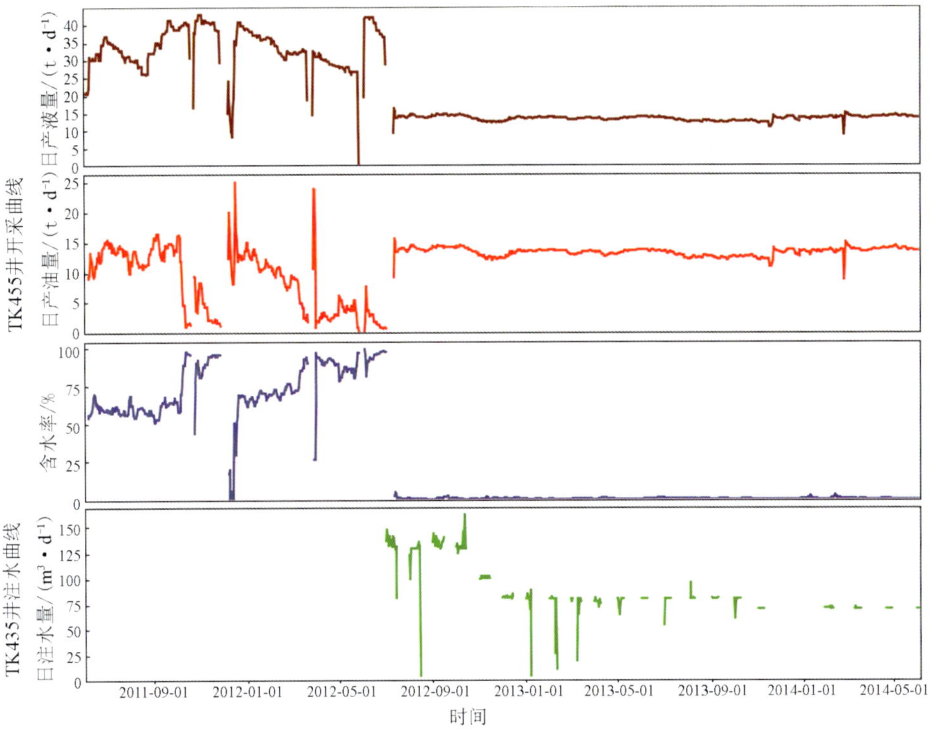

图 7-2　TK435-TK455 井组注采生产曲线

TK636H 井高含水，停产后实施了转单元注水，试注阶段采取 100 m^3/d 的连续注水方式，目的是通过注水弥补亏空、补充能量。在累积注水量达到 8 000 m^3 后，TK611 井开始见效，含水率从平均 90%开始以台阶式下降，日产油量逐步上升；在累积注水量 1.3×10^4 m^3 后，呈现明显受效特征，日产油量从 39 t/d 增加到 50 t/d，含水率从 58%下降到 39%。为了保持注水效果，TK611 井注水量提高到 200 m^3/d，井组的日产油量和含水率保持稳定，井组的阶段累积增油量达到 1.5×10^4 t(图 7-3)。

7.1.3　间歇注水方式

间歇注水方式通过周期性向油层人工注水，或连续注水但周期性地改变注水量或限制采油量，在油层中造成不稳定的脉冲压力状态，使之经历升压和降压两个过程，从而动用裂缝和孔洞中的剩余油、扩大注入水波及效率，达到提高采收率的目的(参见第 4 章脉冲注水方式物理模拟实验)。

TK432-S65 为古暗河岩溶地质背景下的注采井组，TK432 井钻遇深层暗河段，距离 T_7^4 井 133～139 m，S65 井钻遇浅层暗河，距离 T_7^4 井 70～90 m。TK632 井注水后 S65 井明显受效，但是油井供液快速变差，于是现场采取油井停产期间注水井快速注水，油井产液时停注的间歇注水方式，保证了 S65 井近 1 200 d 的持续受效，油井开井周期内平均日产油量达到 40 t/d，周期产油量 0.3×10^4 t(图 7-4)。现场测试的效果与室内模拟实验结论较一致，一方面脉冲注水可通过扰动流场而扩大波及范围；另一方面可有效削弱优势流动通道形成后所带来的负面影响，使后期开发效果更好。

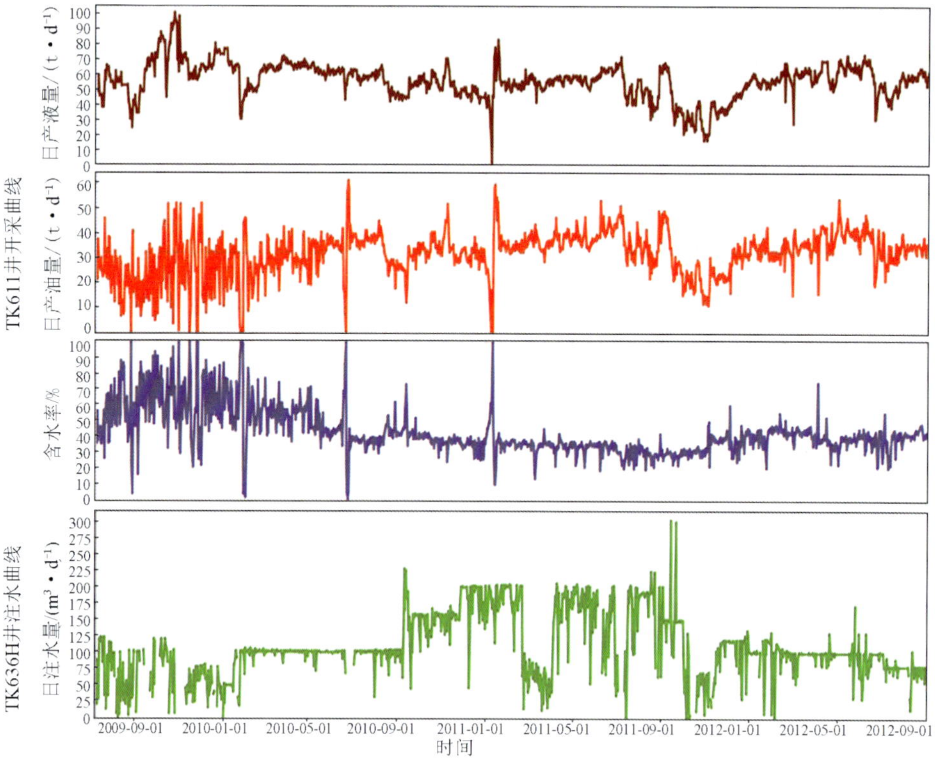

图 7-3　TK636H-TK611 注采井组生产曲线

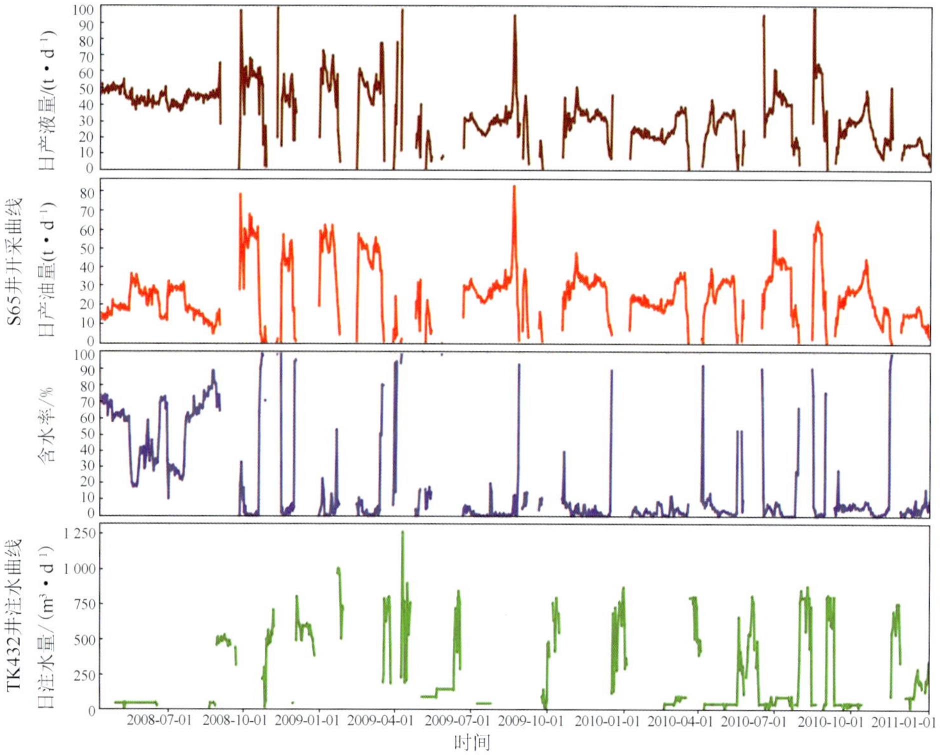

图 7-4　TK432-S65 注采井组生产曲线

7.1.4　周期注气方式

室内物理模拟实验研究表明，对缝洞型油藏采取注气驱替可以实现水驱后高部位剩余油的有效动用，周期注气方式和脉冲注气方式相对于连续注气方式具有较好的驱替效果（参见第 5 章周期注气物理模拟实验）。

T402-TK429CX 注采井组位于风化壳岩溶发育区域，溶蚀孔缝-溶蚀洞穴型储集体发育。前期 T402 井水驱失效后转井组气驱以动用高部位剩余油。T402 井采取周期注入 N_2 方式，在注气 2 个周期后，邻井 TK429CX 开始见效；井组平均 1 年为 1 个注入周期，注入时间在 80 d 左右，周期注入量稳定在 5×10^5 m^3。截至 2020 年 6 月，实施注气 9 个周期，累积注入 N_2 量为 4.673×10^7 m^3，TK429CX 井明显见效，含水从 72%逐步下降到 0，期末实现注气增油 2.8×10^4 t（图 7-5）。

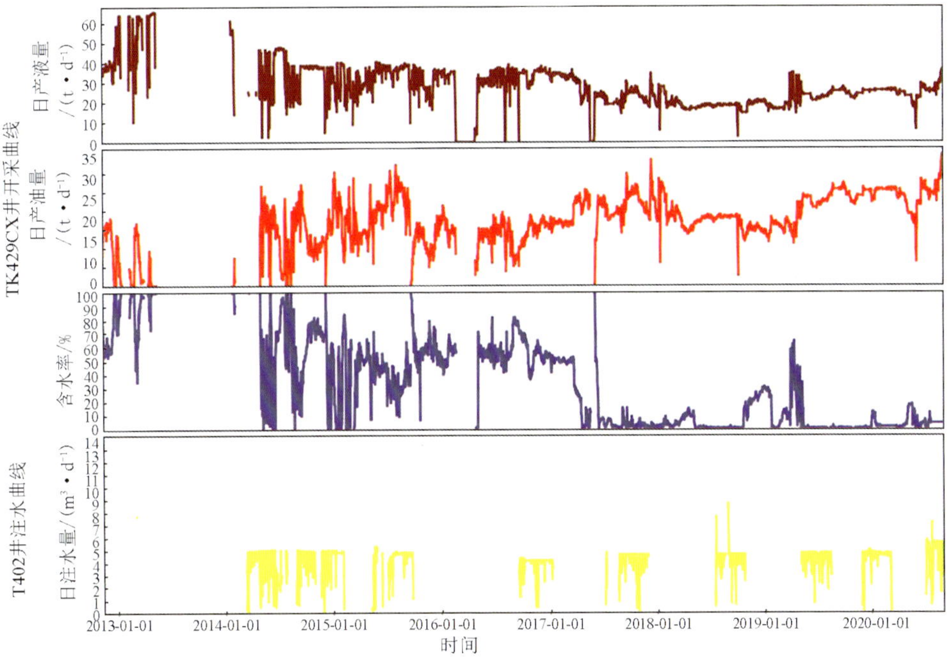

图 7-5　T402-TK429CX 注采井组生产曲线

现场试验效果与室内物理模拟认识一致，周期注气起到了有效抑制底水锥进的作用。

7.1.5　脉冲注气方式

脉冲注气与周期注气相比，增大了注入速度和注入量的差异，扩大了气驱的波及范围。室内研究表明，对断控岩溶地质背景下的缝洞结构采取脉冲注气方式可以扩大波及范围（参见第 5 章脉冲注气物理模拟实验）。

TH10420X-TH10419 注采井组位于断控岩溶发育区，井区底水能量强，油井含水以快速上升型为主。由于底水能量强，井区注水驱替效果较差，后期转井组注气以动用井间高部位剩余油。TH10420X 井初期周期注 N_2 3.5×10^5 m^3，见效后调整为周期注 N_2 2×10^5 m^3，根据产液量和含水率情况后期调整为周期注 N_2 5×10^5 m^3。根据井组的受效特征，采取了脉冲注气方式，保证了井组持续受效(图 7-6)。

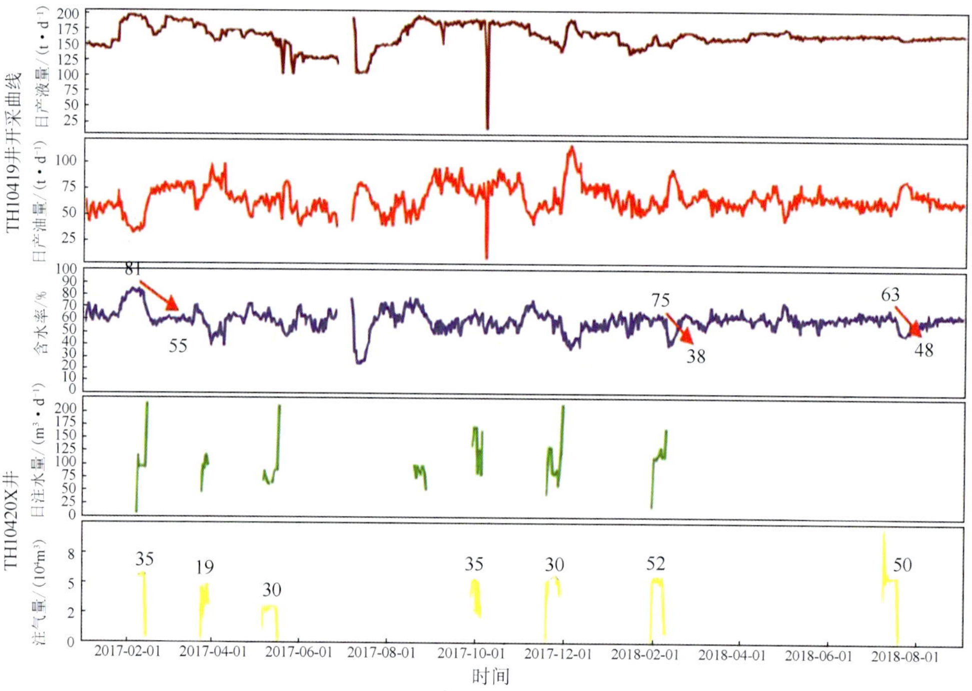

图 7-6 TH10420X-TH10419 注采井组生产曲线

7.2 典型井组注采关系

在室内物理模拟研究中利用不同的模块进行缝注洞采、洞注缝采、缝注孔采、孔注缝采、孔注洞采、洞注孔采 6 种情况下的注水驱替开发模拟实验。实验研究认为，在不同的岩溶地质背景下，应该采用不同的注采关系，以达到最佳的驱替效果。

截至 2019 年底，塔河油田缝洞型油藏单元注水井扩大到 134 个，水驱控制储量达到 6.1×10^8 t，年均增油达到 3.2×10^5 t。结合岩溶系统认识，建立了适宜的注采关系，实现了水驱储量控制的最大化，提高了强非均质油藏的水驱效率。

从现场注采井组的注采关系与效果统计表(表 7-1)可以看出，在三大岩溶地质背景下，不同注采关系对应的井组有效率和井组平均增油效果差异较大。从现场统计的数据可以看出注采关系最好的是：风化壳岩溶低部位注水、高部位采油，裂缝注水、溶洞采油；古暗河岩溶主干暗河注水、分支暗河采油和分层注水；断控岩溶次级断裂注水、主干断裂采油，深部注水、浅层采油。

表 7-1　注采关系与效果统计表

地质背景	注采关系	井组数/对	有效率/%	井组平均增油/(10^4 t)
风化壳岩溶	低部位注、高部位采	34	80	2.8
	高部位注、低部位采	12	65	1.2
	裂缝注水、溶洞采油	37	85	3.2
	溶洞注水、裂缝采油	9	60	0.8
古暗河岩溶	主干暗河注水、分支暗河采油	16	68	1.8
	分支暗河注水、主干暗河采油	8	54	1.4
	笼统注水	18	60	1.1
	分层注水	6	72	2.2
断控岩溶	次级断裂注水、主干断裂采油	36	85	1.7
	主干断裂注水、次级断裂采油	25	63	1.2
	深部注水、浅层采油	26	85	1.8
	浅层注水、深部采油	12	53	0.5
	浅层注水、浅层采油	23	46	0.7

7.2.1　风化壳岩溶注采关系

风化壳岩溶是塔河油田主要的油藏类型，其储集体主要发育在风化面的 0～60 m 内，具有岩溶强度大，影响范围广，呈面状分布的特点。裂缝、孔洞、残余溶洞为主要的储集空间，井间的裂缝和岩溶管道是井间的主要连通通道，缝洞连通结构类似第 4 章的不同注采位置的缝洞物理模型。结合室内物理模拟研究的认识，在构造低部位注水、高部位采油，在裂缝注水、溶洞采油，容易建立一注多采的注采关系。

如 TK483-T417CH 井组为表层风化壳岩溶和深部古暗河岩溶的复合岩溶发育区，其缝洞雕刻体图如图 7-7 所示，波阻抗反演属性剖面图如图 7-8 所示。TK483 井钻遇深部暗河岩溶，进山 200 m，T417CH 井钻遇风化壳岩溶，进山 70 m。后期实施 TK483 井深部注水，T417CH 井浅层采油，测试采用室内实验方式，建立低注高采的注采关系，T471CH 井受效后动液面明显上升。纵向上注入水主要通过底部暗河管道和裂缝通道补充井组能量，抑制底水抬升，实现注水驱替，井组开发曲线如图7-9所示。

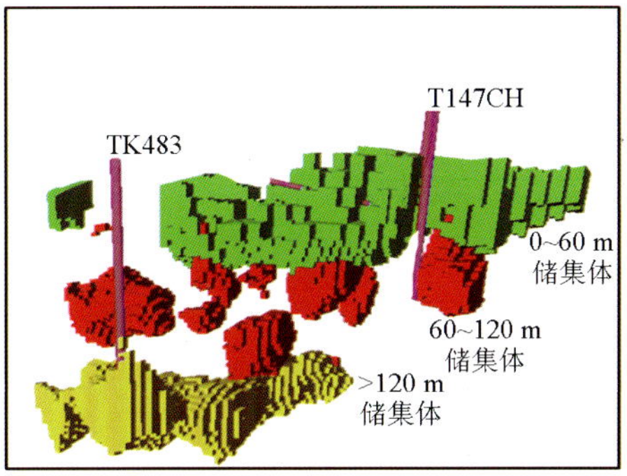

图 7-7　TK483-T417CH 井组缝洞雕刻体图

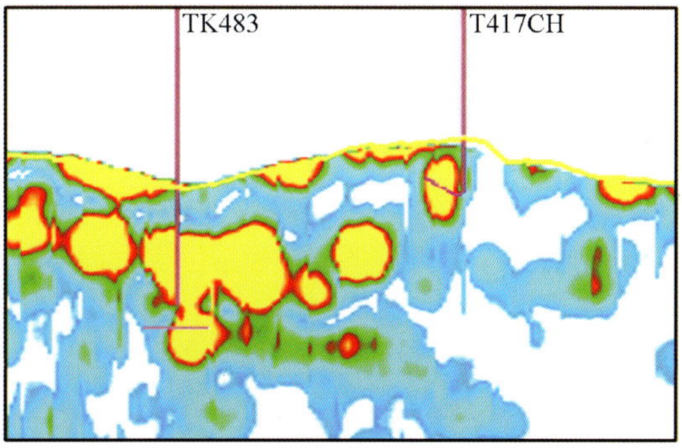

图 7-8　TK483-T417CH 井组波阻抗反演属性剖面图

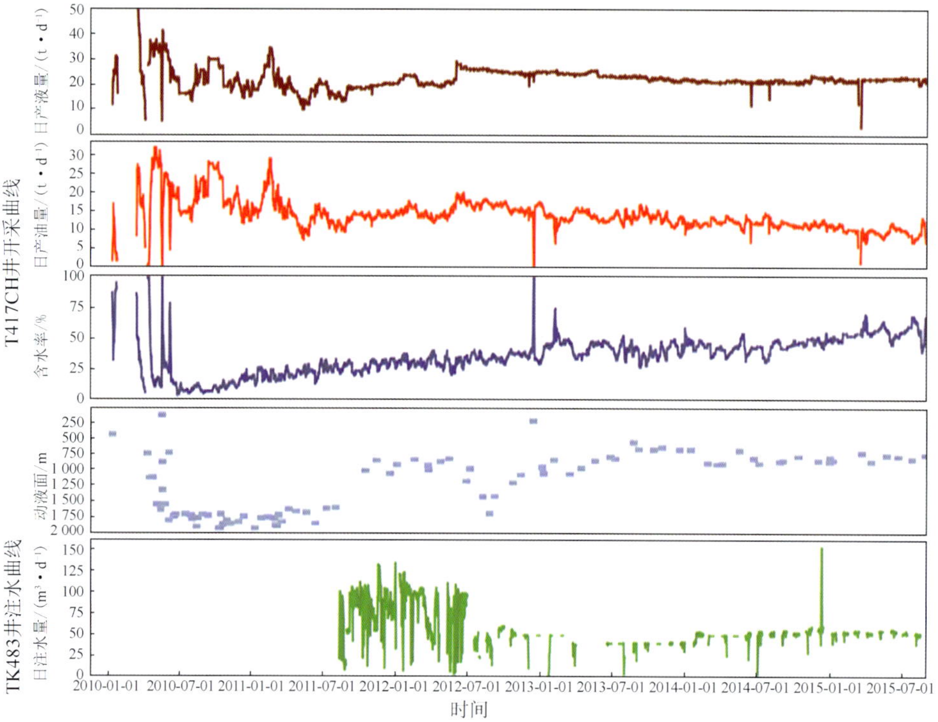

图 7-9 TK483-T417CH 注采井组开发曲线

7.2.2 古暗河岩溶注采关系

古暗河岩溶的储集体沿暗河展布方向具有一定分段性，纵向局部发育多层暗河。结合室内的研究成果和现场实践，笔者认为：在古暗河岩溶的主暗河段构建主干暗河注水、分支暗河采油的注采关系；在发育多层暗河的暗河系统中，建立深部暗河注水、浅层暗河采油的注采关系。

从矿场注采关系驱替效果看出，采取主干暗河注水、分支暗河采油的注采关系较分支暗河注水、主干暗河采油的注采关系具有更好的增油效果。分析认为，主要原因在于主干暗河较分支暗河的溶洞发育更好且位置更低，更易连通强底水，实施主干暗河注水不仅可抑制底水抬升，而且可利用重力分异作用驱替剩余油，提高驱替效率。从笼统注水和分段注水的控水效果明显看出，实施分段注水能达到控制含水率上升速度、提高水驱储量有效动用、增大注水波及范围的作用。

如 TK643-TK7-622 井组发育 2 层暗河，TK643 井实施暗河段分段注水，生产测井显示：深部暗河吸水 60%，浅层暗河吸水 40%；深部注水实现了抑制底水上升速度，浅层注水实现了横向驱替。如图 7-10 所示，TK7-622 井产液增加，后期含水率从 80%下降到 20%，日产油量从 20 t/d 上升到 30 t/d，最高达到 40 t/d，阶段累积增油量 1.7×10^4 t。TK643-TK7-622 井组建立了低注高采、分层注采的注采关系，保持了较好的分段驱替效果。

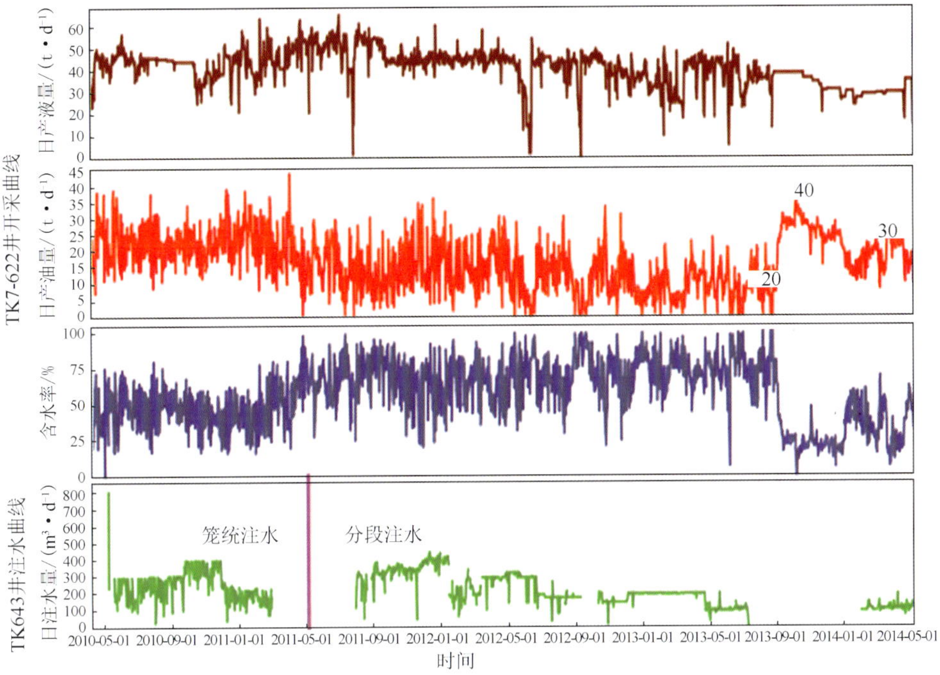

图 7-10　TK643-TK7-622 注采井组开发曲线

7.2.3　断控岩溶注采关系

断控岩溶的储集体展布具有明显的方向性，根据断裂样式和规模分为单支板状断裂和枝干型断裂(图 7-11)。

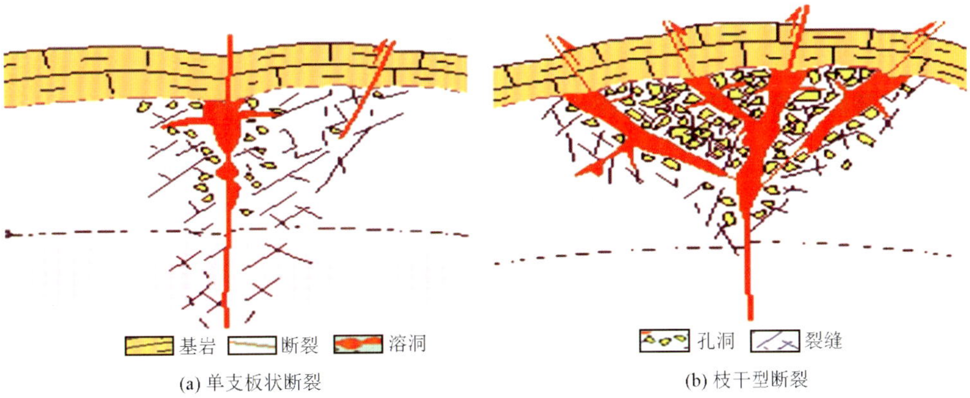

图 7-11　断控岩溶缝洞结构模式图

1）单支板状断裂

单支板状断裂在剖面上以一条主干断裂为主，伴生的次级断裂不发育，小尺度裂缝较发育，溶洞和孔洞沿主干断裂分布。室内研究和现场实践证实，浅注浅采注入水易沿裂缝面横向驱替，导致油井见水时间较早，同时无井控制区域易形成局部高压或封存剩余油，注水波及范围有限。在深注浅采注采关系下，注入水从深部裂缝纵向推进，可均匀抬升油水界面，增大注水波及范围。在单支板状断裂油藏中，深部注水、浅层采油的注采关系能实现最大的水驱波及剩余油范围，提高驱替效率，类似不同注采位置的裂缝-孔洞模型实验。

例如，TH10443X 井组位于北西向主干断裂上，分布 5 口井。如图 7-12 所示，TH10443X 井作为后期井区的加密井，钻遇断裂深部，进山达到 417 m，同时揭开了深部底水，邻井进山深度均在 100～150 m，于是现场采用该井作为注水井，实施深部注水，初期日注水量 300 m^3/d。邻井 TH10427XCH，TH10435H，TH10432，TH10440X，TH10439CH 同时有动液面的响应，油井动液面上升趋势非常明显。可以看出，在单支板状断裂控制的井区，采取深部注水、浅层采油的注采关系可抑制底水，实现高效驱替剩余油(图 7-13)。

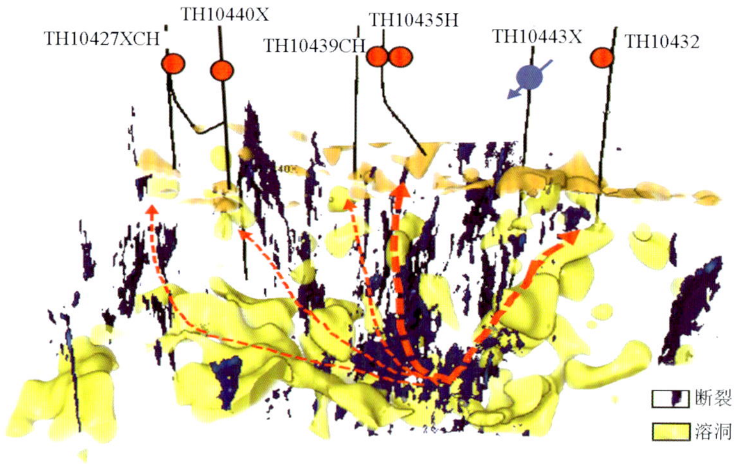

图 7-12　TH10443X 井缝洞结构连井剖面图

现场测试效果与室内物理模型实验观测的现象较一致。低注高采实验模型都能够驱替到注入井与采出井之间由裂缝连接的大部分缝洞体；低注低采实验模型都仅能驱替到注采井之间有连通关系的底部孔洞，上部的孔洞基本不能动用。

2) 枝干型断裂

枝干型断裂在剖面上呈现主干和伴生次级断裂都较发育的特点，主干断裂发育深度最大，溶洞和孔洞发育程度较高。

分析认为，断溶体的主干断裂面深部(即岩溶核部)储集体最发育，过渡带上次级断裂储集体欠发育，但是通过裂缝通道可实现主干与分支断裂连通，所以注水井选择在过渡带深部，利用油水密度差异，充分发挥重力分异的作用，可高效驱替井间剩余油。

由室内模拟研究和现场实践可见，缝洞型油藏的合理注采关系为：风化壳岩溶地质背景下，采取构造低部位注水、高部位采油，储集体不发育区注水、发育区采油，建立一注多采的注采关系；古暗河岩溶地质背景下，在主暗河段实施主干暗河注水、分支暗河采油，在多

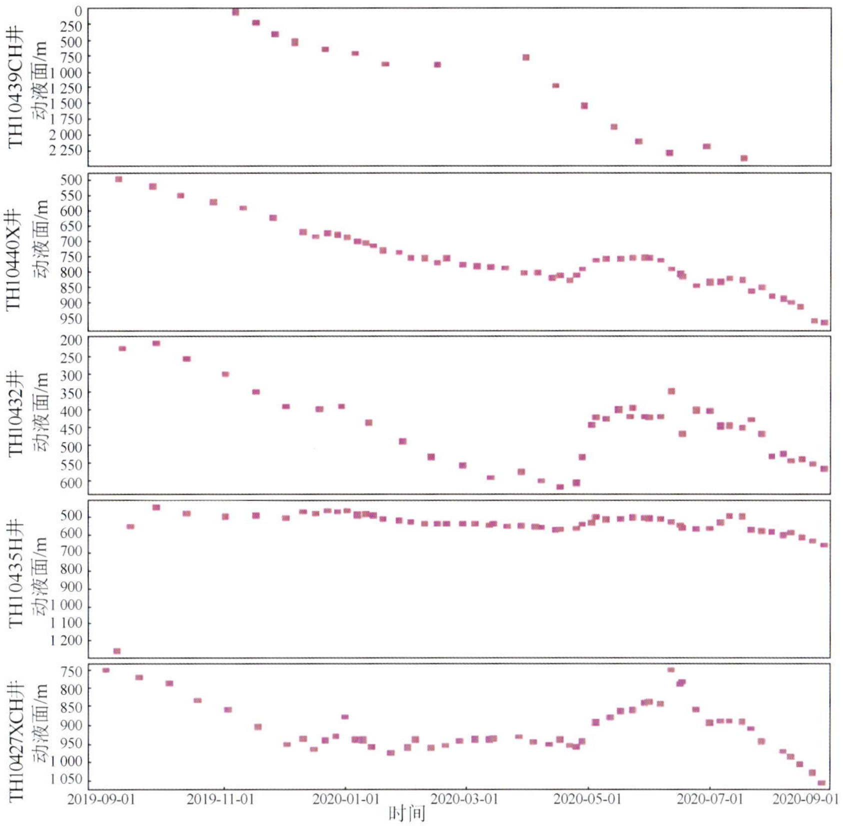

图 7-13 TH10443X 井组注水受效特征曲线

层暗河实施深部暗河注水、浅层暗河采油，构建分层注采的注采关系；断控岩溶地质背景下，在平面上次级断裂区注水、主干断裂区采油，在纵向上断裂深部注水、浅层采油，形成立体注采的注采关系。

7.3 典型单元连通性评价

缝洞型油藏井间连通关系认识是油藏开发规律认识以及开展注水、注气开发的基础。室内实验采取示踪剂监测的方法进行连通结构和连通性的判定；而现场可以利用由地球物理方法识别的静态缝洞连通结构和开发中得出的示踪剂检测、井间干扰、注采响应等动态资料综合判定单元连通性。

7.3.1 T7-444CH 单元地质简况

T7-444CH 单元整体位于构造斜坡部位，储层主要受控于古暗河岩溶。单元古暗河呈近南北向展布，主要发育 1 套浅层暗河，且溶洞型储集体发育程度高。沿暗河伴生的裂缝通道发育较好，形成了溶洞与裂缝连接网络（图 7-14）。T7-444CH 缝洞单元探明含油面积 2.32 km^2，地质储量 3.71×10^6 t。单元共完钻 6 口井，其中直井 2 口，侧井 3 口，水平井 1 口。

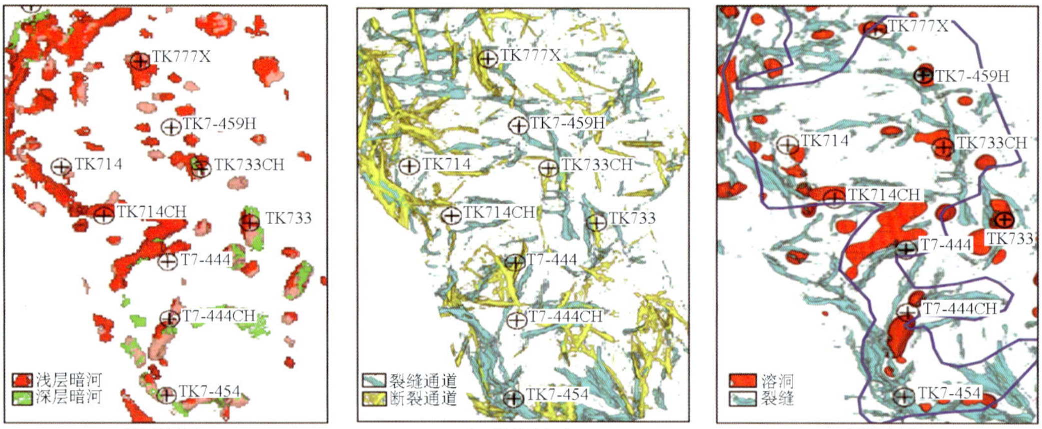

(a) 溶洞刻画　　(b) 裂缝刻画　　(c) 缝洞结构

图 7-14　T7-444CH 单元缝洞结构图

7.3.2　T7-444CH 单元示踪剂监测

T7-444CH 单元在注水后进行过 2 井次示踪剂监测，其中 TK7-459H 在 2012 年、T7-444CH在 2015 年注示踪剂，邻井 TK714CH，TK733CH，TK7-454 井均监测到示踪剂响应(图 7-15、图 7-16)。根据单元内的监测井示踪剂数据，采用室内连通性评价的方法计算示踪剂响应特征参数值(表 7-2)，结合曲线形态判断各井连通类型(参见第 4 章的不同注水政策物理模拟实验)。

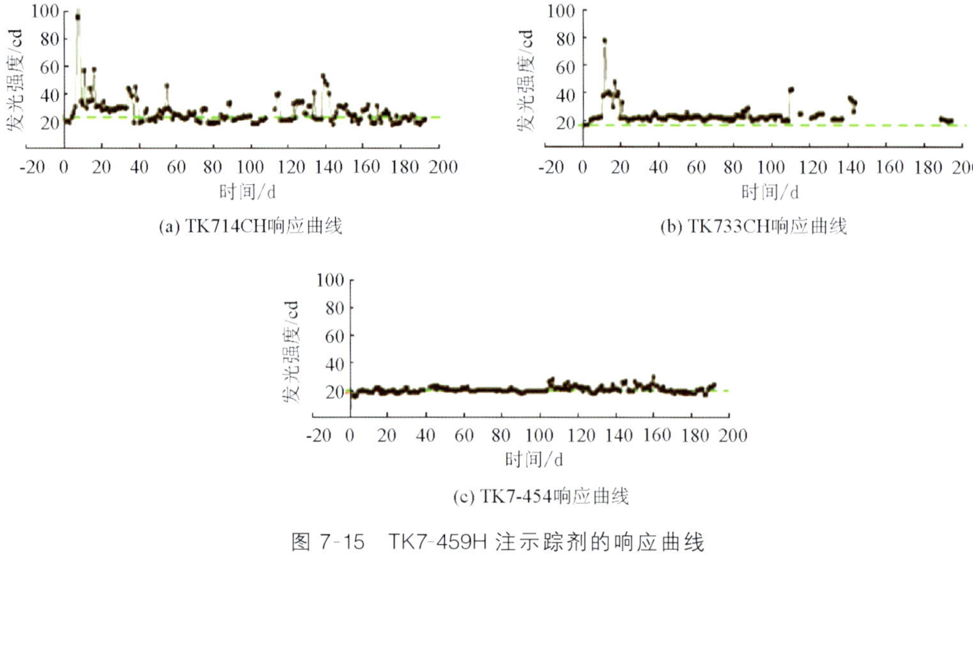

(a) TK714CH响应曲线　　(b) TK733CH响应曲线

(c) TK7-454响应曲线

图 7-15　TK7-459H 注示踪剂的响应曲线

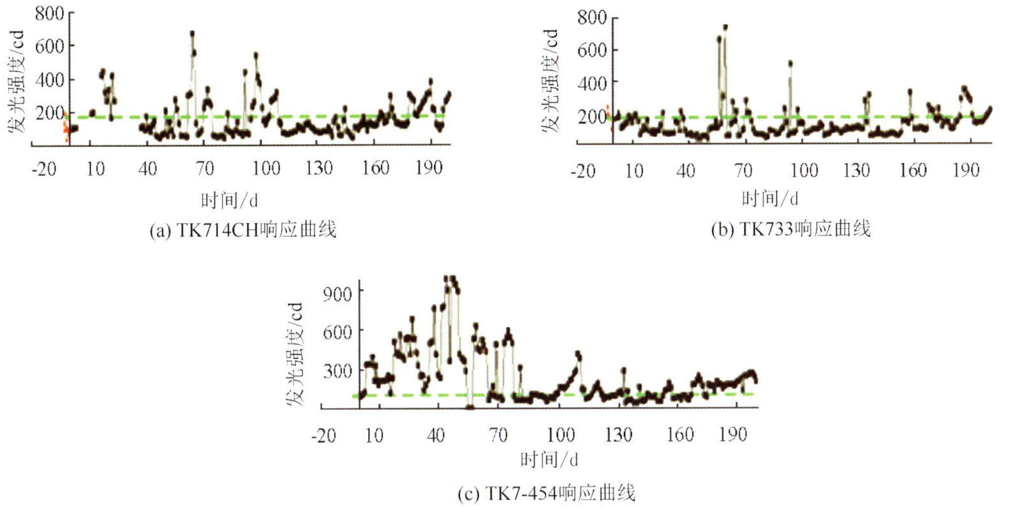

图 7-16　T7-444CH 注示踪剂的响应曲线

表 7-2　T7-444CH 单元示踪剂响应特征参数值

注入井	监测井	突破时间/d	发光强度峰值/cd	响应时间范围/d	累积产出量/g	峰数/个	连通系数
TK7-459H	TK714CH	7	187	16	0.69	2	0.63
	TK733CH	12	79.7	14	0.45	2	0.50
T7-444CH	TK733	56	746.8	11	2.45	2	0.35
	TK714CH	16	676.2	34	2.83	3	0.38
	TK7-454	18	999.9	67	6.69	1	0.52

在响应特征参数上，T7-444CH 单元各井的示踪剂突破时间差异大，表明单元平面非均质性强，连通程度差异大。北部 TK7-459H，TK714CH，TK733CH 井组裂缝连通较好，井区示踪剂突破时间早、推进速度快，响应曲线呈明显的单峰型、裂缝通道连通的可能性最大。南部 T7-444CH，TK7-454，TK733 井区有暗河连通，井区示踪剂突破时间较晚、推进速度慢，响应曲线两峰型、双通道的连通特征明显。两次监测峰值差异大，主要受不同类型示踪剂的影响。

7.3.3　T7-444CH 单元注水状况

2009 年 3 月 TK7-444CH 单元进行试注，截至 2019 年累积建立 4 对注采井组，注水后单元地层压力由注水前的 43.9 MPa 恢复至 48.8 MPa，预测可采储量由注水前的 2.36×10^5 t 增加至 3.30×10^5 t，采收率由 16.36%上升至 24.89%（图 7-17）。

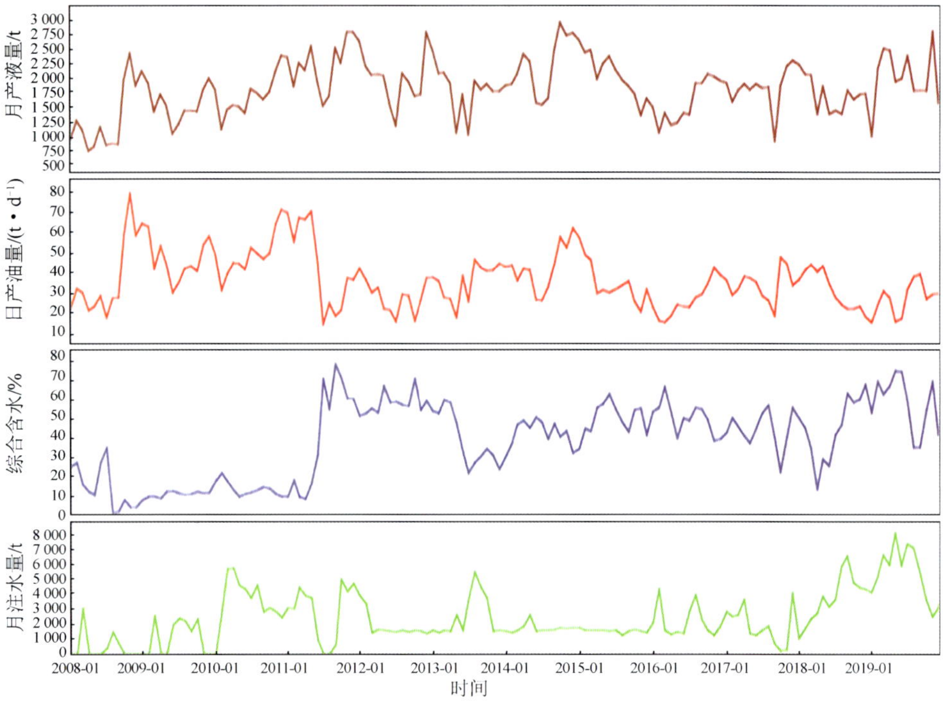

图 7-17　T7-444CH 单元注采曲线

1）TK7-454 井组

TK7-454 井自 2009 年 6 月 4 日开始试注，初期注水速度 100 m^3，累积注水 9 500 m^3 后，TK714CH 与 TK733CH 井开始受效，动液面由 1 500 m 升至 0 m，日产液量由 26 t/d 升至 41 t/d，含水稳定，日产油量由 25 t/d 升至 39 t/d。截至 2019 年底，井组累积增油量达到 1.67×10^4 t，取得了较好的驱替效果（表7-3）。

表 7-3　T7-444CH 单元受效井组情况表

井　组	井　别	井　名	T_7^4界深	吸水、生产层段		注采关系	累积增油量/(10^4 t)
				距T_7^4顶深/m	储集体类型		
TK7-454井组	注水井	TK7-454	5 490	0～37	裂缝孔洞	低注高采	1.67
	生产井	TK733CH	5 474	75～84.5	溶洞	缝注洞采	
	生产井	TK714CH	5 480	0～76	溶洞	缝注洞采	
TK7-459H井组	注水井	TK7-459H	5 500	0～55.3	裂缝	同层注采	2.15
	生产井	TK714CH	5 480	0～76	溶洞	缝注洞采	
	生产井	TK733CH	5 470	0～70	溶洞	洞注洞采	

2）TK7-459H 井组

TK7-459H 井自 2011 年 9 月 26 日开始试注，初期注水速度 150 m^3/d，2011 年 11 月 13 日注入示踪剂，11 月 21 日 TK714CH 井开始有明显动态响应，含水率由 90%下降至 60%，日产油量由 5 t/d 上升至 10 t/d。根据室内物理模拟研究，结合井组的储集体类型和连通关系，建立了低注高采的注采关系。截至 2019 年底，井组累积增油达到 2.15×10^4 t（表 7-3）。

7.3.4　T7-444CH 单元连通性分析

通过分析单元的静态连通基础，结合示踪剂和注采的动态连通特点，对单元的连通性进行综合评价。T7-444CH 单元在古暗河岩溶背景上建立了 4 对注采井组，整体上取得了较好的驱替效果，静态连通通道与动态连通性具有较好的匹配性。Ⅰ级连通的井组为 TK7-459H-TK714CH 及 TK7-454-TK733CH，Ⅱ级井组为 TK7-459H-TK733CH 及 TK7-454-TK714CH，Ⅲ级井组为 TK7-454-T7-444CH（表 7-4）。

通过单元的现场注采试验，进一步验证了室内物理模拟实验的结果。

表 7-4　T7-444CH 单元动态连通性评价表

注入井	产出井	静态连通类型	示踪剂连通性	注水见效情况	综合连通级别
TK7-459H	TK714CH	管道-裂缝型	强	显著	Ⅰ
	TK733CH	管道-溶洞型	强	一般	Ⅱ
TK7-454	TK714CH	管道-溶洞型	弱	一般	Ⅱ
	TK733CH	管道-溶洞型	弱	显著	Ⅰ
	T7-444CH	管道-裂缝型	强	不明显	Ⅲ

7.4　典型单元综合调控

室内物理模拟实验以简单缝洞结构或单因素的实验分析为主，是现场调控的基础。现场调控是指改善注水、注气开发效果的综合优化调整，包含注入方式、注采关系、注采参数的优化，以及低失效后的调整措施（调流道、调流势、调注采结构等）。

7.4.1　TK440 井区地质特征

塔河油田表层形成了以溶洞型为主要储集空间的风化壳岩溶；局部中深层以早期大断裂展布为导向形成了以孔洞型为主要储集空间的垂向渗滤带断控岩溶；在潜流溶蚀带和径流溶蚀带水动力具有垂向渗入和水平运动的特点，受多条裂缝的诱导在径流溶蚀带的水平洞穴层形成了多条岩溶暗河。TK440 井区属于塔河油田主体区主干暗河和分支暗河均发育的一套古暗河岩溶系统，其主要位于南北向的主暗河岩溶段（图 7-18）。

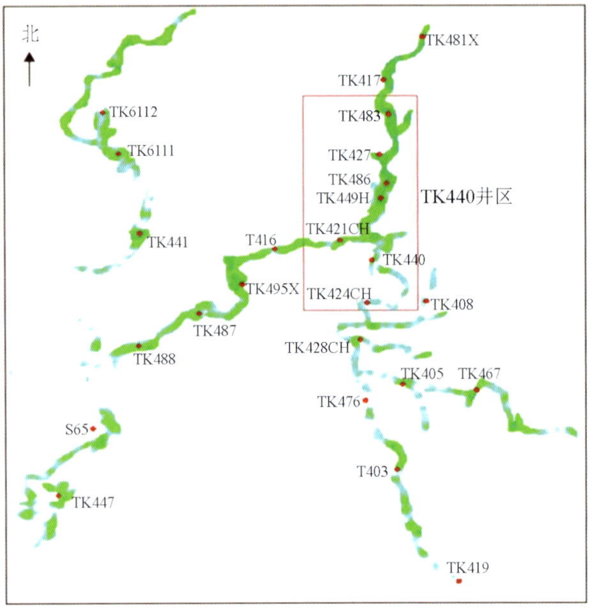

图 7-18　TK440 井区古暗河展布图(振幅变化率属性切片)

碳酸盐岩油藏的古暗河岩溶是由深部主暗河、浅层暗河以及高角度裂缝共同组成的缝洞储集体，且以溶洞型为储集空间。对于 TK440 井区的主暗河段，采用溶洞、孔洞和裂缝表示储集空间的类型，整体上暗河具有较强的连续性分布，同时高角度裂缝在局部发育，使上下两层暗河连通，成为一个连通的古暗河岩溶系统(图 7-19)。

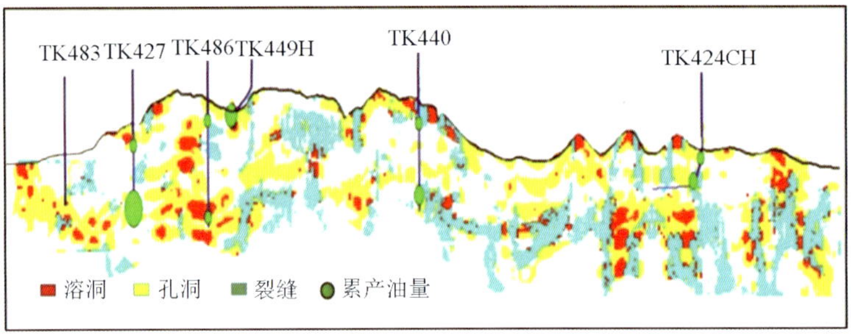

图 7-19　TK440 井区古暗河岩溶纵向浅层、深部暗河剖面图

在沿暗河的地质剖面上，深部暗河在深度上保持相对稳定，形态上受高角度裂缝纵向扩大溶蚀影响，形成局部溶蚀规模大小不一的溶洞带，在溶洞尺度和类型上未充填的大尺度溶洞局部保留，部分充填的溶洞普遍分布。浅层暗河受构造影响，呈北高南低分布，北段(TK483-TK440)浅层暗河连续性较差，在高角度裂缝发育部位形成的溶蚀洞发育，南部(TK440-TK424CH)暗河段构造变缓，易导致岩溶暗河充填严重，所以大尺度未充填洞不发育，小尺度溶蚀孔洞发育(图 7-20)。

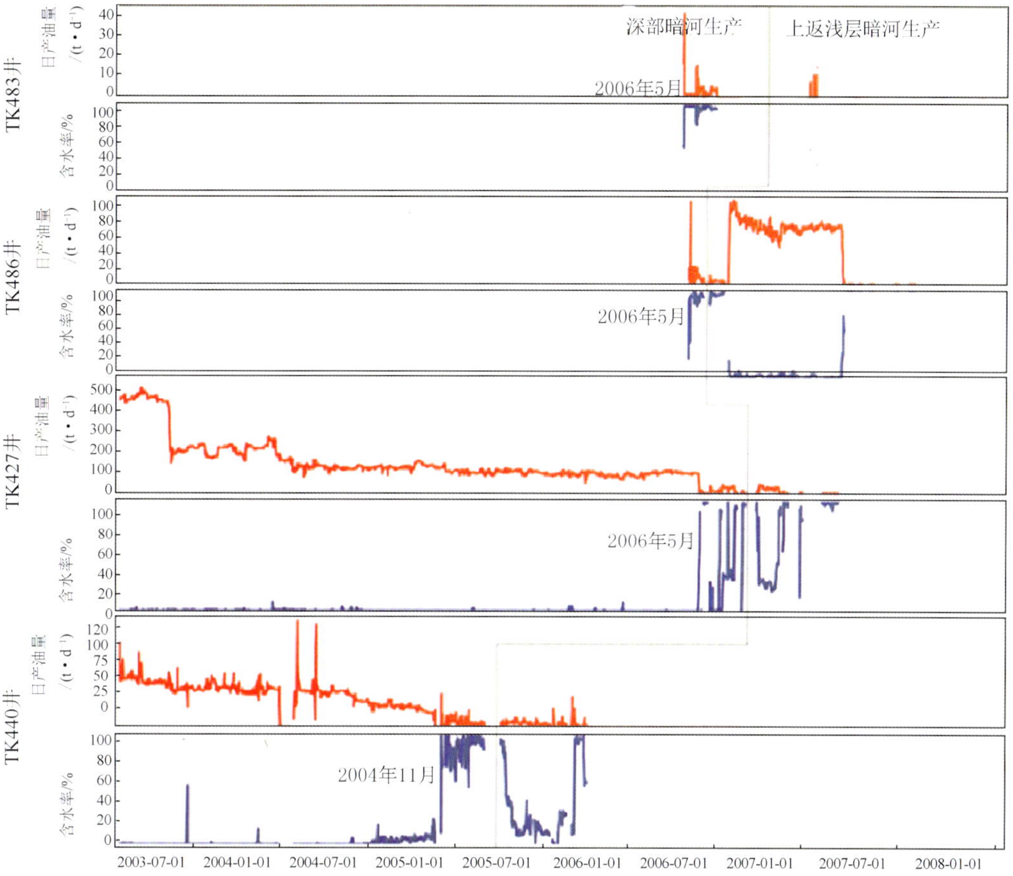

图 7-20　TK440 井区深部暗河和浅层暗河开发曲线

TK483-TK486 井间深部暗河段、TK449H-TK440 浅层暗河段和 TK424CH 局部暗河段岩溶发育程度高，都是油气最有利的富集部位。

7.4.2　TK440 井区开发特征

1）开发动态特征

TK440 井区位于塔河油田四区的中部，储集体分布受控于古暗河岩溶系统。其北部发育一条沿北东向、呈折尺状水平展布的主暗河，南部发育多条分支暗河。井区主暗河段发育大型未充填溶洞，其平均洞高 14.7 m，最高达到 22 m。TK440 井区自 2000 年投入开发以来，总井数达到 7 口，建立了不规则开发井网，平均井距 400～650 m。因为主暗河段发育浅层和深部 2 层暗河，所以采取先开发深部暗河再上返浅层暗河的逐层开发方式。

井区初期产能在 650 t/d，无水生产期达到 2 年，见水后含水率快速上升；实施注水开发后，井区地层压力从 58.1 MPa 回升到 58.9 MPa，地层能量得到补充，含水率从 65%下降到 26%，年递减率从 12.5%下降到 8.6%。截至 2019 年底，井区累积产液 167.7×10^4 t，

产油 77.9×10^4 t,累积注水 60×10^4 m^3。

早期在深部暗河段投产油井都具有较高的产能,平均在 200～600 t/d,如 TK427 井初期产能达到 500 t/d,浅层暗河受高角度裂缝沟通影响,底水上窜后导致产能整体较低。2006 年实施注水开发,采取低产、低效油井转注水井,结合前期的基础井网建立了注采井网,井区建立的 2 对注采井组均取得了较好的驱替效果。

2) 水淹特征分析

从 TK440 井区缝洞连通结构可以看出,古暗河油藏具有较为复杂的缝洞组合关系,仅从地质特征上很难认识油藏的开发动态特征。现场采用生产动态和静态缝洞结构特征相结合的方法开展水淹规律的研究。

从 TK440 井区深部暗河和浅层暗河开发曲线(图 7-20)可以看出,揭示深部暗河的 4 口油井中,TK440 井在 2004 年 11 月突然见水,含水快速上升;随着底水沿深部暗河向北推进,主暗河北段新投产的 TK483 及 TK486 井在 2006 年 5 月暴性水淹,次月具有日产液量 100 t/d 的 TK427 井相继暴性水淹,可以看出深部暗河段底水能量较强,呈现"深度相当、时间相继、特征相似"的水淹特征。

同时结合缝洞连通结构进行底水横向推进和纵向窜进水淹过程的综合分析。TK440 井区底水具有沿深部暗河的构造低部位向高部位推进特点,所以由南向北从 TK424CH 井最后到 TK483 井逐井水淹,在油井见水时间上具有明显的一致性。在高角度裂缝上发育的部分两层暗河沟通,所以导致早期水淹的 TK440 井以及后期水淹的 TK427,TK483,TK486 井上返后无水生产期较短,含水快速上升,反映出古暗河油藏的主暗河段具有储集空间发育、连通性好、逐步水淹的特征。

3) 剩余油分布模式

结合 TK440 井区的缝洞连通结构特点和水淹特征,可以认识古暗河岩溶系统剩余油的分布规律。分析认为,在主暗河段的缝洞结构中,剩余油可能存在四种主要的富集模式:浅层暗河未动用剩余油、深部暗河井间高部位剩余油、井周阁楼油、暗河盲端剩余油(图 7-21)。

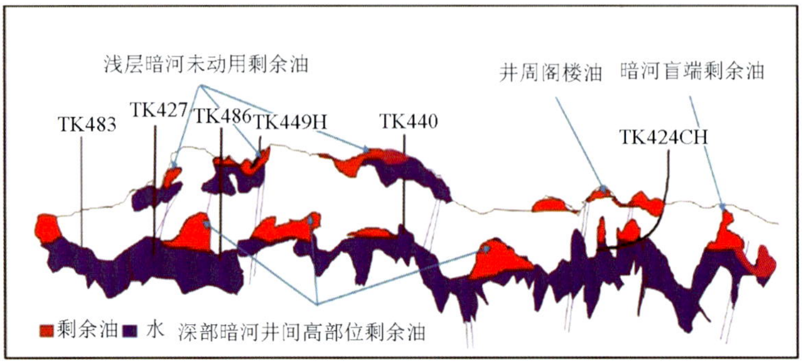

图 7-21 TK440 井区缝洞连通结构和剩余油分布模式图

7.4.3　TK440 井组综合调控

针对古暗河油藏不同类型的剩余油富集模式，根据油藏开发阶段特点提出了井组水驱、井组气驱、单井注气替油、大泵提液等挖潜对策，使井组的开发效果得到了明显改善(表 7-5)。

表 7-5　不同类型剩余油挖潜对策及作用机理

剩余油富集模式	挖潜对策	作用机理
浅层暗河未动用剩余油	井组：大泵提液	增大井间压差、调整流场
	单井：单井注气	利用油气密度差、重力分异
深部暗河井间高部位剩余油	井组气驱	形成人工气顶，纵向置换
	逆水侵方向水驱	反向洗油作用，增大水驱波及范围
井周阁楼油	单井注气	利用油气密度差、重力分异
暗河盲端剩余油	井组气驱	形成人工气顶，纵向置换
	侧钻动用	开启连通路径

1）大泵提液

对于 TK449H-TK421CH 井组间以浅层暗河连通方式形成的未动用剩余油，采取大泵提液方式增大连通井间压力差，可使局部的液流转向，有效动用井周剩余油。在 TK421CH 井高含水后，TK449H 井采取大泵提液措施，日产液量从 70 t/d 增加到 300 t/d。TK421CH 井开井后，第一周期自喷生产 125 d，转机抽生产 96 d，阶段累积产油 1 563 t；第二周期自喷生产 58 d，机抽生产 115 d，阶段累积产油 1 397 t；第三周期自喷生产 78 d，机抽生产 325 d，阶段累积产油 1 848 t(图 7-22)。可以看出，对浅层暗河未动用剩余油，通过改变连通井组间的压力场分布，可有效动用剩余油。

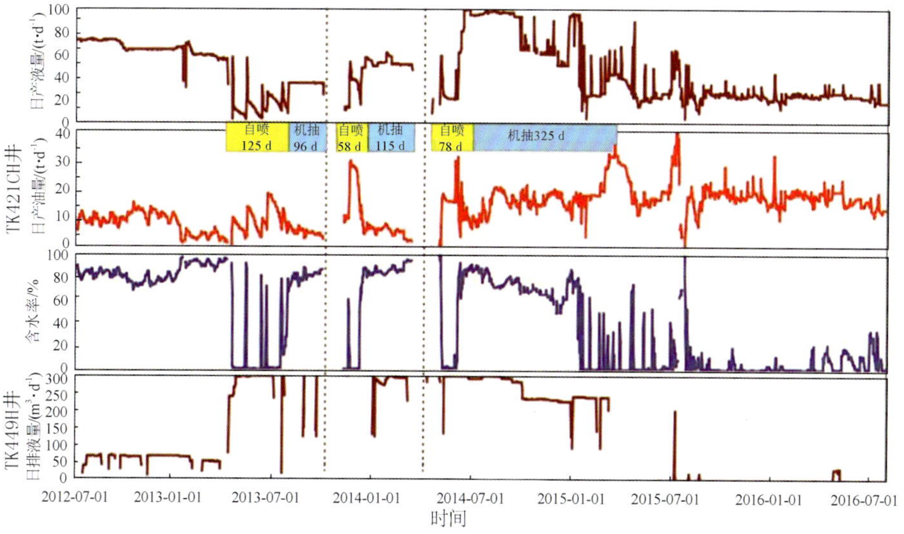

图 7-22　TK449H-TK421CH 井组生产曲线

2）逆水侵方向水驱

因为 TK440 井区深部暗河段呈现“深度相当、时间相继、特征相似”的逐步水淹特征，所以在深部暗河井间高部位将存在大量的遮挡剩余油。针对这种类型的剩余油，采取注水驱替方法来动用。

TK440 井水淹后转注水井，初期采取大排量连续注水，后期转温和注水，暗河南端的邻井 TK424CH 井明显受效。结合 TK440 井区缝洞连通结构图，分析认为 TK440 井的注入水沿深部暗河流向 TK424CH 井，注入水流向与水侵方向相反，起到了洗油的作用，使 TK424CH 井的含水由 90%下降到 40%（图 7-23），受效期间 TK424CH 井累积增油量 2.6×10^4 t（图 7-24）。注水驱油的成功进一步验证了深部暗河井间高部位剩余油的富集模式。

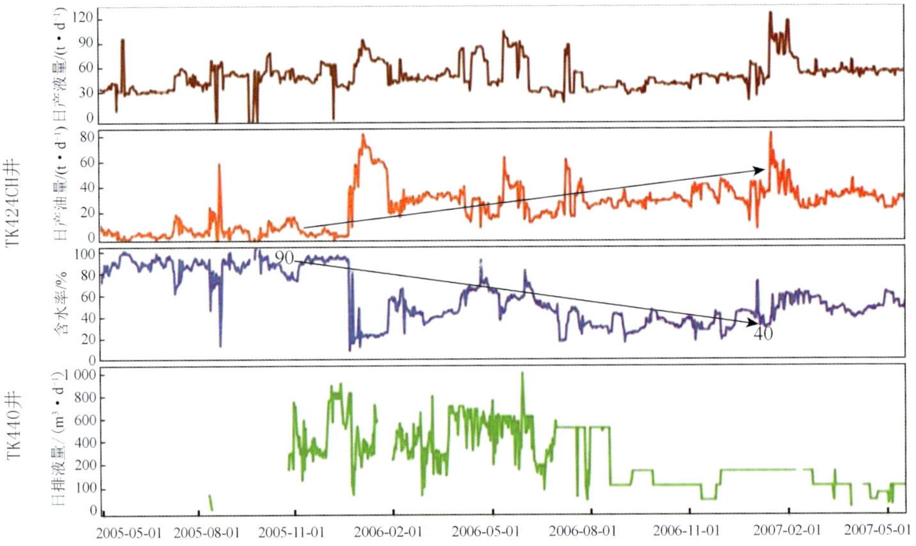

图 7-23 TK440-TK424CH 井组注采曲线

3）注气替油

对于水驱无法波及的阁楼油，采取单井注气替油的措施，使注入气体进入高位部位储集空间形成气顶，利用密度差形成重力分异，置换高部位阁楼油。如图 7-24 所示，TK424CH 井在注水失效后，通过本井注气挖潜水平段高部位剩余油，第一周期开井日产油量达到 10 t/d，周期产油 800 t；第二周期开井日产油量达到 8 t/d，周期产油 1 200 t，通过注气替油改善了开发效果。

4）侧钻挖潜

储集剩余油的暗河盲端一般与周围缝洞体的连通关系较差。如果剩余油不在井控范围内，采取侧钻动用的方式可开启连通路径；如果剩余油在井控范围内且处于相对高部位，可以采取井组注气方式，形成局部气顶，一方面置换封存的剩余油，另一方面实现横向驱替。

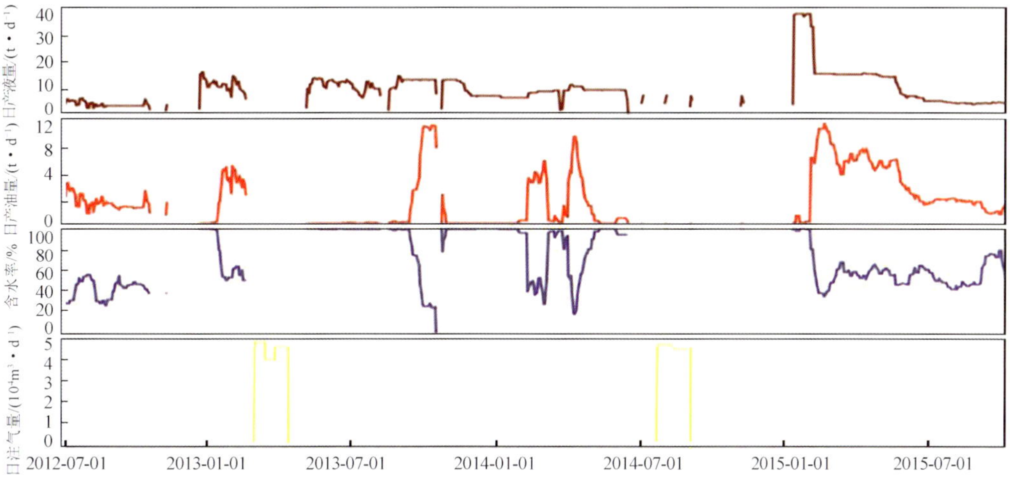

图 7-24　TK424CH 井组单井注气开采曲线

参考文献

[1] 肖梦华,曹阳,张小波,等.塔河油田 4 区奥陶系碳酸盐岩古岩溶特征[J].石油地质与工程,2010,24(3):31-33.

[2] 戎意民.塔河油田中下奥陶统碳酸盐岩古岩溶洞穴塌陷结构特征研究[D].北京:中国地质大学(北京),2013.

[3] 牛玉静.碳酸盐岩缝洞型油藏溶洞储集体岩溶塌陷结构特征研究[D].北京:中国地质大学(北京),2012.

[4] 廖涛.塔北奥陶系古岩溶与断裂的耦合关系研究[D].北京:中国石油大学(北京),2016.

[5] 刘忠宝.塔里木盆地塔中地区奥陶系碳酸盐岩储层形成机理与分布预测[D].北京:中国地质大学(北京),2006.

[6] 黄擎宇.塔中地区奥陶系碳酸盐岩储层成因机理及主控因素研究[D].成都:成都理工大学,2010.

[7] 王黎栋.塔中地区 T_7^4 界面碳酸盐岩古岩溶储层形成机理与分布预测[D].北京:中国地质大学(北京),2007.

[8] 郑和荣,刘春燕,吴茂炳,等.塔里木盆地奥陶系颗粒石灰岩埋藏溶蚀作用[J].石油学报,2009,30(1):9-15.

[9] 胡明毅,蔡习尧,胡忠贵,等.塔中地区奥陶系碳酸盐岩深部埋藏溶蚀作用研究[J].石油天然气学报,2009,31(6):49-54.

[10] 陈琳,康志宏,李鹏,等.塔河油田奥陶系岩溶型碳酸盐岩油藏储集空间发育特征及地质模式探讨[J].现代地质,2013,27(2):356-365.

[11] 漆立新,云露.塔河油田奥陶系碳酸盐岩岩溶发育特征与主控因素[J].石油与天然气地质,2010,31(1):1-12.

[12] 张涛.塔里木盆地阿克库勒凸起奥陶系岩溶型储层形成与保持研究[D].北京:中国地质大学(北京),2012.

[13] 艾合买提江.塔河油田碳酸盐岩缝洞系统成因及模式研究[D].青岛：中国石油大学(华东),2009.

[14] 陈胜.塔河油田奥陶系古岩溶及储层特征研究[D].成都：成都理工大学,2007.

[15] 李永强,侯加根,刘钰铭,等.基于岩溶模式的溶洞储集体三维地质建模[J].中国石油大学学报(自然科学版),2016,40(5):43-50.

[16] 毛毳.塔北奥陶系碳酸盐岩基质型与缝洞型储集空间的研究[D].青岛：中国石油大学(华东),2014.

[17] 李永强.塔河油田碳酸盐岩缝洞单元内部非均质性定量表征[D].北京：中国石油大学(北京),2017.

[18] 胡向阳,权莲顺,齐得山,等.塔河油田碳酸盐岩缝洞型油藏溶洞充填特征[J].特种油气藏,2014,21(1):18-21.

[19] 邹婧芸,马晓强,侯加根.塔河油田奥陶系碳酸盐岩储层古溶洞充填特征与垂向物性分布[J].延安大学学报(自然科学版),2014,33(3):64-67.

[20] 鲁新便,蔡忠贤.碳酸盐岩缝洞型油藏古溶洞系统与油气开发——以塔河碳酸盐岩溶洞型油藏为例[J].石油与天然气地质,2010(1):22-27.

[21] 荣元帅,刘学利,罗娟,等.塔河油田多井缝洞单元注水开发实验研究[J].石油钻采工艺,2008(4):83-87.

[22] 郑小敏,孙雷,王雷,等.碳酸盐岩缝洞型油藏水驱油机理物理模拟研究[J].西南石油大学学报(自然科学版),2010,32(2):89-92.

[23] 王世洁.基于真实岩芯刻蚀模型的缝洞油藏水驱油机理[J].西南石油大学学报(自然科学版),2011(6):75-79,207.

[24] 王敬,刘慧卿,宁正福,等.缝洞型油藏溶洞-裂缝组合体内水驱油模型及实验[J].石油勘探与开发,2014,41(1):67-73.

[25] 康永尚,郭黔杰,朱九成.裂缝介质中石油运移模拟实验研究[J].石油学报,2003(4):44-47.

[26] 康志宏.碳酸盐岩缝洞型油藏水驱油机理模拟试验研究[J].中国西部油气地质,2006(1):87-90.

[27] 李江龙,陈志海,高树生.碳酸盐岩缝洞型油藏水驱油微观实验模拟研究——以塔河油田为例[J].石油实验地质,2009,31(6):637-642.

[28] 刘中春,李江龙,吕成远,等.缝洞型油藏储集空间类型对油井含水率影响的实验研究[J].石油学报,2009,30(2):271-274.

[29] 王殿生.缝洞型介质流动机理实验与数值模拟研究[D].青岛：中国石油大学(华东),2009.

[30] 李鹂,李允.碳酸盐岩缝洞型孤立溶洞注水替油实验研究[J].西南石油大学学报(自然科学版),2010,32(1):117-120.

[31] 王雷,窦之林,林涛,等.缝洞型油藏注水驱油可视化物理模拟研究[J].西南石油大学学报(自然科学版),2011,33(2):121-124.

[32] 苑登御,侯吉瑞,宋兆杰,等.塔河油田碳酸盐岩缝洞型油藏注水方式优选及注气提高采收率实验[J].东北石油大学学报,2015,39(6):102-110.

[33] 杨强.塔河6-7区碳酸盐岩缝洞型油藏注水开发规律物理模拟研究[D].成都:西南石油大学,2016.

[34] 何娟.塔河S74区块缝洞型油藏注水井位优化物理模拟实验研究[D].成都:西南石油大学,2018.

[35] PAIROYS F, et al. An Experimental and Numerical Investigation of Water-Oil Flow in Vugular Porous Media[J]. SCA2003-20,2003.

[36] HIDAJAT I, MOHANTY K K. Study of Vuggy Carbonates Using NMR and X-Ray CT Scanning[J]. SPE88995,2004.

[37] 周娟,薛惠.裂缝油藏水驱油渗流机理[J].重庆大学学报,2000(23):65-67.

[38] 张东.碳酸盐岩缝洞型油藏注采机理研究[D].青岛:中国石油大学(华东),2012.

[39] 李晋,郑剑锋,季汉成,等.塔里木盆地奥陶系碳酸盐岩缝洞型油气藏注水开发机理[J].西安科技大学学报,2017,37(6):852-859.

[40] 李立峰.碳酸盐岩缝洞型油藏注水机理研究[D].青岛:中国石油大学(华东),2010.

[41] 李宗宇.塔河奥陶系碳酸盐岩缝洞型油藏开发对策探讨[J].石油与天然气地质,2007(6):856-862.

[42] 李扬.塔河6-7区多井缝洞单元注水方式数值模拟研究[D].成都:西南石油大学,2015.

[43] 杜箫笙.碳酸盐岩缝洞型油藏主体开发方式研究[D].廊坊:中国科学院研究生院(渗流流体力学研究所),2009.

[44] 李江龙,黄孝特,张丽萍,等.塔河油田4区奥陶系缝洞型油藏特征及开发对策[J].石油与天然气地质,2005,26(5):630-633.

[45] 罗娟,陈小凡,涂兴万,等.塔河缝洞型油藏单井注水替油技术研究[J].石油地质与工程,2007(2):52-54.

[46] 任文博,陈小凡.碳酸盐岩缝洞型油藏非对称不稳定注水研究[J].科学技术与工程,2013,13(27):8120-8125.

[47] 黄咏梅.塔河油田奥陶系缝洞型油藏注水实践与认识[J].石油天然气学报,2008(3):371-372.

[48] 许强.塔河四区缝洞单元注水开发技术政策及效果分析[J].新疆石油天然气,2008,4(4):77-80.

[49] 李生青,廖志勇,杨迎春,等.塔河油田奥陶系碳酸盐岩油藏缝洞单元注水开发分析[J].新疆石油天然气,2011(2):40-44.

[50] 陈志海,戴勇,郎兆新.缝洞性碳酸盐岩油藏储渗模式及其开采特征[J].石油勘探与开发,2005(3):101-105.

[51] 王世洁.不同缝洞单元生产动态规律与试井响应特征关系研究[D].青岛:中国石油大学(华东),2008.

[52] 陈国鑫.碳酸盐岩缝洞型油藏典型缝洞组合注采规律研究[D].青岛:中国石油大学(华东),2014.

[53] 龙旭.碳酸盐岩缝洞型油藏油井连通模式与生产动态的关系研究[D].北京:中国地质大学(北京),2012.

[54] 赖思宇.塔河 6-7 区碳酸盐岩缝洞型油藏注水效果评价[D].成都:成都理工大学,2014.

[55] 雷雨.塔河 4 区碳酸盐岩缝洞型油藏注水开发效果评价研究[D].成都:西南石油大学,2017.

[56] 白玉湖,周济福.油藏复杂驱动体系物理模拟相似准则研究进展[J].力学进展,2009(1):58-68.

[57] 刘中春,李江龙,吕成远,等.缝洞型油藏储集空间类型对油井含水率影响的实验研究[J].石油学报,2009(2):271-274.

[58] 陈月明.注蒸汽热力采油[M].东营:石油大学出版社,1996.

[59] 黄树友.电站尾水河道模型试验及数值模拟[D].大连:大连理工大学,2005.

[60] 贾永禄,曾桃,林涛,等.碳酸盐岩缝洞型双渗油气藏产量的变化规律[J].天然气工业,2008(5):74-76.

[61] 李淑霞.油藏数值模拟基础[M].东营:中国石油大学出版社,2009.

[62] 李晓平.地下油气渗流力学[M].北京:石油工业出版社,2008.

[63] 卢占国,姚军,王殿生,等.平行裂缝中立方定律修正及临界速度计算[J].实验室研究与探索,2010(4):14-16.

[64] 徐挺.相似方法及其应用[M].北京:机械工业出版社,1995.

[65] 姚军,吕爱民,王月英.碳酸盐岩缝洞型油藏流动机理[M].东营:中国石油大学出版社,2017.

[66] 袁恩熙.工程流体力学[M].北京:石油工业出版社,1986.

[67] 王家禄.油藏物理模拟[M].北京:石油工业出版社,2010.

[68] 王丰.相似理论及其在传热学中的应用[M].北京:高等教育出版社,1990.

[69] 张东.碳酸盐岩缝洞型油藏注采机理研究[D].青岛:中国石油大学(华东),2012.

[70] 李爱芬,张东,姚军,等.缝洞单元注水开发物理模拟[J].中国石油大学学报(自然科学版),2012,36(2):130-135.

[71] 隋宏光,王殿生,刘金玉,等.缝洞型介质结构对水驱油采收率影响的物理模型实验研究[J].西安石油大学学报(自然科学版),2011,26(6):52-56.

[72] 李俊,彭彩珍,王雷,等.碳酸盐岩缝洞型油藏水驱油机理模拟实验研究[J].天然气勘探与开发,2008,31(4):41-44.

[73] 郑小敏,孙雷,王雷,等.缝洞型油藏大尺度可视化水驱油物理模拟实验及机理[J].地质科技情报,2010,29(2):77-81.

[74] 丁观世,侯吉瑞,李巍,等.碳酸盐岩缝洞型油藏可视化物理模型底水驱替研究[J].科学技术与工程,2012,12(31):8194-8199.

[75] 刘德华,陈利新,荣杰.具有边底水碳酸盐岩油藏见水特征分析[J].石油天然气学报(江汉石油学院学报),2008,30(4):137-140.

[76] RANGEL E. Multiphase-flow Properties of Fractured Porous Media[J]. SPE 54591,1999.

[77] 李生青,廖志勇,杨迎春,等.塔河油田奥陶系碳酸盐岩油藏缝洞单元注水开发分析[J].新疆石油天然气,2011(2):40-44.

[78] FIROOZABADI A. An Experimental Study of Capillary and Gravity Cross-flow Fractured Porous Media. SPE 24918,1992.

[79] 李刚柱,吕爱民,谢昊军,等.塔河缝洞型油藏缝洞单元注水开发模式[J].内蒙古石油化工,2015(10):14-16.

[80] 李晋,郑剑锋,季汉成,等.塔里木盆地奥陶系碳酸盐岩缝洞型油气藏注水开发机理[J].西安科技大学学报,2017,37(6):852-859.

[81] 陈志海,戴勇,郎兆新.缝洞性碳酸盐岩油藏储渗模式及其开采特征[J].石油勘探与开发,2005(3):101-105.

[82] 赵元.塔河油田缝洞型油藏注氮气替油井异常分析及对策[J].石油和化工设备,2020,23(8):126-128.

[83] 窦莲,吴鲜.塔河油田缝洞型油藏气驱示踪剂响应特征分析[J].中国石油和化工标准与质量,2020,40(6):108-109.

[84] 苏伟.碳酸盐岩缝洞型油藏注气提高采收率方法及其适应性界限[D].北京:中国石油大学(北京),2018.

[85] 任宇轩.缝洞型油藏注气效果影响因素及剩余油分布规律实验研究[D].成都:西南石油大学,2018.

[86] 刘炳官.复杂小断块油藏 CO_2 吞吐工艺技术分析[J].特种油气藏,2006(01):68-70,74,107-108.

[87] 吴佳贵. W_3 油田 9 井注气单井吞吐试验[J].油气井测试,1992,1(4):42-48.

[88] 杨坚,程倩,李江龙,等. 塔里木盆地塔河 4 区缝洞型油藏井间连通程度[J].石油与天然气地质,2012,33(3):484-489.

[89] 胡广杰,杨庆军. 塔河油田奥陶系缝洞型油藏连通性研究[J].石油天然气学报,2005,27(2):227-229.

[90] 王曦莎,易小燕,陈青,等. 碳酸盐岩缝洞型井间连通性研究[J]. 岩性油气藏,2010,22(41):126-128.

[91] 邓兴梁,曹鹏,李世银,等. 碳酸盐岩缝洞型油藏连通性识别方法探讨[J]. 重庆科技学院学报(自然科学版),2012,14(3):71-74.

[92] 闫长辉,周文,王继成. 利用塔河油田奥陶系油藏生产动态资料研究井间连通性[J]. 石油地质与工程,2008,22(4):70-72.

[93] 康志宏,陈琳,鲁新便,等. 塔河岩溶型碳酸盐岩缝洞系统流体动态连通性研究[J]. 地学前缘,2012,19(2):110-120.

[94] 王曦莎,闫长辉,易小燕,等. 塔河 4 区奥陶系碳酸盐岩油藏井间连通性分析[J]. 重庆科技学院学报(自然科学版),2010,12,(3):52-54.

[95] 李小波,彭小龙,史英,等. 井间示踪剂测试在缝洞型油藏的应用[J]. 石油天然气学报(江汉石油学院学报),2008,30(6):271-274.

[96] 胡娟. 井间示踪监测技术在腰英台油田的应用[J]. 科学技术与工程, 2012,12(12):2947-2951.

[97] 汪玉琴,陈方鸿,顾鸿君,等. 利用示踪剂研究井间水流优势通道[J]. 新疆石油地质,2011,32(5):512-514.

[98] 史丽华. 微量物质井间示踪技术在识别油层大孔道中的应用[J]. 大庆石油地质与开发,2007,26(4):130-132.

[99] RONG Y S, PU W F, ZHAO J Z, et al. Experimental Research of the Trancer Characteristic Curves for Fracture-cave Structures in a Carbonate Oil and Gas Reservoir[J]. Journal of Natural Gas Science and Engineering, 2016(31):417-427.

[100] 鲁新便,容元帅,等. 碳酸盐岩缝洞型油藏注采井网构建及开发意义——以塔河油田为例[J]. 石油与天然气地质,2017,38(4):658-664.

[101] 焦方正. 塔里木盆地深层碳酸盐岩缝洞型油藏体积开发实践与认识 [J]. 石油勘探与开发, 2019, 46(3): 552-558.

[102] 郑松青,杨敏,康志江,等. 塔河油田碳酸盐岩缝洞型油藏水驱后剩余油分布主控因素与提高采收率途径[J]. 石油勘探与开发, 2019, 46(4): 746-754.

[103] 张云峰,谭飞 ,屈海洲,等. 岩溶残丘精细刻画及控储特征分析——以塔里木盆地轮古地区奥陶系风化壳岩溶储集层为例[J]. 石油勘探与开发, 2017, 44(5): 716-726.

[104] 鲁新便,何成江. 塔河油田奥陶系油藏喀斯特古河道发育特征描述[J]. 石油实验地质,2014,36(3):268-274.

[105] 刘洪光. 碳酸盐岩缝洞型油藏注水开发水平分级标准初探[J]. 新疆石油天然气,2019,15(2):44-48.

[106] 宋兆杰,杨柳,等.缝洞型油藏裂缝内油水两相流动特征研究[J].西安石油大学学报(自然科学版),2018,33(4):49-54.

[107] 程亮.基于管窜影响的碳酸盐岩油藏产水特征图版——以伊拉克 Ahdeb 油田 Rumaila 复杂多层碳酸盐岩油藏为例[J].油气藏评价与开发,2018(5):29-36.

[108] 赵艳艳,崔书岳,张允.基于流线数值模拟精细历史拟合的缝洞型油藏剩余油潜力评价[J].西安石油大学学报(自然科学版),2019,34(5):45-51.

[109] 柳洲,康志宏.碳酸盐岩缝洞型油藏剩余油分布模式——以塔河油田六七区为例[J].现代地质,2014,28(2):369-378.

[110] 刘遥,荣元帅,杨敏.碳酸盐岩缝洞型油藏缝洞单元储量精细分类评价[J].石油实验地质,2018,40(3):431-438.

[111] 吴永超,黄广涛,胡向阳,等.塔河碳酸盐岩缝洞型油藏剩余油分布特征及影响因素[J].石油地质与工程,2014,28(3):74-77,148.

[112] 汤妍冰,巫波,周洪涛.缝洞型油藏不同控因剩余油分布及开发对策[J].石油钻采工艺,2018,40(4):483-488.

[113] 荣元帅,赵金洲,鲁新便,等.碳酸盐岩缝洞型油藏剩余油分布模式及挖潜对策[J].石油学报,2014,35(6):1138-1146.

[114] 刘中春.塔河缝洞型油藏剩余油分析与提高采收率途径[J].大庆石油地质与开发,2015,34(2):62-68.

[115] 张娟,鲍典,杨敏,等.塔河油田西部古暗河缝洞结构特征及控制因素[J].油气地质与采收率,2018,25(4):33-39.

[116] 田亮,李佳玲,袁飞宇,等.塔河油田碳酸盐岩缝洞型油藏定量化注水技术研究[J].石油地质与工程,2018,32(2):86-89.

[117] 杨敏,李小波,等.古暗河油藏剩余油分布规律及挖潜对策研究——以塔河油田TK440 井区为例[J].油气藏评价与开发,2020,10(2):43-48.

[118] 李小波,刘学利,等.缝洞型油藏不同岩溶背景注采关系优化研究[J].油气藏评价与开发,2020,10(2):37-42.